バーチャルと
現実のはざまで

インターネットにおける
行動と心理

A.N.ジョインソン 著

三浦麻子・畦地真太郎・田中敦 訳

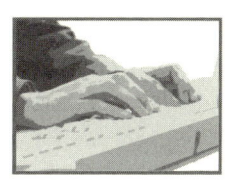

北大路書房

Understanding the Psychology of Internet Behaviour
Virtual Worlds, Real Lives

Adam N. Joinson

UNDERSTANDING THE PSYCHOLOGY OF INTERNET BEHAVIOUR
By Adam N. Joinson

Copyright ©2003 By Adam N. Joinson
Japanese translation published by arrangement with Palgrave Macmillan Ltd through The English Agency (Japan) Ltd.

All rights reserved.

■ 日本語版への序

　本書の英語版が出版された後も，インターネットは徐々に変容しつつある。数週間前，MSN（マイクロソフトネットワーク）が運営していたチャットルームのほとんどを閉鎖するというできごとがあった。その原因は，オンライン上での児童保護に関する問題や「不適切」な言葉の蔓延について，多くの議論が交わされたことにある。イギリスでは，第三世代携帯電話が（少なくとも現時点では）かなり苦しい状況にあり，多くの電話会社が，自分たちの持つ技術をどのようにうまく利用するかを模索しつつ，何らかのインスピレーションを得ようとｉモードに熱いまなざしを注いでいる。私がこの本でもっとも読者に伝えたいことは，英語版が出版された昨年も今も変わらない。それは，技術を持ったあらゆる組織にとって，インスピレーションの真の源泉は，彼らの技術を応用しうる創造的な利用法に関する，利用者自身の思いがけないアイディアだ，ということである。私は，ここ10年というもの，インターネットが学術利用のための道具から全世界的な現象に移りゆくのを見守ってきた。そしてインターネットは今や日常生活になくてはならないものとなっている。変化を遂げたことも多くある。しかし，心理学者たる私が思うに，ただひとつ変わらないことがある。それは，インターネットは過去にはずっと閉ざされていた「窓」を人々の生活に開いたということである。インターネットの中で，私はさまざまなことを経験する人々を見てきた。恋愛や失恋，言い争いや取り繕い，コミュニティ形成や経験の共有，そして，もっとも決定的なこととして他者と自分自身をつなぎ，関係を結ぶこと……。今後数年の間に技術はさらに飛躍的な発展を遂げることだろうが，これはずっと変わることがないだろう。新しい技術設計を生かすも殺すも，利用者が自身の究極の目標を達成するための意欲や欲求がその鍵を握り続けることだろう。

　この本を翻訳してくれた三浦麻子博士・畦地真太郎先生，そして田中敦先生に深く感謝する。ネットワークで互いに接続された世界の国々の中で，日本で最初に本書が翻訳される運びとなったのは実にふさわしいことである。どうもありがとう。

アダム・N・ジョインソン

インターネットにおける行動と心理
目　次

日本語版への序　　　　　　　　　　　　　　　　　アダム・N・ジョインソン

序　章 ……………………………………………………………………………… 1

第1章　心理学とインターネットを同じ文脈に ………………………… 3

1　道具とインターネットの心理学 …………………………………………… 4
2　インターネットの簡単な紹介 ……………………………………………… 6
3　会わずに話すこと：
　　メディアコミュニケーションの心理学的な重要性を概括する ………… 8
　　書き言葉　9
　　電　信　12
　　電　話　14
　　無線コミュニケーション　18
　　携帯電話による文字メッセージ　20
　　メディアコミュニケーション――歴史から学べること　21

第2章　道具から行動へ ………………………………………………………23

1　道具の特徴と行動 …………………………………………………………23
　　同期性　24
　　伝達される手がかり　25
　　帯域幅とコストの束縛　25
　　匿名性　26
　　情報の送り手と受け手の排他性　26
　　メディアを5つの次元に位置づける　27
　　アフォーダンスとインターネット　27
2　メディアコミュニケーションのモデル ……………………………………28
　　手がかり濾過アプローチ　28
　　手がかり濾過アプローチに関する批判　37

3　自己注目モデル ･･･ 41
　　　　二重の自己意識　　41
　　　　没個性化効果の社会的アイデンティティ的解釈（SIDE）とCMC　　44
　　　　SIDEに対する批判　　53
　　　　合理的行為者と創発特性の関係：技術決定論に代えて　　54

第3章　インターネット行動の個人的／対人関係の否定的側面 ････ 56

　　1　インターネット依存症 ･･･ 58
　　　　診断基準を再考する　　62
　　2　フレーミングと反社会的行動･･･ 68
　　　　「フレーミング」の実証的証拠　　69
　　　　フレーミング合戦と議論の構造　　71
　　　　外集団のステレオタイプ化とフレーミング　　76
　　　　どのようにフレーミングは広まるのか？　　78
　　　　フレーミングの解釈　　78
　　3　インターネット上の人間関係：すぐに親密になりすぎる？ ･････････････ 82
　　　　オンラインの人間関係におけるウソ　　82
　　　　オンライン上の関係の理想化　　84

第4章　抑うつ，ウソ，ポルノ：オンライン生活の暗黒面 ････････ 91

　　1　インターネット利用と心理的な健康状態 ･･･････････････････････････････ 92
　　　　インターネット・パラドックス研究に関する批判　　94
　　　　インターネット・パラドックスを支持する　　96
　　　　ピュー財団「インターネットとアメリカ人の生活」プロジェクト　　100
　　　　ホームネット研究のサンプルを再考察する　　100
　　　　結　論　　102
　　2　オンラインでのソーシャル・サポート：有害なアドバイス，迫害，
　　　　逸脱の中心化の危険性 ･･･ 104
　　3　オンライン・コミュニティにおけるウソと性別偽装 ･･･････････････････ 105
　　　　性別とコミュニケーション・スタイル　　106
　　　　オンライン・コミュティにおけるウソ　　108
　　　　オンライン上のウソと罪に関するケース・スタディ：ノーホェアーマムの死　　110
　　4　脱抑制とWWW ･･･ 116
　　　　ウェブ行動の研究　　118
　　　　インターネット・ポルノグラフィ　　119
　　　　インターネット上でのポルノ消費に対する心理学的視点　　122

WWW上での脱抑制的で逸脱した行動の説明　　122

第5章　インターネット上の個人内・個人間行動：肯定的な側面 ……124

　1　ユートピア的理想主義と新しいテクノロジー ………………………125
　2　インターネット依存症再考 ……………………………………………125
　　　誰が何のためにインターネットを使いすぎているのか？　　125
　3　インターネットの肯定的な側面とアイデンティティ ………………128
　4　オンライン・アイデンティティと現実生活 …………………………131
　　　インターネット上での活動と周縁的なアイデンティティ　　131
　　　可能自己とインターネットアイデンティティ　　134
　　　自己を偽ることと可能自己　　135
　5　メディア選択，印象操作とメタ認知 …………………………………135
　　　印象形成とインターネット　　136
　6　対人相互作用 …………………………………………………………137
　　　メディアコミュニケーションの利点　　137
　　　超個人的相互作用と社会的情報処理　　138
　　　インターネットにおける過度な社会的行動　　139
　　　自己開示とCMC　　142
　7　インターネット上の恋愛関係 …………………………………………145
　　　恋愛関係を形成し，発展させるためにインターネットを利用する　　145
　　　インターネットとオンライン上の魅力　　147
　　　オンライン上の人間関係の予知　　153
　　　インターネット利用で既存の関係を強める　　153

第6章　共有とネットサーフィン：オンライン・コミュニケーションとウェブ・ブラウジングの利点 ……………………………………156

　1　バーチャル・コミュニティ：オンラインに「属する」ことの利点 …156
　2　弱い紐帯の強さとバーチャル・コミュニティ ………………………157
　3　オンライン上の情緒的サポート ………………………………………159
　　　オンライン上でのソーシャル・サポート：その内容　　159
　　　オンライン・サポートを求めているのは誰？　　163
　　　オンラインのソーシャル・サポートの心理的プロセスと利点　　164
　4　インターネットとQOL ………………………………………………167
　　　シャルロットのホームページ：ある女性の話　　169
　5　ウェブ・ブラウジングに動機づけられることの肯定的な側面 ………171
　　　インターネット上でのファン精神：「安全な」環境の根拠　　173

6　肯定的なインターネット利用の応用と意味 ……………………………174

第7章　インターネット行動を理解するためのフレームワーク ………176
　1　インターネット利用者の特徴 …………………………………………176
　　インターネットの戦略的利用　176
　　インターネット利用者の特性　179
　　インターネット利用と動機　182
　2　メディアの効果 …………………………………………………………185
　　インターネット利用上の個別の効果と全体的な効果　187
　　インターネット利用の予測効果と創発効果　188
　　予測効果と創発効果を結びつける　189
　　メディアの効果と利用者との相互作用　192
　3　SMEEの意味と応用 ……………………………………………………193
　　他のモデルとの関連　193
　　インターネット依存症とSMEE　195
　　脱抑制的なコミュニケーション　196
　　インターネット利用と精神的健康　198

第8章　過去に学び，明日を展望する ………………………………………199
　1　インターネットはコミュニケーションに関するものであり，コン
　　テンツに関するものではない …………………………………………199
　　社会／情報のメタファーの経済的側面　201
　2　帯域幅とインターネット心理学 ………………………………………203
　3　インターネット行動の設計 ……………………………………………206
　4　インターネット行動に心理学研究を適用する ………………………207
　　オンライン・カウンセリングとサポート　208
　　教育工学　210
　　教育におけるCMCの利点　210
　　CMCを利用した教育の問題点　211
　　教育用CMCを充実させるための心理的プロセスの利用　212
　　電子商取引　213
　5　将来的な技術発展，過去の行動 ………………………………………214

　　　引用文献　216　　　　　　邦訳文献　234
　　　人名索引　235　　　　　　事項索引　239
　　　訳者あとがき　243　　　　著者・訳者紹介　246

●略語リスト●

AA	アルコール依存症更生会
BIRGing	栄光浴
CEO	最高経営責任者
CES-D	疫学研究所うつ評価尺度
CFO	手がかり濾過
CMC	コンピュータ媒介型コミュニケーション
CORFing	失敗の投影の拒絶
CSCW	コンピュータ支援による協調作業
DSA	二重自己意識
EPI	アイゼンク多面的人格目録
ESG	電子的サポート・グループ
FAQs	よくある質問集
FtF	対面コミュニケーション
FTP	ファイル転送手続き
GSM	携帯コミュニケーションのためのグローバル・システム
HTML	ハイパーテキスト記述言語
IAD	インターネット依存障害
ICQ	インスタント・メッセージング・システムの一種（I seek youの略）
IP	インターネット・プロトコル
IRC	インターネット・リレー・チャット
IRE	手ほどき—応答—評価
ISP	インターネット・サービス・プロバイダ
MMS	マルチメディア・メッセージング・システム
MUDs	マルチユーザー・ダンジョン／ディメンジョン
NWM	ノーホェアーマム
PIU	病的なインターネット利用
RL	現実生活
RSC	社会的手がかりの減少
SIDE	没個性化効果の社会的アイデンティティ的解釈
SIQSS	スタンフォード社会計量研究所
SMEE	戦略的・動機的利用者による予測・創発効果
SMS	ショート・メッセージング・システム
VLEs	バーチャルな学習環境
VR	バーチャル・リアリティ
WAC	教科を横断した作文指導運動
WAP	ワイヤレス・アプリケーション・プロトコル
WELL	Whole Earth 'Lectronic Link
WWW	ワールド・ワイド・ウェブ
XML	Extensible mark-up language（WWWの国際共通規格言語）

序　章

　あれは2001年の１月初めだった。グラスゴーの床屋で順番待ちをしていた時，地方紙のある記事にふと目がとまった。その記事は，一度も会うことがなかった若いカップルの話だった。第二次世界大戦当時，２人は，無電技師をしていて，モールス信号とシグナルランプで愛をささやいたのだという。女性のほうは陸地にいて，男性は沖合に停泊している船の上から信号を送っていた。彼女はなんとか男性と実際に会えるように上司を説得しようとしたが，とうとう彼らはずっと離ればなれのままだったという。戦後，彼女は大変な努力をして恋人の行方を捜したが，手がかりは見つからなかった。この逸話は，彼らが50年後に「再会」したことで，ようやく新聞種になったのだった。

　当時，私は19世紀終わりごろの電信技師で似たようなエピソードがあったということも知っていた。だから，まさにその記事を読んだ時，コミュニケーションを可能にする多くの文字ベースの技術（たとえば，携帯電話の文字メッセージやチャットサイト）がブームになっているのに，そこには「コンテンツこそが命である」という電子商取引（ｅコマース）のモデルがまったく欠けていることに気がついたのである。

　本書は，これらの多様な現象を統合することを試みるものである。本書で焦点を当てているのはインターネットだが，分析はインターネット以外の技術メディアによる（媒介された）コミュニケーションによっている部分が大きい。これは，相互作用が「媒介されて」いるだけなのだから，媒介しているメディア自体が何なのかは重要ではない，と言っているわけではない。むしろその逆である。私が主張したいのは，道具との相互作用，個人，そして文脈の情報があれば，行動パターンは予測可能だということである。過去に向けたまなざしは，常に未来への展望ももたらしてくれる。第８章では，将来的なインターネットの発展に紙幅を割き，それらのもつ潜在的な心理的・行動的影響について論じ，インターネットの中（あるいは外）で行動を効果的にデザインできる可能性を主張している。とはいえ，発言に対する責任や識別可能性を強調するようにインターネットを発展させることは，インターネット行動の本質を，必ずしもよいとは言えない方向に変化させるだろう。

　本書の章立ては，「心理学とインターネット」研究が，インターネット利用の

肯定的な面と否定的な面の，いずれかの結果を反映しているという傾向に従っている。この区分は（かなり多くの研究が善悪両方の結果を報告しているため）やや恣意的なところもあるのだが，概してこのように研究を分類することは非常に容易だった。「中立的」な研究も多いのだが，独立した1つの章にするほどの分量はなかった。これらの研究は，肯定的／否定的な例を扱った章の中にまとめてある。

インターネットがもたらす肯定的な結果と否定的な結果に関して論じた部分について，理不尽なまでに技術決定論（つまり，技術は利用者とは無関係に影響力を持っているという考え）的な色彩が濃いと見る向きもあるだろうが，この章立ては意図的なものである。第7章で概説したモデルや，第8章で見いだされたインターネット利用の肯定的な結果と否定的な結果は，われわれが技術を介した相互作用をどう見るか，向き合った現実に対してどのような前提を持つか，そして利用者自身のあり方に非常に強く依存しているのだと結論づけている。さらに，インターネット利用の肯定的な結果と否定的な結果は，いずれも本質的には同一のプロセスから生じるものであり，何を否定的と呼ぶかを規定しようとする試みの多くが，何を肯定的と呼ぶかと規定する試みにも影響を及ぼすだろう，とも論じている。

本書を執筆するために研究休暇を与えてくれた，オープン大学の教育技術研究所に感謝する。そして，執筆にあたり実際に必要なサポートをしてくれた家族にも感謝する。共同研究や議論を通じて多くの洞察を提供してくれた仲間たち，とくに，マーク・グリフィス，フィル・バンヤード，トム・ブキャナン，そしてベス・ディエッツ・ウーラーにも大変な助力をいただいた。そして，多くの仲間たち，アンドレア・ベーカー，アジー・バラック，パム・ブリッグス，ベス・ディエッツ・ウーラー，カレン・ダグラス，デラ・ドリーズ，クリスチャン・エンド，ジェフ・ハンコック，カトリン・マッケナ，ジェームス・ペネベーカー，トム・ポストメス，リチャード・シャーマン，そしてラッセル・スピアーズからは，公刊・未公刊を問わず彼らの論文のコピーをいただき，大いに助けとなった。最後に，本書の草稿にご意見とコメントをくださった，編集者フランク・アーノルド，そしてジョン・スラーとトム・ブキャナンに感謝の意を表す。

第1章
心理学とインターネットを同じ文脈に

とある片田舎で働くジョン・スタンバリーと「マット」の孤独な夏に，オンライン上での友情が育まれた。彼らはよくおしゃべりをし，休暇を一緒にすごして釣りに行く計画まで立てた。しかし，「マット」はその計画を変更し，スタンバリーのいるニューメキシコに立ち寄った。その時，スタンバリーは熱を出していたのである。彼は，ただ「漠然と優しい女性の手と，彼女が病室で甲斐甲斐しく世話をしてくれている姿」のみが思い出せる状態だった。と言えばおわかりだろう。「マット」は女性のハンドルだということが明らかになり，彼らはその後すぐに結婚したという。

ありきたり？　そのとおり。インターネットは他のどんなものよりも，オンライン恋愛やウソ，抑制の効かない話の断片で満ちあふれている。しかし，冒頭の挿話は1891年に出版された「ウェスタン・エレクトリシャン」に掲載されたものである (Standage, 1999, pp.127-8 に再掲)。ここに出てくる若い恋人たちは電信技師であって，インターネット上のチャットルーム利用者ではないのだ。

ティナ・ヒューシュは「お話ししませんか？」という文字メッセージを，自分の電話番号に非常に近い番号に送ってみた。そのメッセージは，140マイル離れたアンドリュー・ボルードウィンの携帯電話に着信した。彼は返事をし，2人はすぐに仲良くなった。このカップルは6か月の間，膨大な文字メッセージと電話によるやり取りを続け，結局，ボルードウィンはヒューシュの住むサマーセットに引っ越しをした。新聞によると，彼らは近い将来に結婚する予定だそうだ。(Ananova.com, 2001年7月20日：「手当たりしだいの文字メッセージから結婚へ」)

これらの話には2つの重要な論点が含まれている。1つ目は，こういったでき

ごとはいまだに注目を浴びるし，驚かれる傾向にあるということだ。2つ目は，これらの「お話」は心理学とインターネットを理解する手がかりを与えてくれるということだ。われわれは，現在だけではなく，過去にも目を向けなければならない。これは，コミュニケーションを媒介している特別な道具の存在は重要ではない，ということを言っているわけではない。コミュニケーションを媒介する行為が，メディアとともに時代の影響を受けるということを言っているのだ。

❶ 道具とインターネットの心理学

　1980年代，私は心理学部の1年生であり，コンピュータの科目も取っていた。私たちが学んだすべてのコンピュータは，DOSの入ったPCであった。何かをしたいと思ったら，コマンドをライン・インタフェースに打ち込まなければならなかった。

　ワープロを使うためには，キーボードの上のほうにある「F」キー（ファンクション・キー）の上に，細長いカードを置かなければならなかった。きちんと置くと，ある動作（たとえば，言葉を太字にするとか）をさせるためには，どのキーをどの順番で押せばよいかがわかるのだった。しかし，ソフトのほうでは，やりたいことがうまくできているかどうかのフィードバックを与えてはくれなかった。つまり，スクリーン上には，プレーンテキストしか映らなかったのだ。このような視覚的に単純な手段で文書を成形することは，その教科の目的の一部と見なされており，暗黙のうちに評価の一部に含まれていた。

　そのうち，私はコンピュータの科目の履修をやめてしまった。誰かが私のカードを盗んだために下添え字のやり方がわからなくなってしまったのと，アップル・コンピュータのマッキントッシュが，コンピュータ研究室の一角に出現したせいである。私は誰かがそれをいじっているところを見たことがなかったが，触ってみることにした。灰色のスクリーン上には，右上に「Macintosh-HD（マッキントッシュ・ハードディスク）」と書かれた小さなアイコンがあるだけだった。私はその「Macintosh-HD」アイコンを灰色のスクリーン内でグルグルつかんで回してみたが，何も起こらなかった。「ダブルクリック」をするのだとは思いつかなかったし（どうして思いつくだろう？），その小さなアイコンの中に何かがあるなどという考えは馬鹿げていた。

　2年後，私の弟が新しいアップル・マッキントッシュを買ってきて，アパートに置いた。その経験は，私にとって当惑でもあり，また陶酔でもあった。インタフェースは現実の深みを持っているように感じられた。あたかもそこにあるアイ

テムは現実に開き，調べ，探求することができるように思えた。

　私がこの経験から示したかったことは，道具を使うことによって，われわれは課題を楽にこなす以上のことができるということである。道具は思考の方法を変え，課題への接し方を変え，さらに課題そのものの性質さえ変えてしまう。それが想像もしなかった社会的変革へとつながることだってある。
　変化を順々に見ていくことにしよう。ある課題（たとえば買い物を思い出すこと）は，道具（買い物リスト）を使うか記憶に頼るかによって，根本から変わってしまう。道具を使うことによって，課題は「買い物かごの中にある買い物をリストと照合する（もちろんリストを使うことを思い出すことも含む）」ことになる。道具を使わないのなら，課題は買う必要のある商品を思い出すことになる。文字や数字によるシステムが発明されたことに始まる道具の発達は，課題を根本から変えてしまっただけではなく，われわれの能力自体をも変えてしまった。ヴィゴツキー(Vygotsky, 1978)はこの能力を「媒介」と呼び，道具は他者と同様，人間の能力の延長であるとした。
　コミュニケーションが電話やインターネットに代表される技術によって媒介された時，課題は似たような変化を見せる。交互に話すとか，同意したときにうなずくといった，われわれが伝統的にコミュニケーションの時に用いてきた道具は陳腐化してきている。ボディ・ランゲージは廃れてはいないが（電子メールを読むときに微笑まない人がいるだろうか？），対人感情のコミュニケーションとの関連は弱くなってきている。
　さらに重要なのは，技術によって媒介されたコミュニケーションと媒介されていないコミュニケーションの結果は，同じなのか，それとも違うのかという疑問である。もし記憶力がよかったり買い物リストが短かったりしたときには，買い物リストを書き付けようと暗記しようと，結果（冷蔵庫の中の食べ物）は同じになるだろう。だが，コミュニケーションが媒介されたときは，対面状況における似たような場合とは結果が大きく異なることがある。これがサイバー心理学の困難な点である。われわれは，メディアコミュニケーションを支える心理的過程を理解する必要がある。そうしなければ，課題がどのように異なるかということだけではなく，結果がどのように異なり，その理由は何かということを，予測することも記述することもできなくなる。重要なのは，単にわれわれがどのように課題をこなしているかということではなく，結果がどのように異なるかということである。インターネットの拡大という現象を記述し，表面上は単純な課題から，広範な社会的変革を予測してみよう。

② インターネットの簡単な紹介

　インターネットの起源は，アメリカ国防総省が1960年代半ばに分散的コンピュータ・ネットワークの開発に先鞭をつけたことにまでさかのぼることができる。最初はデータを共有するためだけに使う手法と思われていたため，インターネット（当時はアルパネットと呼ばれていた）の最初の意図は，人ではなくコンピュータ同士をつなぐことだった。しかし，電子メールがアルパネットの比較的初期の利用者によって開発され，それはコンピュータとコンピュータの通信手段ではなく，人と人とのコミュニケーションを意味するところとなった。ワールド・ワイド・ウェブ（WWW）が1990年代の初期に出現し，1993年から94年にかけてウェブ・ブラウザが発売されてから，インターネットは急速に拡大し，多くの企業や個人をひきつけることとなった。心理学とインターネットの研究のために，まずインターネット上での8つの行為について分類しておこう。

- **電子メール**　電子メールは非同期的なテキストベースのコミュニケーションであり，1対1でも1対多でも使用することができる。電子メールによる議論のリスト（リストを作り出す製品の名前にちなんでリストサーブとも呼ばれる）とは，メッセージをすべての利用者に配信することによって，集団への投稿を可能にするものである。電子メール用のツールの発達に伴い，添付（ファイルを電子メールと一緒に送る）や電子メールフォーム（電子メールにチェックボックスなどの機能を付加したもの）などの新しい機能も開発されている。
- **チャット**　チャットソフトは，同期的で同時的な文字ベースのコミュニケーションである。1対1でも多対多でも使用することができる。例としてインターネット・リレー・チャット（IRC）があげられる。チャットはワールド・ワイド・ウェブ（WWW）上で動作したり，IRCなどの専用ソフトで動作したりする。他のチャットサービスにはインスタント・メッセージがあり，友達リスト（頻繁に話す人）やファイル共有などの機能が提供されているものもある。
- **ファイル共有**　ファイル共有は，インターネット上での最も初期から存在する行為のひとつであり，当初は，リモートサーバーにログオンすることにより行なわれていた。たとえば，ファイル転送手続き（file transfer protocol；FTP）やゴーファー（Gopher）などが使われ，ファイルのアップロードと

ダウンロードが行なわれていた。1990年代の終わりごろから，ナップスター（Napster）やエイムスター（Aimster），グヌテラ（Gnutella）などを使ったピア・トゥ・ピア（1対1）のファイル共有によって，人々はリモートサーバーによる共有ではなく，直接他人のコンピュータ上のファイルを共有することができるようになった。

- 非同期型ディスカッション・グループ　非同期型ディスカッション・グループは，多くの人々同士でメッセージを交換するためのシステムである。たとえば，ユーズネット／ニュースグループや，掲示板があげられる。これらは電子メールやWWW，もしくはニュースグループ・サーバーとニュースグループ・リーダーを使って行なわれている。一般に，利用者は特定のグループに参加して，メッセージのやり取りを行なっている。

- マルチユーザー・ダンジョン／ディメンジョン(Multi-user dungeons/dimensions；MUDs)　MUDsは文字ベースのバーチャル環境で，ロールプレイング・ゲームを行なうために開発された。同期的なコミュニケーション環境を供給するだけではなく，環境を記述したり，環境や他の参加者と相互作用するための一連のコマンドを持っている。

- バーチャルワールド　バーチャルワールドは，パラス（Palace）[1]などを代表とする，三次元化されたMUDsである。参加者は画像で表示され，画像による三次元環境の中で環境や他の利用者と相互作用できる。参加者は「アバター（avator）」と呼ばれる画像キャラクターとして表示される。より没入的なバーチャル・リアリティ（Virtual Reality；VR）が開発されれば，VR用ゴーグルやVR用スーツなどの利用によって，バーチャル空間の構成要素をより「現実っぽく」することができるだろう。

　　1▶アバター（バーチャル空間での仮想キャラクタ）を用いたチャットシステム。
　　　http://www.thepalace.com/

- ビデオ／音声コミュニケーション　ウェブカム（インターネットを通じてライブ動画を送ることができるビデオカメラ）が劇的に安くなったことによって，主としてビジネス現場で使われていたテレビ会議は，より一般的なものとなった。アプリケーションとしては，シーユー・シーミー[2]（CuSeeMe；1対1），ウェブキャスト（1対多），チャットルーム（多対多）など，音声と文字とビデオによって利用者間を相互に結びつけるものが開発されている。

　　2▶インターネットを使って，リアルタイムなテレビ会議を実現するソフトウェア。お互いの映像を表示しながら，実際の音声での会話や，文字入力による会話（チャット）ができる。

- ワールド・ワイド・ウェブ　ワールド・ワイド・ウェブ（WWW）は，インターネットで伝達されるデータの多くの部分を占めている（最もデータ量が多いのは電子メールである）。多くの場合コンテンツを配信するための道具としてしか使われていないが，ページ間のハイパーテキスト・リンクが，利用者にとって他に替わりのきかないものとなっている。WWWページはハイパーテキスト記述言語（hypertext mark-up language；HTML）によって書かれているが，XMLやJavaスクリプトやコールドフュージョン（Coldfusion）など他のスクリプト言語も使用されており，動的なウェブページのデザインに一役買っている。

　このリストは網羅的でもないし，ここにあげた諸行為や道具にもお互いに重なる部分がないわけでもない。電子メールを用いたメーリングリストはWWW上で閲覧できるように蓄積されることもあるし，ニュースグループもWWWを通じて閲覧・投稿することが可能である。ナップスターのようなピア・トゥ・ピアのファイル共有システムには，チャット機能を持っているものもある。技術の発展に伴い，われわれは新しいインターネット上の行為が発達するのを目にするかもしれない。さらには，双方向テレビのような他のメディアとの融合や，没入的なバーチャル経験が増えるのを目にするかもしれない。
　さまざまに異なるインターネット上の行為と道具が存在することは，利用者がその利点と欠点の両方に触れることを意味する。多くの利用者は両方に気づいており，自分の目的に有利な道具を探している（Mantovani, 1996）。利用者はまた，自分が何をすることができ，誰と，どの程度，どのような行動をすることができるかを自分で決めている。利用者によるこの意識的なメディアの利用と，メディア自体がどのような効果を与えるかということのバランスが，行動や心理的な状態へのメディアによる影響を決める。だから，これがインターネットの心理学研究の対象となるのである。

❸ 会わずに話すこと
メディアコミュニケーションの心理学的な重要性を概括する

　ガッケンバックとエレーマン（Gackenbach and Ellerman, 1998）は，1920年代から40年代にかけての個人的な無線の使用について次のように議論している。

　　この無線という新たな技術が，個人間の関係や家族をどのように再構成するのか，この技術利用に対して子供たちをどのように教育するべきなのか，また

人々の批判的思考と情報発信の能力についての研究に関して，多くの学術的な本が書かれてきた。本屋の棚を眺めれば，こういった過程がインターネットについても繰り返されていることは自明である。

　ガッケンバックとエレーマンは，多くの学者は，インターネットについて研究する時に，これまで新しい技術が出てくるたびに繰り返されてきたことをやっているにすぎないと指摘している。それは新しい技術の社会的影響についてユートピア的，あるいはディストピア的な予測をする，ということである。昔の「新技術」に関する研究は，技術が行動に及ぼす影響力について，われわれに価値ある教訓を与えてくれる。まず，媒介された行動の間には著しい共通点があり，媒介をもたらす技術が何であるかにはかかわらず，ある特徴を持っているということである。次に，以前の技術が心理や行動規範に及ぼした影響は，新しい技術でも見られるということである。たとえば，書き言葉は社会的にも歴史的にも心理的にも影響力をもたらしたが，コンピュータ媒介型コミュニケーション（computer-mediated communication；CMC）について考える場合には，われわれは新しい技術（コンピュータ）について考えるのであり，古い技術（書き言葉）については考えない。しかし私は，これらの2つの技術は分けることができないということ，文字ベースのコミュニケーションの心理的影響力を考えるときには，書き言葉のことについても考える必要があることを強調しておく。さらに，技術の発展が起こると，古い技術の存在は，われわれがいかに新しい技術を使うかということに影響してくる。たとえば，無線が電信を駆逐しはじめたとき，無線技師たちは電信技師と同じようなスラングや頭文字を使った。これは，アマチュア無線家（ハム無線）の規範と行動にも影響をもたらし，今でもまだ使われている。
　次節では，5つの「新しい」（つまり当時は新しかった）技術について，歴史的，心理学的文脈から議論していく。その5つは，書き言葉，電信，電話，無線，携帯電話の文字メッセージである。

■ 書き言葉

　話すコミュニケーションとは対照的に，書き言葉が技術の一種であるということは忘れられがちである（Ong, 1986）。それだけではなく，書き言葉は人類の進歩から見ると，比較的新しい技術である。人間が話せるようになったのは5万年ほど前であるが，書き言葉は，ほんの5千年の歴史しか持っていない。
　より新しいメディアコミュニケーションと同様に，書き言葉を使うには特別な道具を必要とする。粘土板やチョーク，ペンと紙，あるいはワードプロセッサなどである。インターネットやコンピュータと同じように，書き言葉は出はじめの

ころには罵倒されていた。「パイドロス」の中でプラトンは，書き言葉は非人間的で人工的で，記憶力を減退させてしまい「心を弱める」と述べている (Ong, 1982, p.79)。

中世になるまで，文字を書くことに従事していた人間はごく少数しかいなかった。文書は高価な羊皮紙に手書きされていた。宗教的テキストの写しを作るためには，複写師（通常，僧だった）が1年も費やさなければならなかった (Burke, 1991)。情報のほとんどすべては口頭で伝達されていた。吟遊詩人とか，教会や貴族に雇われた伝令のネットワークがその用を足していた。文盲の者にとって，書き言葉はほとんど価値がなかった。文書に公式な封印がされていない場合，それは真正なものとは認められなかった（そしてしばしば贋物だった）。法律上は，話し言葉こそが認められた。法廷は告発についての証拠が被告に対して大声で読み上げられるのを「聞く」場所だった（この慣例は現在にも残っている）。現代とは異なり，書き言葉は大声で読み上げられることが念頭に置かれていた。多くの裕福な家庭では，文字の読み手と書き手は別の者が担っていた。書き言葉が意味を持つためには，話されなければならなかった。それは今日の宗教的なまじないや願い事のようなものだった。

さまざまな発達が，書く能力と書き言葉を急速に広めた。グーテンベルクによる可動活字を使った活版印刷の（再）発明[3]によって，手による複写の労働の必要はなくなった。書き言葉のための安い素材である紙が入手可能になり，活版印刷は急速に普及した。紙は中国の発明品だが，8世紀にアラブに伝わり，14世紀にはヨーロッパへと輸入された。バーク (Burke, 1991) は，ボローニャでの紙価が14世紀中に5分の1になったと報告している。1450年代の活版印刷の発明は「口頭による社会を壊滅させた……その影響は人間の行為のあらゆる側面に及んだ」(Burke, 1991, p.77) のである。

 3 ▶11世紀・中国の木活字による活版印刷，13世紀・朝鮮の金属活字による活版印刷を念頭に置いて，「再」としているのであろう。

オング (Ong, 1986) によると，書き言葉は「意識の再構築」をなし，知識を持っている人を知識そのものと区別させ，読み手と書き手との間に距離を生み出した。書き言葉は質問に答えてくれることはないし，プラトンが示したことのひとつであるが，永遠に静的なものである。オング (Ong, 1986) はさらに，書き言葉は神経心理学的な影響をもたらすと述べている。つまり，アルファベットを読むことで，左大脳半球が活性化するという。一種の教育運動である「教科を横断した作文指導運動（writing across the curriculum；WAC)」[4]は，1970年代の初めから，書き言葉を学生の学習の補助とすることを試みている (Hilgers et al., 1999)。ヒルガース

らは「インタビューを受けた者たちは，書き言葉について感じる恩恵について，何らかの形で言及した」(p.341) と述べている。インタビュー中に語られたいくつかの話は，何かを理解したり，アイディアを学習したり，それを形にしたりする際に，潜在的な書き言葉の利点があることを示している（以下はHilgers et al., pp.342-3より抜粋）。

4 ▶アメリカで盛んになった，すべての教科学習に作文を取り入れようとする運動。

　ただアウトラインだけを作ろうとしたときには，紙には何の意味もないと思ったし，紙にそれを書いていくのは難しいと思いました。でも，書いてみたら，考えたことを全部読むことができるし，全部を分類できたし，すべての情報を知ることができました。もしあなたが書いたなら，きっとあなたにとってぴったりしたものが書けるのでしょう。すべてがしっくりくるような気がします。
　書くことは考えていることをまとめ上げてくれます。今は，私が誰かに向かって何かを話さなければならないとき，こう考えるようになりました。「よし，私がこの会話ではっきりさせたい重要な点は何かな？」
　アイディアや概念や他のもやもやした考えを1つの文章にまとめることができたら，それは単に事実を反復しているのとはまったく違います。何かを書いているということは，自分が注目している何かについての思考を必要とするからです。

　書き言葉のために使われる特別な技術もまた同様の影響をもたらす。文字を書くのに時間がかかり，それが難しい仕事だったころは，記述は多くの場合，誰かの考えを紙の上に記すことだった。だから，書き言葉は口述筆記となっていった。活版印刷機が，新聞のような書き言葉のまったく新たな使用法を可能にしたことにより，文字がいたるところで読めるようになった。しかし，コンピュータ技術の発達，とくにワープロが登場するまでは，書き言葉は多くの過去の技術的束縛から逃れることはなかった。
　ジャーナリストのスティーブン・ジョンソン (Steven Johnson, 1997) は，ワープロがいかに彼の書く方法を完全に変えてしまったかということについて論じている。

　ペンと紙やタイプライターを使って書き物をしていたころ，私はページ上に文章を書く前に，その文を頭の中で組み立てていた。セイレンの歌声[5]のようなMacインタフェースが私を魅了して，コンピュータに直接書くことに誘い込まれてしまったときに，すべては変わってしまった。最初はタイプする前に

文を考えるという，おなじみの義務的な「進んでは立ち止まる」という繰り返しだった。でもすぐに，ワープロは正確な校正という罰ゲームのような面倒くささを消してくれたことに気がついた。文単位で仕事をしなければならないというやり方は質的に変わってしまった。考えることとタイプすることは同時に行なわれるようになった。(pp.143-4)

    5 ▶ ギリシャ神話に出てくる精霊。魅力のある魔法の歌で船を引き寄せ，座礁させるとされた。転じて，破滅をもたらす誘惑の意。

ある意味で，コンピュータは書き言葉を話し言葉に近づけた (Yates, 1996)。書き言葉が口述筆記されて声に出して読まれていたとき，書き言葉の記録と使用方法は話し言葉の伝統の上にとどまっていた。より多くの人が読み書きできるようになったことで書き言葉の技術利用は簡単になり，書き言葉は独自の地位を築くようになった。コンピュータ技術とインターネットによって，われわれは自由にタイプができるようになり，書く前に注意深く文を作っておく必要はなくなった。プラトンは書き言葉は常に心の複写に過ぎないが，話し言葉はじかに意識の中に刻み込まれると述べた。しかし，ジョンソンが述べたとおり，これはすでに説得力を持たなくなっている。この主張を支持する言語学者の報告として，多くの同期的CMC利用が言葉によるコミュニケーション上の特徴を共有しているということをあげておこう (Collot and Belmore, 1996)。インターネットはここ10年ほどの間に，日常の他の場面ではほとんど物を書かない人たちによる，書き言葉によるコミュニケーションを急速に発展させてきた。この書き言葉への移行は，言葉の変成や文法・スペルのミスにかかわらず，それ自体が人々の心理的過程に多大な影響を与えている。

電　信

最初のメディアコミュニケーションの技術形式が書き言葉だったとすると，電信（telegraphは「遠くに書くもの」という意味である）は，まさにインターネットを含む現代の電子コミュニケーションの先駆けというべきものである (Standgage, 1999)。

文明化の最初の段階から，離れた2地点間ですばやく情報交換できる能力は，商業的・政治的な競争力を与えるものであった。たとえば戦争の時には，戦闘の情報を得て指令を伝える（と同時に補給も行なう）ことは，自軍に敵への根本的な優位を与えることになっただろう。同様に，商業的な組織が競争相手よりも早く商品価格などの情報を集めることができれば，その知識から利益を得ることができただろう。

ヨーロッパにおける産業革命の時代になると，商業的・政治的情報をすばやく伝達する必要はより強まり，コミュニケーション技術を開発することが重要視されるようになった。1791年，クロード・シャップが10マイル離れた場所に複雑なメッセージを送る情報伝達を可能にする腕木通信システム[6]を発明した。彼のシステムは，すぐにフランス政府に採用され，1804年にナポレオンによって国中に整備された。彼の発明の重要性はヨーロッパ中に知れ渡り，19世紀初頭にはヨーロッパのほぼ全域に，この光学的電信が張り巡らされた。イギリスでは，スペインとフランスによる侵略の恐怖によって，ロンドンの南方の海岸を結ぶ灯台通信の初期的なシステムが建設されていた。これらの灯台は，19世紀になると光学的電信システムに置き換えられていった。

> 6 ▶ 中継所の柱に取り付けた腕木を回転させて文字に対応させたパターンを表示し，それを隣の中継地から望遠鏡で読み取り，さらに腕木表示と読み取りを繰り返すことによって，遠距離で通信をすることを可能にしたシステム。

　「電気的な」電信が発達するには，さらに50年にわたる研究と検証が必要であった。問題の一部は，またしても2地点間を結ぶのに適した情報伝達手続きは何かということであった。電気の流れは瞬間的なパルスによるので，アルファベットの綴りは他の手続きに置き換えられなければならなかった。1841年にモールス信号が発明されて初めて，電信の利便性が世の中に広まった。19世紀末には，電信はコミュニケーションの速度に革命を与え，生活の速度自体を変えてしまった。

　電信はメディアコミュニケーションの本質について，いくつかの重要な点を教えてくれる。1つ目は，帯域幅と接続のコストについてである。電信のメッセージは1語ごとに課金されるために，できるだけメッセージを短くして，完全な言葉よりも略号を送ろうという動機づけが強くなった。訓練された電信技師はモールス信号を使って1分間に40語を送ることができたが，一般的なフレーズは省略形で送るのが普通だった。

　2つ目は，電信会社の顧客間よりも，電信技師の間の「記録に残らない」やりとりの中に，面白いコミュニケーション現象が見られたということである。たとえば，電信のメッセージは速記法に従った大文字を用いることもできたが，それは「緊急」というような意味を持つといった具合であった。値段が高くてプライバシーがなかったために，電信は一般的な人々の私的なコミュニケーションの手段とはなりづらかった。しかし，電信技師の間では，ネットワークは「全部で数千の人からなり，ほとんど実際に対面する機会のないオンライン・コミュニティ」(Standage, 1999, pp.122-3) を形成していた。電信技師によるコミュニティ感覚は，規範や慣習，語彙，短い2文字か3文字からなる署名の使用や，特定の「線」を

所有しているという感覚を共有することによって高められた。スタンデージによると，熟練した電信技師はモールス信号の打ち方の違いによって，たやすくオンライン上の友人を見分けることができたという。

　一部の僻地を除いて電信線が徐々に張り巡らされていくにつれ，電信技師たちは仕事の合間や休憩時間に生き生きとしたオンライン・コミュニケーションをするようになっていった。つまり，冗談を交わしたり，おしゃべりをしたり意見を言ったりした。それらはエジソン（ある時期，電信技師だった）によれば，出版物に載せられないほど下品なものであったりした。このコミュニティの多くの部分（ほぼ4分の3）を女性が占めており，18〜30歳の未婚者が多かった。女性技師たちは普段男性技師とは別のところで仕事をしていたのだが，もちろん彼らはオンライン上で連絡を取り合っていた。至るところで電信技師間の恋愛が生まれたことは驚くに値しない。

　たとえば，1879年に出版されたエラ・チーヴァー・タイヤーの小説「接続された愛：短符号と長符号の恋」を見てみよう。この小説のプロットは，オンライン恋愛をもとにしている。1891年に編集されたウェスタン・エレクトリシャン誌の「電信恋愛」特集号には，実際に会って結婚にいたった2人の電信技師についての記事がある。スタンデージの引用によると，1880年代のある技師は「多くの電信恋愛が『電信線を越えて』結婚へといたった」と述べたという (Standage, 1999, p.129)。

　またスタンデージは，離れた場所にいる恋人たちの恋愛とは別に，電信技師のオンライン・コミュニティがあった証拠を挙げ「電信線によるコミュニケーションは明らかに個人的なものではなかったのに，それはとても繊細で親密なコミュニケーションの手段であった」と結論づけている (Standage, 1999, p.123)。

　電信はまた，メディアコミュニケーションについて考察するときにも，非常に重要なものである。信号法と規範は，技師たちが無線に移行することによって発展し，それはアマチュア無線にも利用され，そのアマチュア無線の愛好家たちが後の初期のインターネットを熱狂的に担う世代となったからである。さらに電信会社の先進的な姿が，後の電話会社の発展に同様の役割を果たしたのである。

■● 電　話

　1876年に，アレキサンダー・グラハム・ベルの「多重電信」の開発実験が，のちに電話として知られるようになる特許に結びついた（元々の発明はハリアン・アントニオ・ミューシーまでさかのぼることができる）。しかし，電話の可能性は多くの人間から無視された。ウェスタン・ユニオン電信会社の社長は，電話の特許権を取得して市場を独占化するのを断念するときにこう言った。「こんな電

気仕掛けのオモチャを，うちの会社で何に使うんだ」

　初期の多くの「電話人」が電信会社から転職してきたことと，初期の電話市場が商用や1対1の利用ではなく，マスコミュニケーションの手段として強調されていた点は驚くべきことではないのかもしれない。電話の未来の使用に関する予測は，たとえば「有名人」が遠隔地のさまざまな音楽ホールにいる聴衆に放送したり（ボストン・トランスクリプト誌，1876年7月18日），「ダンスパーティに楽隊がいらなくなるだろう」（ネイチャー誌，1876年8月24日）というようなものであった。電話の実用的な価値として強調されていたのは，社会的な相互作用の道具というよりも，在宅の顧客への宣伝のために使用するということだった。このような「実用的な」利用法には，ニュースの放送や天気予報，スポーツの結果を知らせる，商品やサービスの注文，緊急連絡などがあった。

　フィッシャー（Fischer, 1992）の記すところによると，電話会社の内部文書に，重役たちが電話の取るに足らない使用について嘆いていることが示されているという。実際に彼らは，1920年代になるまで，電話の社会的な利用法に失望していた。たとえば，1909年にシアトルの地域支店長が住民の電話を傍聴したところ，30%は「ただのアイドルのゴシップ」であった。彼は，なんとかしてこのような「不要な利用」を減らすべきであると述べている（Fisher, 1992）。同様に，19世紀末のカナダの電話帳には「電話で商談をする時間は制限されていませんが，『直接会って話をする』ほうが短い時間で済むという利点があります」と書いてあった（Fisher, 1992）。

　同じころ，電話会社と有名な新聞が，電話の間違った使い方について次のように述べている。1884年の「エレクトリカル・ワールド」誌は，「夜想曲を歌う吟遊詩人は，今や受話器の前でギターを爪弾くので，ショットガンで撃たれたりブルドッグに吠えられたりする心配がありません。ロミオはもはやジュリエットのバルコニーの下，寒い思いをして待たなくてよいのです」と警告している。カナダ電話専売会社が1877年に電話を広告するために作った一連のカードでは，電話の向こうで若い男といちゃついている妻に向かって，男がもっともらしく話している，というのがあった。夫が友人と賭け事をしながら，妻に向かって電話で「忙しくて帰れないよ」と説明するカードもあった。

　フィッシャーは「多くの企業人は，電話に対する根拠のない悪口や中傷について不満があった。広告や従業員による顧客への直接の説明，そして時には法的権限の行使によって，企業は電話での礼儀作法を改善していく方法を探していた（Fischer, 1992, p.70）」と述べている。悪態をついたことによって顧客契約解除になったり投獄されたりしたケースもあった。1910年に，ベルは「ジキル博士とハイド氏の電話」という，電話の不正使用と誤った利用に関する広告を出版した。電話

の誤った使用と同様に，エチケットの欠如が，このような懸念を引き起こしていた。1920年代も半ばになるまでは，多くの社会評論家が招待を電話で済ませる風潮を嘆いていた。電話会社は必死になって，より適切な挨拶の代わりに「もしもし（hello）」と言う行為を止めさせようとしていた。AT&Tが1910年に地域会社に配布した電話帳には次のように書かれている。

　　あなたは事務所や住宅のドアに駆け込んで，出し抜けに「もしもし！　もしもし！　どなたですか？」と言うでしょうか？　いいえ，会話は次のような文から始められるべきです。「カーチス・アンド・サン社のウッドですが，ホワイトさんとお話したいのですが……」。「もしもし！」と言う必要はないし，みっともなくもあります。

　1920年代以降になって，電話会社は電話の社会性の側面をようやく「発見」した。電話会社は，電話は実務的に使えるだけではなく，社会的な技術であるということを宣伝しはじめた。この時代の電話の宣伝では，家族や友人などと触れ合い，手紙よりも「親しくなれる」という点が強調されはじめた。この時代の典型的な宣伝文句は次のようなものである。「週に一度の親しいおしゃべりをどうぞ。距離はなくなり，毎週木曜日の夜には数分で親しい声がお互いに知りたがっている家族の話を伝えてくれます」(Bell Canada, 1921)。

　30年間にわたって電話会社が考えていたことは，家庭での電話の実際の使用と照らし合わせると，的はずれなものであった。電話の需要を創り出そうという企業の試みは，銀行口座を管理したり庭を設計したりする用途で家庭にPCを購入させようという初期の試みにそっくりであった。それが終わったのは，インターネットによる社会性が発見されてからであった。

　さらにコンピュータが家庭に入っていった過程と似ているところは，初期の電話使用に関する社会的影響力の理論化である。後の章でもう一度議論するが，電話は対面の出会いを，より現実的でない何かに置きかえるものだと予測されていたことには留意すべきである。フィッシャー (1992) はこの点を次のように述べている。

　　電話会社の広報は，電話はアイコンタクトや身体的接触によって伝えられる親密性を表現できるだけではなく，電話で友情を育むことは，食べ物を分け合ったり，散歩しながら話したり，一緒にいたりするのと同様の深さを持つと主張した。(p.239)

さらにマクルーハン (McLuhan, 1964) は，1906年の「ニューヨーク・テレグラム」紙からの引用として，「音声の (phoney)」という言葉が，電話での会話にはもともと現実の「実体」が欠如している，という意味合いで使用されていることを指摘している。比較的近年の研究者であるバーガー (Berger, 1979) も次のように述べている。

　電話を使うことはいつも，他者と関わるための特別な様式を学ぶということである。その様式は個人的ではなく，几帳面で，外面上は慇懃であるということである。重要な疑問はこうである：これらの内的な習慣は，電話を使わない人間関係など，他の生活領域にも広がっているのか？　答えは，ほとんどイエスである。問題なのは，それがどの程度，どんな点で，ということである
(Berger, 1979, pp.6-7)

　人々は電話を，関係発展のために使っているという証拠がある，人々は電話で話すことによって，常に他人に対する親しみを感じている。ほとんどの電話が，比較的少数の人（たいていは5人か6人）に対してかけられている。これは，電話によって近い人間関係が維持されているということを示している。イギリスではブリティッシュ・テレコム社が，よく電話をかける相手5人を選ぶ「友達・家族割引」を設定している。これは，会社が電話のそのような利用法を想定しているという証拠である。しかし残念ながら，電話が常に利用者をサポートするために設計されているというわけではない。普通の有線電話には電源を切るスイッチがついていないために，相互作用を管理するためには違うメーカーの作った道具（たとえば発信者電話番号表示サービス（Caller ID））をつけることが必要である (Brown and Perry, 2000)。携帯電話の場合は，通話中には自動返信メッセージが応答するようになっているので，利用者が相互作用を自分で管理することができる設計になっているといえる。2001年の終わりには，サムスン電子が蓋にも表示窓がある携帯電話を発表した。これによって電話をかけてきた人の電話番号や，もし登録してあれば名前までわかるようになっており，電話に出る前に誰が電話をかけてきたかを知ることができる。テレビの宣伝では，女性が男性からかかってきた電話を選り好みする場面が流されている。紙面広告では，「あなたが」通話をコントロールできるのだという点が強調されている。第三世代（3G）携帯電話ではマルチメディア・メッセージが可能になるために，より予測不能で，おそらく望ましくない電話の使われ方がなされるようになるだろう。

無線コミュニケーション

マルコーニによる無線の発明によって，ほとんどの電信技師たちは，無線通信所を第2の就職先とした。無線も電信もモールス信号を使っていたため，電信で使われていた言葉の短縮形や社会規範，エチケットといったものが無線技師によって引き続き使われたことは驚くに値しない。

第一次世界大戦が終わり，相当数のアマチュア無線愛好家が無線の世界に加わった。アマチュア無線家は「ハム」と呼ばれた。それは，電信技師たちがとくに打鍵の遅い（そして常にたいてい田舎にいる）技師たちに贈った名前であった。ハムによる無線の使用は，メディアコミュニケーションで結ばれた全世界的なコミュニティの経験が認められた最初の例となった。その後30年間は，無線の「黄金時代」であったが，このことは政府や軍の放送電波や商業放送に対する規制が増加したことも意味している。

無線「愛好家」が2つの大戦間で増えたとはいえ，アマチュア無線は，その使用の制限によって，少数者の趣味でありつづけた。

近年，免許のいらない「市民周波数（CB）」無線が一般的になったり，コンピュータ技術が発展したりしたことによって，アマチュア無線家の数は停滞し，減り始めている。21世紀初めの時点で，アマチュア無線家は全世界で60万人いると推測されている。一部地域では，アマチュア無線の免許を取るにはモールス信号の知識が必要であり，アマチュア無線をやりたい人の数を減らしている。

多くの人はアマチュア無線で「インターネットのような」経験をしたし，現時点でもそうである。多くの無線のFAQでは，アマチュア無線は「異なる国，人種，文化，信念を持つ市民同士が直接個人的にコミュニケーションできる代表的なメディアのひとつなのです」とされている（http://www.qsl.net/iu0paw/curiosity.htm）。

アマチュア無線は，電信がかつてそうであったように，独自の慣習と言語を持っている。たとえば，無線通信を行なう際の適切な行動に関するインターネット・サイトがかなり重視されている。そのようなサイトのひとつには「リピーターの」エチケットが記載されている（http://butler.qrp.com/~n9ynf/rprt-etiquette.html）。

- 識別時[7]には，正しいアルファベットの発音をしましょう
- CQと言わずに「あなたの呼びかけは聞こえています」と言いましょう
- 「切断」は緊急時以外使ってはいけません
- 他の局が交信している時は，コールサインを言ってはいけません

- 簡潔に，短く，わかりやすく会話をしましょう
- 無線では誰が会話を聞いているかわからないということを念頭に置きましょう
- 感度が悪いときに「つながらない」とか「聞こえない」とか「聞こえた」とか言わないようにしましょう。あなたの感度がよくないことは，他の誰もがわかっていることです。

7 ▶ アマチュア無線の交信を開始する際に，お互いのコールサインを交換して，交信を成立させる段階。

10-4=「了解」のようないくつかのアマチュア無線用語[8]は日常語として理解できるが，CQ=「seek you：あなたを探しています」とか，88=「抱きしめてキスする」とか，73=「敬具」とかは独特である。すべての利用者は，それぞれ文字と数字の組み合わせからなるコールサインを持っている。たとえば，上にあげたエチケットを書いたのはN9YNFだ。コールサインは通常，管理者によってあてがわれるのであるが，「他人に自慢できる」コールサイン（連番など）の市場もあるのだという。

8 ▶ アマチュア無線では，10から始まるいくつかの符号があり（たとえば，「10-10」は「送信終了」という意味），とくに「10-4」という言いまわしは，英語圏では日常語として使われるほど一般的である。

草創期の無線技師は海軍の軍艦に乗っていたために，必然的に男だけであった。同様に，最も初期のアマチュア無線家もまた若い男性であることが常だった。しかし，前に述べた電信の場合と同じように，アマチュア無線家同士の恋愛も報告されている。たとえば「アマチュア無線家に女性が占める割合が大きくなるに従って，OM（男性のアマチュア無線家）とYL（若い女性の無線家）が交信中に知り合う機会が多くなった。中には結婚した無線家たちもいる」と述べているウェブサイトもある（www.qsl.net/iu0paw/curiosity.htm）。

ただし，これは希望的観測なのかもしれない。エレクトロニクス博物館アマチュア無線クラブの1996年度版ニュースレターは，無線による恋愛に関する情報を求めてもかいがなく，ただ次のようなことが言えるにすぎないと書いている。「時折，熱情的なおしゃべりを無線で聞くことがあります。これは，たまたま若い声をしている年配の女性が，自分の趣味を理解してくれるに違いないと思い込んだ若い男性から口説かれているというドラマが現実に起こっているだけのです」

アマチュア無線ニュース（1998）は，無線交信中に知り合ったエリン・バークとドン・ラフレニールの結婚について述べている。彼らは秘密の周波数を使って交

信していたのだが，エリンは次のように述べている。「私たちは無線を使ってたくさんの面白い話をしました。その時に，どちらの側にも多くの人が割り込んできて，いいところで私たちをからかうのでした。まるでそれは無線を使ったソープ・オペラのようでした」

●● 携帯電話による文字メッセージ

　SMS（Short Messaging System：ごく短い文字メッセージをやりとりできるシステム）は1990年代の初めに，携帯電話の新しいGSM（Global System for Mobile communications：携帯コミュニケーションのためのグローバル・システム）に付け加えられる形で開発された。ウェブサイト（mobilesms.com）によると，「SMSはほとんどすべての人を驚きとともに携帯会社に取り込むという偶然の成功をおさめた」という。最初の文字メッセージは，1992年にボーダフォンのエンジニアのコンピュータと携帯電話の間で交わされた。このシステムは，携帯電話の利用者が他の利用者に短いメッセージを送ることができるというものであった。しかし，そのインターフェイスは利用者にとって覚えるのが難しく，また入力にも時間を要するものであった。

　同時に，ヨーロッパでは1990年代後半にプリペイド式携帯電話が普及してきた。プリペイド式の課金は，若者が携帯電話を持つことを可能にした。利用の前に金を払い，使うたびに電子的なメーターが回る，というような仕組みである。文字メッセージを送受信する携帯電話の能力は未成熟だったし，少なくとも最初の頃は課金されていなかった。金持ちというわけではない若者たちにとって，友人に無料のメッセージを送る方法はすぐに知られるようになり，SMSの通信量は飛躍的に増大した。たとえば，2000年の8月には，イギリス国内だけで5億6,000万もの文字メッセージがやり取りされ，1999年5月の5,000万件という記録の10倍にも達している（GSMアソシエイーションによる）。世界的には，携帯電話の文字メッセージのやりとりは1999年初頭には10億件だったのに対し，2000年8月には100億件に達している。イギリスで2000年のクリスマス前に最もよく売れた本は，文字メッセージの教則本であった。

　メッセージ内には限られた数の文字（160文字のラテン文字（アルファベット），70文字のラテン文字以外の文字（中国語など）しか使えないので，初期のインターネット・コミュニケーションを思わせる新しい言語が開発された。たとえば「またね」は「CU L8er（see you laterを意味する）」などである。携帯電話会社のエンジニアたちがSMSメッセージに課金するシステムを開発するには数か月かかったが，これは文字メッセージの利用が確立するには十分な時間だった。

　この驚くべき文字メッセージの発達は，その奇妙さを伝えるメディアの報道や

逸話を大量に生み出した。文字メッセージは恋愛や求愛に使われたが，もちろん文字に頼りすぎる危険性もはらんでいた。たとえば，ケイト・ソーガーは2001年5月16日付の「ブローグ・ポスト」紙で，1日に20から30の文字メッセージを送るドナの例について述べている。もちろん，しぶしぶであるが，彼はソーガーにメッセージの1つを見せてくれた。「君が必要なんだ」。またソーガーは，普段のたわいのないおしゃべりをするのに文字メッセージを最もよく使っているという，チャールス大学のミカエル・チェーノセックについて触れている。彼によると，「これは孤独のメディアだ……現代社会で孤独を感じないためには，これを使う必要がある」という。ソーガーはまた，SMSは親密性を維持し，簡潔性を促進するものであるとする他の学者の見解も紹介している。「個人的な時間はコミュニケーションによって消失する」。

フィッシャーが述べているとおり，求愛行動の強調は，20世紀初頭に電話が普及し始めたときに求愛が増加したことに似ている。フィッシャーによると，1900年〜1920年に行なわれた電話利用者へのインタビューの中で，多くの人がデートの約束や求愛を電話で行なったというエピソードを語ったという。百年後，電話で起こったことがSMSで起こっている。

同様に，SMSが否定的な社会的影響力を持つという考え方も，過去に新しい技術，すなわち書き言葉や電話が人々の幸せや社会的能力に悪影響を与えるとされたことの焼き直しに見える。SMSも繰り返し，その害毒が強調されている。後に見るように，インターネットも同様な懸念にさらされている。

メディアコミュニケーション──歴史から学べること

本書全体を通して議論される，技術とコミュニケーションに関して留意しなければならない点を要約すると以下のようになる。1つには，技術は少なくとも最初のうちは，「現実的」なものと比較して，より人工的な実体であると見なされるということである。プラトンは，書き言葉は意識と話すことの直接的な関連を欠落させるものであると憂慮した。電話も最初は，直接対面することの貧しい代用であり，誤解や良くないことを引き起こすだろうと思われた。同様の展開は，携帯電話による文字メッセージやインターネットについても繰り返されている。

2点目は，道具は心理的過程に何らかの影響を与えない限りは，単純に行動を変えることはないということである。このような心理的過程は，書き言葉のように道具の特異な要求によって起こることもあるし，電信技師のように道具のもたらすコミュニケーションのアフォーダンスや環境によって起こることもある。SMSやモールス信号のように，メディアの帯域幅が限定されていたり，使用にコストがかかったりするとき，文字数を少なくしたり，社会的・感情的な主題を

表現したりしようとする言語的な適応が起こると考えることができる。このような道具のアフォーダンスへの適応は，心理的な効果も生むと考えられる。たとえば，文字メッセージやモールス信号での略記法は，それを理解できない人々を排除した集団を形成するという効果をもたらす。簡潔性は率直さをもたらす。「藪の周りを叩く（遠回しに物事を言う）」ことが不可能だからである。

　サラ・キースラー (Kiesler, 1997) は，増幅的な技術と変革的な技術の違いについて，次のように述べている。

　　いくつかの技術がもたらす変化は，増幅である。それは人々が以前行なっていたことを正確に，すばやく，安く行なうことを可能にする。他の技術は，より変革的である。それは人々が世界や社会的役割，慣習や働く方法，直面する政治的・経済的な課題そのものを変えてしまうのだ。……時どき，増幅的な効果が先に見られて変革的な効果が起こらないこともあるが，増幅的な効果がより大きな社会的変革の先駆けであることもあるのだ。(pp. xii-xiii)

　シャーマン (Sherman, 2001) が言うように，インターネットが増幅的か変革的かを述べることは性急であるかもしれない。しかし「歴史に示されるとおり，すべての可能性について考えておくほうが賢明であろう」(p.68)。

第 2 章
道具から行動へ

　第1章で見たとおり，メディアコミュニケーションと相互作用のための技術は，しばしば期待も予想もできない社会的・心理的影響を与える。本書の目的のひとつは，「伝統的な」技術と新しい技術の違いを明白に位置づけることである。最も重要な論点は，なぜある技術は（あるいはその技術の適用は）異なる行動の様式を導くのか，という点である。

1 道具の特徴と行動

　認知心理学者のギブソン（Gibson）は，直接的な知覚という概念を記述するために，アフォーダンスというアイディアを紹介した。ギブソン（1979）によれば，物や環境は固有の属性を持っており，異なる種類の行動を導く。たとえば，固くて平らな表面は歩くのに適しているが，垂直だったりぬかるんでいたりすると適さない。物が特定の行動をアフォードするという考え方は，人間－コンピュータ相互作用の研究者たちに熱狂的に受け入れられた。その最先鋒がドン・ノーマン（Norman, 1988）である。ノーマンは，日常生活に存在する物にアフォーダンスの考え方を適用し，アフォーダンスが「物体の知覚された，あるいは物体が実際に持っている属性で，その物体がどのように使用できるかということを決めるための基本的な属性」であると述べている（1988, p.9）。
　平らで滑らかな表面が歩くのに適するように，電話は話すのにアフォードしている（話す「ためにある」）が，歩くためにはアフォードしていない。アフォーダンスの概念の重要な点は，物や材料や道具の属性とその使用の間の直接的な，あるいは設計された関連を示すことにある。
　重要なのは，技術がいつどんな方法でメディアコミュニケーションや行動を媒介したとしても，道具はある行動をアフォードするだけではなく，行動の個別の

側面の必要性を取り除いたり，実行する機会をなくすことがあるということである。

　歩きやすい状況にアフォードすることによって，歩道は大通りに沿って気晴らしの登山をする可能性を制限している。同様に，インターネットは相互作用の新しい様式をアフォードしているが，相互作用中の非言語的手がかりがないというようなコストも抱えている。非常に基本的なレベルで，コミュニケーションにおける技術の影響のモデルは，技術のアフォーダンスだけではなく，そのアフォーダンスの社会的・心理的な結果も考慮しなければならない。

　もちろん，社会的行動を媒介するさまざまなやり方は，異なるアフォーダンスを導く。その多様性や類似性は事実上無限である。たとえば，記録が永続的に残るかとか，どれだけ自動化されているかなどを考えることもできるだろう。ここでは，次の5つの次元を，道具と社会的行動の関連を理解するうえで重要なものとして取り上げたい。

- 同期性
- 伝達される手がかり
- 帯域幅とコストの束縛
- 匿名性の水準と種類
- 排他性

同期性

　同期性は，議論や会話が「同時的」に行なわれるか，それとも時間差があるかということである。メディアは常に，電話のような同期的コミュニケーションと手紙のような非同期的コミュニケーションに分類されてきた。しかし，この厳格な区別は，電子メールやSMSのような新しい技術によって明白ではなくなってしまった。これらのメディアは非同期的に見えるのだが，返事の速さやネットワーク性のせいで，同期的なコミュニケーションの特徴も持つのである。もっとも，これらのメディアは同期的に見えるとしても，会話の時のようにすぐに返事をしなければならないという心理的な必然性は持たない。

　私がロンドン行きの快速に乗っていたとき，向かい側に座っていた若者が，携帯電話を取り出してSMSのメッセージを読み出した。笑みをこらえながら，返事を書き始めた。返事を送ろうとする直前に彼は笑みを浮かべ，ほどなく送信ボタンを押した。最初，私は当惑した。どうして返事を送るのに笑わなきゃならな

いのだろう？ そして私はようやく気がついたのだ。彼が自分自身の面白い返事を楽しんでいたのだということに。SMSを使うと，うまい言い返しをできなくて嘆く可能性は低くなる。7時45分にロンドン・ユーストン駅に向かうオスカー・ワイルド[1]のように，自分自身の印象を取りつくろう時間があるからだ。

<small>1 ▶ 19世紀末のイギリスの詩人・劇作家。唯美主義的な作風で知られる。代表作に「幸福な王子」「レディング監獄の歌」。</small>

同期性は，メディアコミュニケーションを理解するのに重要な次元である。人は，その場で返事をしなければならないという圧力から解放されることにより，会話を制御しようという努力から，会話の中身自体に認知資源を振り分けることができるからである。このことは，もし非同期的な会話が素早く進んだとしても，メッセージを作るのにより多くの時間を割くことができるということを意味する。

伝達される手がかり

コミュニケーション技術によって伝達される手がかりや社会的存在感の量は，最も低い水準（ビジネス文書のような文字による公的な書式）から，電話やテレビ電話などを経て，最も高い水準である対面コミュニケーションへいたる連続的な範囲のうちのどこかに存在する (Daft and Lengel, 1984; Short et al., 1976)。手がかりレベルの低さは常に社会的コミュニケーションの低質さに結びつけられるという仮定には疑問が残るものの，コミュニケーション技術はメディアによる相互作用に関する理論に基づいて実装されることが非常に多いために，さまざまな技術は，それぞれ異なるタイプの情報とフィードバックを与える。

ここではさらに，声によるコミュニケーションと文字によるコミュニケーションが対立することによって，相互作用の中で伝達された情報の総量や様式の拡張に影響することについて議論したい。書くという行為と話すという行為がまったく異なるものであるために，それらは異なる心理的プロセスを引き起こす。よって，インターネットを通じて話すことと文字に基づくコミュニケーション行為は，相互作用を通じて伝達される社会的文脈手がかりの総量がまったく異なるというだけの，同じプロセスを引き起こすだろう。インターネット利用に関わる心理的プロセスについてのいかなる研究も，相互作用が文字によるものなのか，声によるのか，テレビによるのかについての考察を必要とする。

帯域幅とコストの束縛

心理学とインターネットについて他に考慮しなければならないのは，コストの問題である。これは相互作用に関するお金の問題と帯域幅の両方に関わる問題で

ある。コストが高い場合，簡潔さが要求されるだろう。たとえば，語数によって課金される電信のメッセージは，特殊なコミュニケーション形式を編み出させた。同様に，携帯電話の文字メッセージは，少なくとも初期の段階では無料であったというコストの点が評価されて利用者を獲得したが，1メッセージあたりの文字数に制限があるという帯域幅による制約もあった。帯域幅の問題は，初期の電子メール利用にも存在した。それにより，簡潔なメッセージと略語（これはチャットの世界でも広く使われている）を生んだ。簡潔にしようという傾向が，伝達されたメッセージのタイプに及ぼした影響と，メッセージの受け手が，それをどのように知覚したかを考えることには意味がある。電信の場合，メッセージの短さはせっぱ詰まった感じを与え，通常の会話に存在する微妙なニュアンスを欠如させた。多くの場合，伝達された手がかりから帯域幅のコストの問題を分離して考えることは難しいが，そうすることには価値があろう。たとえば，手紙を書くことと電信は両方とも同じ手がかりを含むが，電信を送るコストは（手紙にはない）直接的でせっぱ詰まった特徴を与える。

匿名性

匿名性という言葉は通常，「識別性の欠如」，すなわち巨大な群衆の中の1人でいるということを示す。しかし，コンピュータ媒介型コミュニケーション（CMC）は，通常「視覚的に匿名な状況」（つまり，自分が今話している人を見ることができない）で運営され，「識別性の欠如」はない（つまり，相手の名前は電子メールのアドレスで知ることができるし，相手がニックネームやハンドルを使っていても，そのハンドルを使っている人であるということは識別できる）。誰かの電子メールアドレスを知ることは，いくらかの識別性を知ることではあるけれども，対面状況でその人と会うこととはまったく異なる。匿名性は，ほとんどのインターネット行動のモデルに，何らかの形で含まれている。

情報の送り手と受け手の排他性

ここで議論する最後の要因は，メディア技術が人々の間の個人的なコミュニケーションを許しているかどうかということだ。すなわち，多くの初期の電話は共同加入線で，多くの家庭が1つの回線を共有していた。他人の会話を聞くことは禁止されてはいたものの，ある一定水準での漏話は避けられないものであった(Fischer, 1992)。同様に，無線の会話も通常は個人的なものではなく，繰り返しになるが，親密な会話が生じる可能性は限られていた。親密なコミュニケーションは，より個人的なメディアに切り替えて行なうことが期待されていたと思われる。つまり，チャットルームでの話し合いは電子メールへと移行し，他のチャットルー

ムには移行しないのである。このことはさらに，非同期性の次元も付け加える。

メディアを5つの次元に位置づける

第1章で論じられたメディアを，前述の次元に位置づけたのが表2-1である。

表2-1 メディアと媒介の5次元

メディア	同期性	手がかり形式	コストと帯域幅制約	匿名性の類型/レベル	排他性
手紙	低	文字	低コスト	視覚的匿名/中	あり
電信：オペレータ	高	文字	低コスト	視覚的匿名/中	時どきあり
電信：クライアント	低	文字	高コスト	視覚的匿名/低	なし
電話	高	音声	初期：高コスト 後期：中コスト	視覚的匿名/低	時どきあり（パーティライン以外）
無線	高	音声	低コスト	視覚的匿名/中	あまりなし
ショート・メッセージング・システム	中	文字	低コストだが物理的制約あり	視覚的匿名/中	あり

アフォーダンスとインターネット

　メディアコミュニケーションの祖先たちと同様に，インターネットも新たな可能性を持つと同時に，媒介された人々の行為に対するさまざまな制約を持っている。だが，これまで論じられた過去の技術の多くとは異なり，インターネットによる媒介のさまざまな形は，使われているソフトウェアの種類によって異なるアフォーダンスを持つ（表2-2参照）。

　インターネットの心理的過程への影響力を考えるためには，インターネット上の行動として何が見出せるかを最初に考える必要がある。表2-2に示されるとおり，インターネット上で行なわれるさまざまなコミュニケーションは，互いに非常に異なった構造的特徴とアフォーダンスを持つ。これらの異なった構造的特徴が特定の行動を導くと考えるのであれば，その環境的側面と同様に，コミュニ

表2-2 インターネットコミュニケーションと媒介の5次元

メディア	同期性	手がかり形式	コストと帯域幅制約	匿名性の類型/レベル	排他性
チャット（1対1）	高	文字	認知的負荷高・低コスト	視覚的匿名/高	あり
チャットルーム	高	文字	認知的負荷高・低コスト	視覚的匿名/高	なし
ユーズネット	低	文字	低コスト	視覚的匿名/中	なし
電子メール	中	文字	低コスト	視覚的匿名/中	あり
MUDs/Moo	高	文字	高コスト	視覚的匿名/高	あまりなし
テレビ会議	高	視覚・音声・文字	低コスト	中あるいは低	時どきあり

ケーションの形式についても考慮しなければならない。

❷ メディアコミュニケーションのモデル

これまで見てきたように,メディアコミュニケーションは,新しいコミュニケーションの機会をアフォードすると同時に,コミュニケーションにさまざまな制約を与える。おそらく,少なくともCMCに限って最も根本的な制約は,コミュニケーションしている相手を見ることも,その声を聞くこともできないということだろう。コミュニケーション技術の影響力のモデルは,コミュニケーションにおける視覚的・言語的手がかりの役割と,それがなくなったときに何が起こるかについて注目している。これらのモデルは「技術決定論」(Markus, 1994) と呼ばれている。なぜなら,彼らはたとえば視覚的匿名性のような技術的な特徴が,特異な心理的・行動的な結果を生むと考えているからだ。技術決定論者のアプローチは,大きく2つのサブグループに分類される。1つ目は「手がかり濾過(Cues filtered out ; CFO)」と呼ばれるもので,メディアコミュニケーションにおける社会的手がかりの欠如が社会的な統制感を弱め,個人性を弱め,没個性化されたコミュニケーションをもたらすというものである。2つ目の立場は「自己注目アプローチ」と呼ばれるものであり,技術的な設計が個人的・社会的アイデンティティの両方における自己への注目を変化させ,これが心理的・行動的な効果を予測するというものである。

● 手がかり濾過アプローチ

メディアコミュニケーションを理解するために最初に考察すべき仮説は,1960年代から1970年代初頭にかけてロンドン大学の研究者集団が関心を持っていた,遠隔コミュニケーションに関する心理学によるものである。コミュニケーション研究グループと呼ばれていた研究者たちは,技術的コミュニケーション(とくに電話)における心理的過程に興味を持っていた。この研究分野は「遠隔コミュニケーションの社会心理学(The Social Psychology of Telecommunications)」(Short et al., 1976) という本にまとめられている。彼らがメディアの違いを解釈するために持ち出した構成概念は,社会的存在感である。

●社会的存在感

コミュニケーション研究グループは,2つの主要な問題に焦点を当てた。すなわち,どのような要因が電話の利用を決定するのかということと,どのような社

会心理的過程が電話によるコミュニケーションによって引き起こされるのかということである。彼らの研究は，後の多くのCMC理論一般に見られるように，対面コミュニケーションと比べて，電話によるコミュニケーションが人々から何を失わせるかということを調べるところから始まった。彼らの努力の多くは，「普通の電話の欠点の大部分は，他の人や集団を見ることができないことである」(Short et al., 1976, p.43) という言葉に集約される。伝統的な社会心理学研究は，コミュニケーションにおける視覚的手がかりの重要性を強調している。たとえば，相互に注意を向け合うとか，発話チャネルのコントロール（誰がいつ発話するか），フィードバックの供給，ジェスチャーの描写，表象（うなずいて見せるなど），対人態度，外見，表情，姿勢や動作といった非言語的コミュニケーション，話者間の距離などである (Short et al., 1976)。電話はこれらの非言語的手がかりのいくつかを伝達することは可能ではあるが，多く（たとえばジェスチャーや姿勢，表情など）は伝達することはできない。

　コミュニケーション研究グループは，一連の研究によって，視覚的手がかりの欠如が人々の行動にどのような影響を与えるかを検証した (Reid, 1981)。ここで最も興味深いことは，彼らが企図した研究が，集団討議と葛藤の解消，対人知覚だったことである。ジョーン・ショートは参加者に，ある事柄について議論するように求めた。その議論は，実験者によって与えられた視点からのものであった（たとえば組合の代表と雇用者など）。彼の最初の研究では，対面の議論に比べて聴覚による議論では，強い調子の発言が説得的であるということが見いだされた。第2実験では，参加者間の対立が，意見の相違に基づくものか，目的に基づくものかの違いが操作された。意見の相違は，話題に対する態度が2名の参加者で異なる場合であり，一方で目的の相違は，議論の結果として狙うものが2名の参加者で異なる（しばしば背反する）場合のことである（たとえば，賃上げ対賃下げなど）。彼は，説得力のある強い主張の影響が強いのは，対面場面では意見に相違がある場合であり，聴覚のみのコミュニケーションでは目的に相違がある場合であることを見いだした。第3実験では，双方向テレビ画面（すなわち参加者同士は互いを見ることができる）を用いた場合は対面条件とまったく同じ結果が出ることを見いだした。追加実験において，ショートは，意見の相違について議論している場合には，対面場面に比べて聴覚のみの議論で，参加者は説得力のある主張による影響を強く受けるということを見いだした。これらの結論に対して，リード (Reid, 1981) は「これらの葛藤課題を用いた一連の実験において，最も明白で一貫していて，しかも事前に予測しなかった結論は，聴覚による議論は，対面の議論に比べ，より意見の変容が起こりやすいということである (pp. 404-5)」と結論づけている。

2つ目の一連の実験は，対面状況と電話状況における，判断の正確さとそれに対する自信についての問題を扱っている。一般に，他者に対する判断の正確さについては，メディアによる差異は小さいが，対面状況において，参加者は自分の判断について大きな自信を示す傾向があることが知られている (Reid, 1981)。

　ウィリアムズ (Williams, 1972) は，コミュニケーションの相手に対して，テレビ電話などにより相手を見聞きすることができる時のほうが，電話などによってただ相手の話を聞くことしかできない時より，参加者は相手を好意的に評価するということを見いだしている。ウィリアムズ (1975) は，実験者が選んだブレーンストーミング課題を，対面場面，テレビ回線，オーディオ回線を用いて，4名集団に行なわせた。これら2つの遠隔コミュニケーション条件において，集団は回線のそれぞれの端に2人ずつ位置することになった。ウィリアムズは，同じ側に座った2人は，回線の向こう側の2人に対してよりも，お互いにより賛意を示す傾向があることを見いだした。さらに，意見の相違は，隣に座っている人同士よりも，回線の向こう側にいる人との間で，常に有意に多く発生するということもわかった。さらに，聴覚条件の参加者たちは，回線の向こう側にいる集団の成員を，誠実さでも知的な面でも低く評価する傾向にあった。

　ショートら (1976) は，これらの知見を説明するために社会的存在感理論を構築した。彼らは，対人態度は主に視覚的な手がかりによって伝達され，聴覚的なチャネルは集団間での課題関連の認知的な情報だけを伝達するに過ぎないとした。すなわち，電話などのように視覚的なチャネルが取り除かれた場合には，残るのは課題関連の情報を伝達する能力のみにすぎず，社会的で対人的な情報は伝達されないということである。

　また，ショートらは，「相互作用における他者の顕現性と一連の対人関係」がコミュニケーション・メディアの客観的な質の指標になると主張した。彼らはこれを社会的存在感の質と名づけた。「客観的な質」の意味は，社会的存在感はアフォーダンスと同様に，単なる利用者のメディアに対する反応というだけではなく，メディアの特性になりうるということである。ショートらによると，「表情，視線，姿勢，服装や非言語的手がかりに関する情報を伝達する能力は，すべてメディアコミュニケーションにおける社会的存在感に寄与することになる」と述べている。

　社会的存在感は，現象学的な視点からも理解することができる。それは，人々のメディアに対する主観的な反応という側面である。電話や電子メールなどの，異なるメディアにおける社会的存在感は，利用者のそれらに対するSD（意味微分）法尺度によっても評定することが可能である。たとえば「個人的—非個人的」「社会的—非社会的」「冷たい—暖かい」などである。社会的存在感の高いメ

ディアは，社会的存在感の低いメディアに比べて，暖かくて個人的で社会的だと評定されるはずである。ショートらは，この種の評定を使用することによって，人々が電話のように視覚的でないコミュニケーションについては低い社会的存在感しか持っておらず，対面状況において社会的存在感が最も高いと評定していると述べている。テレビ回線を用いたコミュニケーションは，比較的高い社会的存在感を持っているが，対面状況に比べると低い。電話よりも社会的存在感が低いメディアとしては，わずかに仕事上の手紙が挙げられるのみだった。

　ショートらによると，メディアの社会的存在感はコミュニケーションの親密性を示しているとされる。彼らは，高い社会的存在感を持つメディアは，他のすべてが等しい場合でも，利用者間に高い親密性をもたらすだろうと予測した。この予測は，アーガイルとディーン (Argyle and Dean, 1965) の親密性均衡理論に基づいている。この理論によると，人々は相互作用の間に最大の親密性を求めようとするとされている。親密性はアイコンタクトや距離，自己開示などのさまざまな方法で伝達することができるが，ある方法による親密性の増加は，バランスを是正し，均衡を回復するために他の方法によるそれを減少させることになる。たとえば，人々が個人的な親密さについて議論する場合には，アイコンタクトが減少することが知られている (Exline et al., 1965)。つまり，多くの視覚的手がかりが取り除かれた場合に，親密性の減少が起こるとするならば，そのかわりに親密性を強めるための言語的な行動が増加するはずだと考えられる。しかし，ショートらの主張は逆である。つまり，アイコンタクトは親密性にとって非常に重要なので，それが取り除かれることは親密性を増加させることよりも葛藤を増大させるだろうというのである。ショートらの主張によるならば，電話も視覚的な手がかりがまったくないために，対面場面よりも親密性が少なくなるはずである。ショートらは，社会的存在感の低いメディアには，情報交換や単純な問題解決課題が向いていると述べている。さらにショートらは，「電話によるコミュニケーションは本質的に社交性に乏しく，形式ばったものである。課題が心理的な『距離』を求めるものでなければ，そのミスマッチは不愉快なものと感じられるだろう」(Short et al., 1976, p.81) と述べている。

◉社会的手がかりの減少（reduced social cues；RSC）

　インターネットに関する草創期の心理学的研究は，1970年代の後半から1980年代の前半にかけて行なわれたコンピュータ媒介型コミュニケーション（CMC）に関するものであった。この時代は，アメリカの多くの大学でCMCシステムを導入し，学生が利用しはじめたころである。当時，いくつかの大きなコンピュータメーカーは，スタッフ間での文字ベースのコミュニケーションに用いる道具に

ついて実験しはじめていた。これらのすべてのシステムは掲示板や電子メールシステムに基づいており，メッセージは利用者が中央のサーバーにアクセスすることで投稿された。初期のシステムの多くにおいては，帯域幅はごくごく限られたものであったし，コンピュータのメモリは高価で，ネットワークは遅かった。ゆえに，草創期のインターネットに関する心理学理論が，社会的情報の欠如，対面コミュニケーションでは考えられないようなフィードバックと統制感の欠如，電子的コミュニケーションの根本にまつわる不満について関心を示していたことは驚くべきことではないだろう。

　CMCに関する「手がかり濾過アプローチ」の最もよく構築された例は，サラ・キースラーとその共同研究者たちが1980年代に行なったものである。モデルの立脚点は，それまでの理論に見られた社会的存在感と同様に，コミュニケーションが技術によって媒介されたときに何が失われるかということであった。スプロールとキースラー (Sproull and Kiesler, 1986) は，コミュニケーションの社会的文脈を決定する3つの変数を特定した。地理的要因，組織的要因，状況的要因である。人々がこれらの社会的文脈を理解するために使う手がかりは，大きく2つに分けられる。1つ目は静的な手がかりで，人々の見た目や状況などから来るものである。2つ目は動的な手がかりで，同意を示すうなずきや，不同意を示すしかめ面など，相互作用を通じた個人的な非言語的コミュニケーション行動から来るものである。

　社会的存在感理論と同様に，キースラーの理論は，社会的文脈の手がかりが人々の相互作用中の行動を規定すると考えた。つまり，人々はどんな時でも，その時の状況の力学に従って，行動を調整することができるのである。スプロールとキースラーは，次のように述べている。

　　あらゆるコミュニケーションメディアは，対面における会話と比べると，社会的文脈手がかりを少なくともある程度は欠いている。電話はコミュニケーションをしている人たちに関する視覚的情報が欠如しているので，動的・静的両面での手がかりを欠いている。手紙やメモは，標準的書式という習慣を押し付けることによって，静的な手がかりを欠いており，もちろん動的な手がかりはまったくない。(1986, pp. 1495-6)

　これらの手がかりがCMCで取り除かれた場合について，キースラーら (Kiesler et al., 1984) は以下のように予測している。

　　社会的な規範はあまり重要ではなくなり，コミュニケーションはより人格を

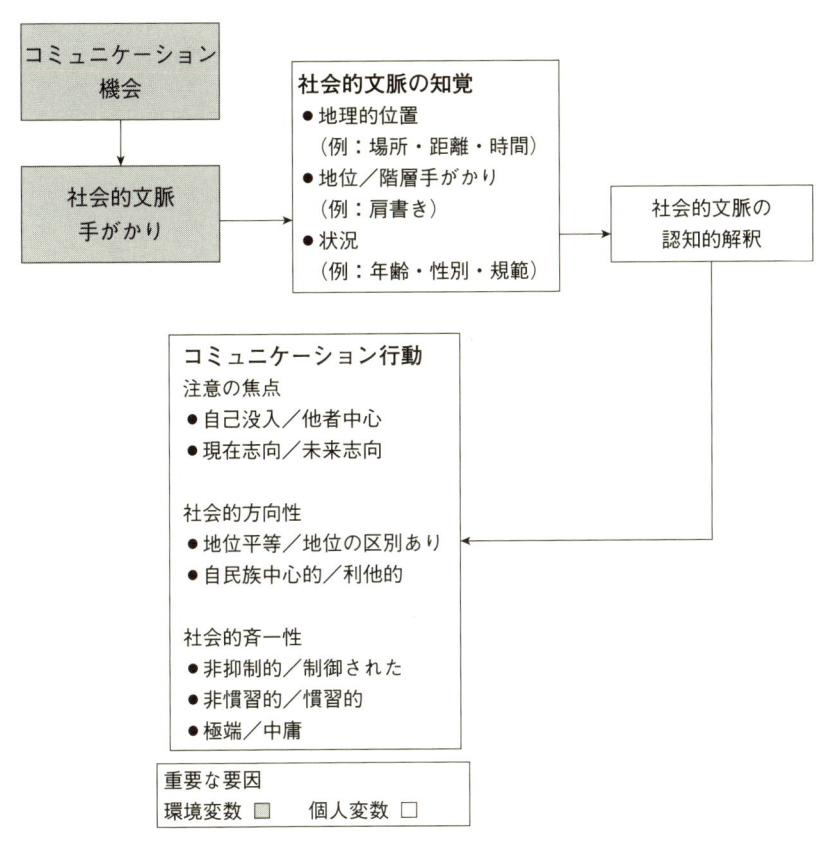

```
┌──────────────┐
│コミュニケーション│
│    機会      │
└──────┬───────┘
       ↓
┌──────────────┐    ┌─────────────────────┐
│ 社会的文脈   │    │ 社会的文脈の知覚    │          ┌──────────────┐
│  手がかり    │──→ │ ●地理的位置         │          │ 社会的文脈の │
└──────────────┘    │  （例：場所・距離・時間）│ ──→ │ 認知的解釈   │
                    │ ●地位／階層手がかり │          └──────┬───────┘
                    │  （例：肩書き）     │                 │
                    │ ●状況              │                 │
                    │  （例：年齢・性別・規範）│              │
                    └─────────────────────┘                 │
                                                            │
        ┌─────────────────────┐                             │
        │ コミュニケーション行動│                             │
        │ 注意の焦点          │                             │
        │ ●自己没入／他者中心 │                             │
        │ ●現在志向／未来志向 │                             │
        │                     │                             │
        │ 社会的方向性        │                             │
        │ ●地位平等／地位の区別あり│ ←──────────────────────┘
        │ ●自民族中心的／利他的│
        │                     │
        │ 社会的斉一性        │
        │ ●非抑制的／制御された│
        │ ●非慣習的／慣習的   │
        │ ●極端／中庸        │
        └─────────────────────┘
        ┌─────────────────────┐
        │ 重要な要因          │
        │ 環境変数 ■  個人変数 □│
        └─────────────────────┘
```

図2-1　社会的文脈手がかりの減少とコミュニケーション結果
出典：スプロールとキースラー（1986）を改変

持たないもたないものになり，またより自由なものになるだろう。文字の高速な交換によって，社会的フィードバックと規範の統制が欠如することで，社会的相互作用は他者への注意をそらすようになり，メッセージそのものに向けられるからである。(p.1126)

このモデルは図2-1に示されたようなものである。モデルによると，メディアの役割は社会的文脈手がかりを減らすことであり，それは社会的文脈における認知的な相互理解を妨げることになる。それによって，ある特定のコミュニケーション行動が生起することになる。したがって，組織内の電子メールやコンピュータ会議の場合は，利用者は他者の地理的な位置情報や，ひょっとすると相手の

地位や身分についても情報を持っていないかもしれないし，また（電子的な相互作用のための規範の欠如を含めて）状況的な諸変数はまったく知らない，と仮定してよいだろう。社会的文脈手がかりが希薄になったり，あるいは完全になくなったりすると，状況解釈を考慮してコミュニケーションの目的や論調，そして発話内容を調整する能力が衰えてしまう。電子メールの場合のように，社会的文脈手がかりが弱くなると，人々のコミュニケーション行動の統制感は弱くなり，より制約の小さい行動が表出しやすくなってくる。フレーミングや逸脱的なコミュニケーションの解釈に関してこのモデルが意味するところについては，次の章で論ずることとする。

　減少した社会的手がかりによって，極端な行動が高い水準で表出するということについても論ずる必要があるだろう。キースラーと共同研究者たちは，さまざまなメディアを通じた集団討議を行なわせることによって，このことを検証した。一般的な結論として，電話による会議についての先行研究結果と同様に，対人場面に比べると，電子的に匿名性をもって議論したときのほうが，議論の最後に極端な結論に集団が傾く，集団成極化と呼ばれる現象が見いだされた。

　スプロールとキースラー (1986) は，アメリカのある大組織における電子メールシステムを分析し，電子メールが社会的文脈手がかりを持つかどうかについて検証した。96人のスタッフによる電子メールを使ったコミュニケーションが分析され，さらに質問紙に対する回答が回収された。図2-1に示されたモデルに従い，スプロールとキースラーは以下のように予測した。

- 電子メールでは，社会的文脈手がかりが伝達されにくい（例：地理的な位置や，職種や，年齢や性別など）
- コミュニケーション中に電子メールの利用者は「他者」に関心を寄せるよりも，自己言及的になる
- 電子メールのメッセージは，発信者と受信者の地位（たとえば上司と部下）にかかわらず，似た形式を持っている
- 電子メールは対人場面に比べて脱抑制的で非適応的である（たとえばフレーミング）

　これらの予測に従って，スプロールとキースラーは，社会的な手がかりは，知らない人からの（受信者への）コミュニケーションの場合に，一般的に少なくなることを見いだした。すなわち，性別や年齢，人種などの個人的情報はあまり伝達されなかった。彼らは，典型的な電子メールの挨拶である「やあ（Hi）」は，典型的な結びの語である「じゃあね（bye for now）」に比べて3分の1の長さし

か持たないことに注目した。挨拶が他者に対する注目（すなわち「how are you?」〜ご機嫌いかが？）なのに対して，結びの言葉は自分に対する注目をもたらすものである。このことから，電子メールの利用者は自己言及的であるということが言える。また電子メールの利用者は，1か月間に33のフレーミング（反社会的メッセージ）を見たと述べていたが，対面状況では4つにすぎなかった。スプロールとキースラーは，電子メールにおいて社会的手がかりが減少したことが，コミュニケーションの速度を増すために，組織にとって潜在的な利益を持つと結論づけた。しかしながら，脱抑制的な行動を助長することによって問題が生ずるとも述べた。

これに続いて，スプロールとキースラー (1986) は以下のように記している。

> 概して，社会的文脈手がかりが強い場合は，行動はどちらかというと他者に注目したものになり，分化的で統制されたものになる。社会的文脈手がかりが弱い場合，人々は匿名性を感じることによって，比較的自己中心的で統制されていない行動をとることになる。(p.1495)

一連の研究によって，キースラーと共同研究者たちは，CMCの影響を2つの主要な分野において検証した。脱抑制的コミュニケーションと，集団意思決定場面である。脱抑制的コミュニケーションについては後ほど詳細を述べることにして，ここではキースラーらの研究プログラムの一般的な結論を述べておく。匿名CMCはフレーミングや自己開示などの形をとった脱抑制的なコミュニケーションを促進するのである。

社会的手がかりの減少という観点からの2つ目の研究は，CMCにおける社会的影響過程に関するものである。この研究はとくに，社会心理学用語で「集団成極化」と呼ばれる現象について注目している。集団成極化は，議論が始まる前の集団内の個人の意見の平均値よりも，議論が終わった後の集団の同意が極端になる現象のことである。この研究の一般的な結論は，対面状況と比べてCMCシステムを使って議論をした時のほうが，集団の議論はより極端で成極化したものになるというものである。

キースラーら (1984) は，これらの結論を社会的文脈手がかりの減少を用いて説明している。CMCに特徴的な手がかりの減少は，より脱抑制的で反規範的な行動を引き起こす。それは，より極端な意見の発話につながり，集団討議をより極端なものにしてしまう。CMC中に生じる集団成極化の基盤は，参加者がより極端な意見を発することである。これは，手がかりがない環境において，地位やリーダーシップの役割が減少するからであり，おそらく参加者たちは没個性化して

おり，社会的文脈よりもメッセージ内容に注目しているからである。さらに，極端な意見が発話されるだけではなく，参加者がより平等になり，極端な意見が出やすくなるというのも原因であろう。キースラーらは，これら2つの要素（より極端な意見が増えることと，それを表明する人の数が増えること）が一緒になった場合に，発話の数と強さに応じ社会的影響，すなわち集団成極化が起こると述べた。このように，社会的文脈の欠如は匿名性と非常に強く結びついており，匿名性は脱抑制的な行動が促進される際にその役割を果たすということになる。キースラー (1984) によって展開されたこの議論は，CMC が利用者を没個性化された状況に近づけるかもしれないということを主張している。

● 没個性化

没個性化の概念は，グスタフ・ルボン (Gustav Le Bon, 1890) までさかのぼることができる。近年では，1950年代におけるフェスティンガー (Festinger) と，1960年代のジンバルドー (Zimbardo) によるものがある。ジンバルドー (1969) によると，没個性化とは以下のような概念になる。

> 自己と他者に関する知覚変容を導く，一連の先行する社会的状態における，複雑で仮説的な過程。適切な状況下では，確立された適切性規範の破壊行動が「解放」される結果となる。(p.251)

先行条件には，次のようなものがある。すなわち，匿名性，責任性の欠如，時間的展望の変化，感覚入力の過多，新規で非構造的な環境，意識異常などである

表2-3 ジンバルドーの先行条件と同期的CMC

先行条件	インターネットに適用した場合
匿名性	視覚的匿名性：通常あり 「真の」匿名性：時折可能
責任性の変化	責任感の低下を示すいくつかの知見あり
集団の大きさ，活動	集団による同期的CMCでよくある
時間的展望の変化	時間経過が早いという知見あり（ただし限定的）
覚醒	CMCが覚醒的だという知見はほとんどなし
感覚入力の過多	非同期的環境ではありうる
行為への物理的没入	タイピング（とくに同期的チャットの場合）は物理的没入をもたらす
非認知的な相互作用とフィードバックに対する信頼	インターネット活動の中には「立ち止まって考える」時間がほとんどないものもある
新規で非構造的な環境	とくに新規利用者の場合にありうる

(表 2-3 を参照)。これらの先行条件が整うと，人はより課題に注目するようになり，自己知覚能力が減少するために，自己規制能力が損なわれる (Prentice-Dunn and Rogers, 1982)。ジンバルドーは没個性化の必要条件や十分条件については語っていない (Deiner, 1980) が，インターネット上の行動には，これらの条件を満たすものが多く含まれているように見受けられる。

CMC を含むインターネット行動の多くの部分が，匿名性と関連している（これまで議論してきたように，匿名性にはさまざまな種類があるのだが)。集団の大きさは，実質的には CMC の種類によって異なるとはいえ，多くの場合利用者が集団の一員であることはたしかである。

キースラーら (1984) は，次のように述べている。

> CMC は没個性化に際して重要だと言われているのと同じ条件をいくつか含んでいると考えられる。それは匿名性，自己統制の減少，自己意識の低下である。(p.1126)

最近になって，マッケナとバージ (McKenna and Bargh, 2000) は次のように述べている。「没個性化やそれによる否定的な結果がインターネット上で簡単に起こりやすいというのは何ら不思議なことではない」(p.60)。マッケナとバージは，インターネット上での没個性化は，より多くの自己開示も引き起こすと述べている。「匿名性という外套をかぶって防御することで，利用者は自分が本当に感じたり思ったりしていることを述べることができる」(p.62)。コールマンら (Coleman, et al., 1999) の研究は，没個性化を CMC の独立変数ではなく，CMC の結果として分析した数少ない研究のひとつである。CMC の参加者は，対面条件に比べて，より議論に没頭することができ，他者から個人として見られていないと知覚している。しかしながら，参加者がどのように判断されたり評価されたりするかという懸念や，各議論がどれだけ長く続くかという評価に関しては，差は見られなかった。

■■ 手がかり濾過アプローチに関する批判

「社会性」，つまり社会的存在感や社会的文脈手がかり，個人性の欠如を特徴とするインターネット行動に関する議論は，さまざまな面からの批判を受けている。

●社会的情報処理

ワルサー (Walther, 1992) は，CMC の利用者は対面の場合と同じ対人欲求を持ち，CMC は地位や所属，好みや他者をひきつける魅力などの社会的情報を伝えるのに十分な能力を持つと主張した。しかしながら，CMC は主に文字を入力するこ

とによって成り立っているために，とくに電子メールのような非同期的システムにおいて，メッセージの交換速度が対面相互作用よりも遅いと考えた。このような場合，社会的情報の伝達は，対面状況よりもCMCを通したほうが明らかに遅くなるだろう。

　対人印象形成と関係性の発達を得るための十分な時間とメッセージの交換があり，その他の条件が同じであれば，時間をかけたCMCと対面コミュニケーションは同等のものになるだろう。(Walther, 1992, p.69)

　ワルサー(1992)は，先行する「社会的手がかりの減少（reduced social cues；RSC)」理論にしたがい，CMCが本質的に抱える視覚的手がかりの欠如という欠点は，「CMCにおける社会的・関係的情報を明らかにするさまざまな言語的，活字的な操作」(Walther, 1995, p.190)と時間によって乗り越えられると述べている。社会的情報処理モデルは，先行研究のCMC場面において課題中心的な傾向が見いだされた理由を明らかにしている。それは時間制限である。多くのCMC研究において，人々が議論する時間は1つの話題について15〜30分でしかなかった。ワルサーによれば，これはCMCの限られたチャネルを通して社会的・関係的な情報を伝達させるのに十分な時間ではなかったということになる。

　CMCが課題中心的なものに見えるということが，その実験に割り当てられた時間の制限によって決定されていることを検証するために，ワルサーら(1994)は21のCMC実験に関するメタ分析を行なった。メタ分析とは，ある特定の仮説を検証している個別の研究を数多く集め，それらの中で行なわれている実験のデータを利用して，それらの知見を要約する手法である。ワルサーら(1994)が考慮した変数は，21の実験において，CMCの時間が制限されていたかどうかということであった。従属変数は，課題志向的なコミュニケーションに対する社会志向的なコミュニケーションの割合だった（この社会志向的コミュニケーションには，否定的なものや脱抑制的なものも含まれる）。ワルサーら(1994)は，時間制限のないCMC集団においては，時間が制限されている集団に比べて，高い水準での社会志向的なコミュニケーションが見いだせることを発見した。彼らはまた，時間的な制約がない場合は，ある場合と比べて社会志向的なコミュニケーションの水準に，CMCと対面集団の差がないことも発見した。

　メタ分析ではさらに，時間をかければ，CMCを用いて伝達される社会的情報は対面状況で言語的にやりとりされる情報量と差がないという，社会的情報処理モデルの主要な予測も確証された。この結論の単純な理由としては，タイプ入力は話すよりも遅いために，社会的情報の交換は対面場面よりもCMCのほうが遅

表2-4　一般的な顔文字と略語の例

顔文字	意味	略語	意味
:-)	笑顔	LOL	大声で笑う（Laugh out loud）
;-)	ウィンク	ROFL	床を転げまわりながら笑う（Roll on floor laughing）
:-P	舌を出す	LOL@	（@以下を）大笑いする
:-(	悲しみ	a/s/l	年齢／性別／居住地を尋ねる
:-0	驚き	ty	ありがとう（thank you）
		G（and BG）	笑い（大笑い）

出典：ジョインソンとリトルトン（2002）

くなるということがある。もう1つの重要な要因は，コンピュータ・ネットワークを通じた社会的情報の伝達には，関係性情報を示すための言語的・文章的な手がかりの学習が必要であるということである。このような「パラ言語」を発展させたのは利用者であるという証拠は数多くある（Walther, 1992）が，CMC利用者が社会的情報を伝達するのに十分なパラ言語の適切なスキルを身につけるには時間がかかる。最も典型的な例は，スマイリーや「顔文字（emoticons）」や頭文字を使うことである（表2-4参照）。情動（emotion）を伝える象徴（icon）を意味する「顔文字（emoticon）」を使うことは，オンライン・コミュニケーションの一部で広く受容されており，今では多くの電子メールプログラムがそれらを画像に変換してくれるほどである。表2-4で，各顔文字がどのような顔かを見るためには，ページを横向きにするとよい。

　パラ言語的な手がかりは社会的情報を伝達するために用いられることが多く，冗談や笑いを示すことによって関係を築くのを助けている。もし，利用者がこれらのスキルを学ぶのに時間がかかるのなら，社会的情報の伝達は時間的制約によってハンディを与えられてしまうことになる。ソニア・ウッツ（Sonia Utz, 2000）は，CMC経験（つまり利用時間）が関係の構築に与える影響について研究を行なっている。それによると，インターネット上のCMCを利用する時間が長い参加者のほうが，より多くのパラ言語を使用しており，より多くの関係を形成していた。

　社会的情報処理モデルに対する批判のひとつは，それがまだ，CMCが何かを「失わせる」という見地に立脚していることである。ワルサーは，十分な時間が与えられれば，CMCは「社会性」において対面コミュニケーションに匹敵しうると述べた。たとえば，ワルサー（1995）は，彼の社会的情報処理モデルに基づく予測に関する研究を行なったが，その仮説は「社会的行動はCMC集団よりも対面集団において多く見られるが，多くの時間をかけることによってその差異はなくなるだろう」というものであった。この研究では，対面あるいはCMCで議

論したそれぞれの人についての評定が行なわれた。評定者は，議論終了後に，議論に関する「社会性」についての総合的な印象を形成する「関係的コミュニケーション」質問紙によってすべての議論を評定した。CMCと対面集団は，3つの異なる話題について，3回に分けて議論した。これによって，社会的コミュニケーションの経時的な比較が可能になった。

　ワルサーの予測に反して，効果は彼の仮説とはまったく反対だった。CMCの集団は，時間的尺度にかかわらず，関係コミュニケーションに関するほとんどの側面で対面集団よりも高い評定を得ていた。すなわち，どの時間単位においても，評定者はCMC集団のほうが対面集団よりも集団討議を通じて情動的に高い水準にあり，集団の成員を自分と似ている人物だと考え，議論の間，参加者は落ち着いてリラックスしているように見えると評価した。最も重要なことは，CMC集団は議論のすべての回で，対面集団に比べて有意に課題志向的ではなく，より社会志向的だと評定されたということである。つまり，社会的情報処理モデルによる主要な理論的予測は，ワルサーの1995年の研究によって論破されてしまっているのだ。すなわち，CMCは対面コミュニケーションよりも有意に社会的であり，長期的展開はほとんどのケースで予測された方向とは異なったのである。

　ワルサーの「社会的情報処理モデルは，コンピュータによって媒介された関係的コミュニケーションの肯定的効果を過小評価している」という結論 (Walther, 1995, p.198) は，メディアコミュニケーションに関するすべての「失わせる」理論にも当てはまる。CMC（や電話）固有の社会的手がかりを「失わせる」特徴に注目することによって，社会的行動が増大する可能性や，社会的情報を伝達させようとする人間行動の可塑性は無視されているのである。

●社会的アイデンティティによるCFOに対する批判

　おそらく，インターネット行動に関する手がかり濾過アプローチに対する最大の批判は，社会的情報は対人相互作用を通じて対面で伝達される必要があるとする前提に対するものである (Spears and Lea, 1992)。非言語的手がかりと，そのコミュニケーションにおける役割について考えるならば，メディアコミュニケーションは手がかりが希薄なために「社会性」が低いと，CFOモデルが予測するのは当然であろう。しかしながら，われわれが集団に所属したり，集団との一体感を感じたりするために，対面で会う必要はないのである。つまり，集団の他の成員と会うことができなければ，集団との一体感は増大するのである。なぜなら，その場合，集団成員間の差異に注目が集まることはないからである。

　さらにスピアーズとリー (Spears and Lea) は，社会的手がかり減少アプローチを，多くの矛盾した概念を組み合わせたものであるとして批判している。たとえば，

キースラーらは，没個性化と自己没入の両方を使って脱抑制的行動を説明しているが，没個性化は自己意識の低下に依存するものなので，この2つの理論は背反しているという。同様に，キースラーらはCMCに見られる社会的手がかりの欠如と没個性化という反規範的行動について述べているが，同様に，ある種の規範――ハッキングのようなコンピュータのサブカルチャー――が脱抑制的な行動を引き起こすとも述べている。しかし，このある種の規範が，どのように「規範のない」環境に浸透するかについて，彼らは説明していない。これに代わる，CMCを通じた集団成極化現象についての社会的アイデンティティ理論による説明は，本章の後の部分で詳しく記す。

③ 自己注目モデル

すでに見てきたとおり，社会的手がかりの減少（RSC）モデルは社会的文脈手がかりの果たす役割にその多くを立脚しているのだが，没個性化過程を通じて自己注目に変化を生じさせる傾向についても言及している。媒介が心理的過程に及ぼす影響を理解するためのもう1つのアプローチは，CMCに固有の視覚的匿名性が自己注目を減少させるのではなく，実は増大させるのだと主張する研究者たちによって提出されている。

二重の自己意識

デュバルとウィックランド (Duval and Wicklund, 1972) の理論によると，人は2つの意識状態を持っている。それは客体的自己意識と主観的自己意識である。客体的自己意識は，人の関心が自分自身に向けられているときのものであり，主観的自己意識は環境に注意が向けられているときのものである。自己についてのさらに進んだ区別は，社会的側面と私的側面によるものである (Caver and Scheier, 1987)。自己の社会的側面は，外見などの公的な自己の一部についての意識である。これらの自己の一部は，他者からの評価や判断に対して開かれている。自己の社会的な側面に注目することは「公的自己意識」と呼ばれている。公的自己意識は，状況によって喚起される。たとえば，他者から評価されたり，判断されたり，何かを説明しなければならないときに喚起される。公的自己意識を高めることは，自分の印象をうまく操作しようとする態度や，他者からのフィードバックを監視しようとする意図を増大させる。

一方，自己の私的側面は，われわれが（他者と共有することを選択しない限りは）1人で利用できる自己で，感覚や態度，価値などが含まれる。この私的自己

意識が高まると，内的な動機や欲求，規範などに沿った行動が引き起される。たとえば，カーヴァーとシャイアー (Carver and Scheier, 1981) は，私的自己意識は自己規制サイクルを引き起こすとしている。つまり，われわれの行動が自己の規範からはずれるのを押しとどめ，行動と規範が適合するように調整するのである。

キンバリー・マセソンとマーク・ザンナ (Kimberly Matheson and Mark Zanna, 1988) は，CMC が私的自己意識と公的自己意識に与える影響に関する初期の重要な研究を行なった。すでに見てきたように，RSC と没個性化の解釈は両方とも，自己意識が CMC によって減少し，脱抑制的な行動をもたらすと予測する。マセソンとザンナは，CMC の研究を再吟味し，同じ結果が私的自己意識の高揚と公的自己意識の減少という側面から解釈できると考えた。たとえば，高い水準の自己開示と低い水準の社会的望ましさ (Kiesler and Sproull, 1986) は，私的自己意識の減少ではなく高揚（によって自己開示が増大したこと）の結果であり，公的自己意識が減少（することによって評価懸念が減少）した結果であると考えた。

マセソンとザンナ (1988) は，自己意識に対する CMC の影響を検証するために，4 項目の質問紙を使って測定した実験参加者の私的自己意識を，コンピュータを使って議論した群と，対面で議論した群の間で比較した。彼らは「CMC 利用者は，対面条件でコミュニケーションした参加者より私的自己意識が高く，また公的自己意識が低い傾向があった」と報告している (p.228)。

この研究結果に従い，マセソン (1992) は，利用者が CMC を高度に内省的な経験と見なしていると述べている。ワイスバンドとアットウォーター (Weisband and Atwater, 1999) は，CMC 利用者は対面条件と比べて，議論に対する自分の貢献を過大評価することを見いだしている。これは，私的な自己注目が高まっていることを示唆している。

著者は，3 つの一連の実験によって (Joinson, 2001a)，CMC における自己開示と自己意識の間の関係を検証した。方法は，それぞれの実験でほぼ同一である。2 人の参加者が別々に心理学実験室を訪れ，チャットプログラムが起動しているコンピュータが置かれた個室に案内される。彼らは「核戦争が起こったときに 5 人助けなければならないとしたら，誰を選ぶか？」などのジレンマ課題を渡されて会議を行なう。彼らの会話は記録される。自己開示は，2 人の評定者が書き起こされた会話を精査することによって測定された。

　実験1　この実験では，2 つの条件が用意された。参加者の組は対面で話し合うか，コンピュータを使った匿名の議論を行なった。結果は，CMC 参加者のほうが対面参加者よりも 4 倍も自分についての情報を開示した。

実験2　この実験では，再び2つの条件が用意された。参加者はCMCで視覚的に匿名のまま議論をする条件か，ウェブカメラを通じて相手が見える条件に割り振られた。予測どおり，ウェブカメラ条件では自己開示がほとんど行なわれなかったが，視覚的に匿名の条件では有意に多くの開示が行なわれた。

実験3　この実験では，参加者の自己意識が操作された。公的自己意識を高める条件では，他者の印象への関心を高めるためにカメラを設置し，後に相手と対面するという予期をもたせた。公的自己意識を低めるためには，部屋に通じる廊下を暗くし，カメラは設置しなかった。私的自己意識を高める条件では，自分自身への関心を高めるために，参加者自身の写真を提示した。私的自己意識を低めるためには，マンガのキャラクターを提示した。私的自己意識を高められ，公的自己意識を低められたときに，参加者は最も自己開示をするという結果となった。これは，人がCMCを使って多くの情報を開示する場合に，公的・私的自己意識の交互作用が存在する可能性を示している。この交互作用は，図2-2に示すとおりである。

　最後の実験で興味深いことは，効果的な没個性化条件を一度に作ることができたということである。プレンティス＝ダンとロジャース（Prentice-Dunn and Rogers, 1982）によれば，没個性化は人の私的自己意識と公的自己意識の両方が減少したときに効果的に生じるとされているからである。
　しかしながら，公的自己意識と私的自己意識が分かれるという考え方について

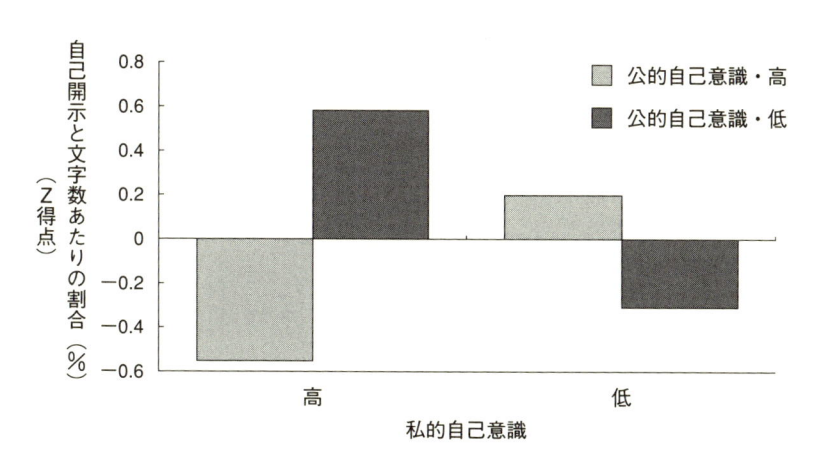

図2-2　CMCにおける自己意識と自己開示
出典：ジョインソン（2001a，研究3）

は，カーヴァーとシャイアー (1987) がこの２つの弁別性を強力に支持する議論を展開しているが，すべての人に受け入れられているわけではない (Wicklund and Gollwitzer, 1987)。さらに，インターネット利用においてどのような条件が私的自己意識を増大させたり減少させたりするかについては，よくわかっていない。たとえば，私的自己意識は外的刺激 (Duval and Wicklund, 1972) や，身体的活動 (Webb et al., 1989)，テレビゲーム (Prentice-Dunn and Rogers, 1982) によって減少することがわかっている。おそらく，オンラインゲームをしている人たちは，そのゲーム中にチャットができるにせよ，私的自己意識はそれほど高くないだろう。身体的活動を含む，より没入的な環境が構築されると，インターネット利用が私的自己意識を高めるという効果は，より強くなるかもしれない。

没個性化効果の社会的アイデンティティ的解釈（SIDE）とCMC

没個性化効果の社会的アイデンティティ的解釈（social identity explanation of de-individuation effects; SIDE）は，ライヒャー (Reicher, 1984) によって構築された理論である。社会的アイデンティティ理論 (Tajfel and Turner, 1979) によると，われわれのアイデンティティは社会的アイデンティティと個人的アイデンティティから成り立っている。われわれの社会的アイデンティティは，われわれが所属している集団，すなわち「Y大学の学生である」というような現実の集団への所属と，「母親である」とか「一般的な政治的信条（が同じ）」などの抽象的集団への所属である。社会的アイデンティティが顕著な場合，われわれは自分たちの態度や行動を，他の集団成員（および仮想の典型的集団成員）と比較することになる。そして，自分の行動を規範に合わせようと試みる「自己ステレオタイプ化」という行動を起こそうとする。

ライヒャーによると，没個性化の研究は，われわれは個人としての自分自身に注目するか，あるいは自分自身にまったく注目しないかのどちらかであるという，誤った仮定に立脚しているという。彼は，個人の識別可能性の減少は「アイデンティティを壊すというよりは，むしろ社会的アイデンティティの顕現性を高めることに帰結する」(1984, p.342) と述べている。つまり，集団への没入によって行なわれる没個性化は，関連する社会的アイデンティティを目立たせ，集団規範への執着を生むというのだ。ライヒャーは，もし人々が視覚的に匿名な状態におかれて集団への没入を起こせば，それが集団内の差異を最小化させ，集団間の差異を最大化するために，没個性化効果を強めると述べている。しかしながら一方で，集団成員を孤立させ，視覚的に匿名にすることは，集団の境界を取り去ることになるために，社会的アイデンティティの顕現性は減少することになるだろう。

ライヒャーは集団への没入度と視覚的匿名性を独立して操作し，彼のモデルを

部分的にではあるが支持する結果を得た。しかしながら，SIDE の強力な支持は，スピアーズら (1990) による研究を待たなければならなかった。スピアーズらは，コンピュータ会議システムを使って，集団のメンバーシップ（成員らしさ）と視覚的匿名性を独立に操作した。3 人の学生による集団が CMC システムを使って，「すべての原子力発電所は廃止すべきである」などの一連の話題について議論をした。集団のメンバーシップは，実験を通じて参加者が集団の成員であるか，個人であるかを明らかにすることによって操作した。視覚的匿名性は，3 人の参加者を 1 つの部屋に集めるか，個別の小部屋に入れるかによって操作した。実験の前に，すべての参加者の議題についての初期態度を測定した。議論の前に参加者には，その話題についての学生の反応を調査した結果についての冊子が渡された。たとえば，最初の議論（「国営企業を売却すべきかどうか」という議題）が始まる際は，参加者は「32.2％が国営企業の売却に賛成しており，67.8％は反対している」などの情報を与えられた。参加者が話題についての議論を終えると，議論の前と同様に態度測定が行なわれ，議論前後の態度変容が測定された。

　実験結果は，スピアーズらによる SIDE モデルによる予測を確証するものであった。視覚的匿名条件では，集団の顕現性を高めることで参加者の態度は集団規範に近づく一方，個人的アイデンティティが明らかにされることで集団規範から離れる方向にシフトした（図 2-3 参照）。

　スピアーズとリー (1992) は，視覚的匿名性は CMC に固有のものであり，社会的アイデンティティが顕著な場合，それが社会的規範の影響力を強めるために，

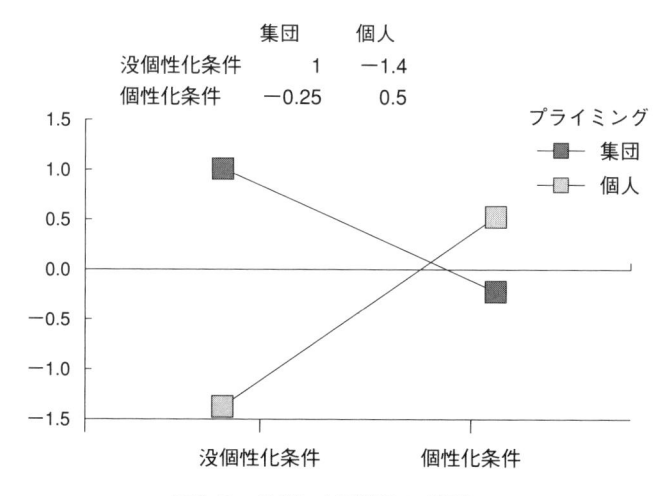

	集団	個人
没個性化条件	1	−1.4
個性化条件	−0.25	0.5

プライミング
■ 集団
□ 個人

図2-3　条件による態度の成極化
出典：スピアーズら（1990, p.129）

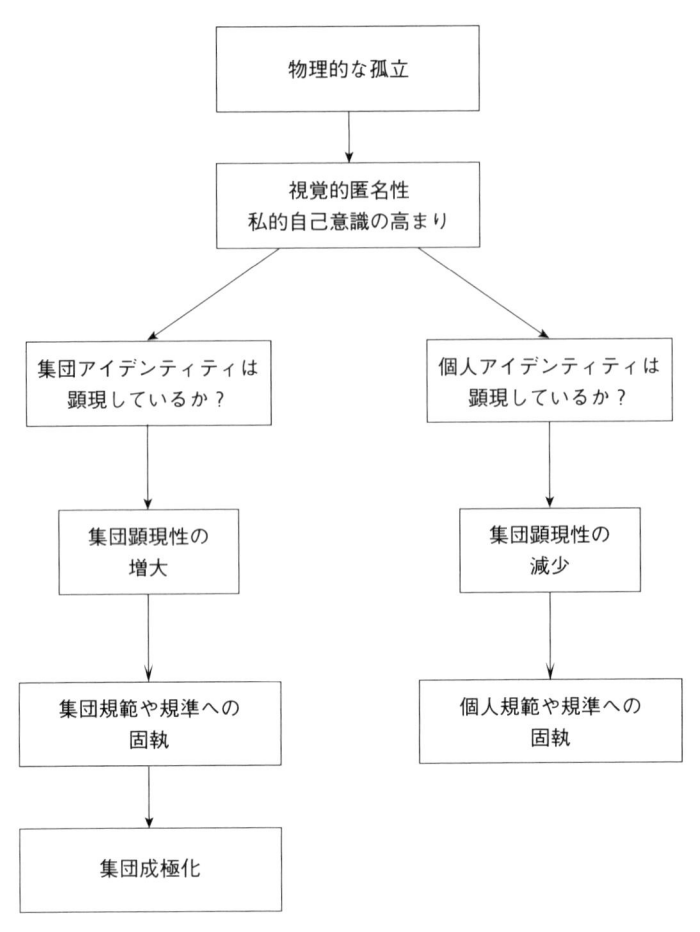

```
        ┌─────────────┐
        │  物理的な孤立  │
        └──────┬──────┘
               ↓
        ┌─────────────┐
        │   視覚的匿名性   │
        │ 私的自己意識の高まり │
        └──┬───────┬──┘
           ↓       ↓
  ┌──────────────┐  ┌──────────────┐
  │ 集団アイデンティティは │  │ 個人アイデンティティは │
  │   顕現しているか？   │  │   顕現しているか？   │
  └───────┬──────┘  └───────┬──────┘
          ↓                 ↓
   ┌───────────┐     ┌───────────┐
   │  集団顕現性の  │     │  集団顕現性の  │
   │    増大    │     │    減少    │
   └─────┬─────┘     └─────┬─────┘
         ↓                 ↓
   ┌───────────┐     ┌───────────┐
   │ 集団規範や規準への │   │ 個人規範や規準への │
   │     固執    │     │     固執    │
   └─────┬─────┘     └───────────┘
         ↓
   ┌───────────┐
   │   集団成極化  │
   └───────────┘
```

図2-4　社会的アイデンティティと集団成極化
出典：スピアーズとリー（1992）

規範的影響が出てくるだろうと述べている。ここでの決定的な要因は，社会的もしくは規範的文脈の有無が，個人的あるいは社会的アイデンティティの顕現に影響しているかどうかである。社会的アイデンティティが顕著な場合は，視覚的匿名性は集団規範への固執を増大させるだろう。個人的アイデンティティが顕現化している場合は，同じ匿名性が社会的規範の影響力を減じ，個人的な規範や規準への固執を増加させるだろう。このモデルは，図2-4に示すとおりである。

　スピアーズら（1990）の知見を，社会的手がかり減少アプローチによってくつがえすことは難しい。視覚的匿名条件においては，（集団の顕現性という形をとっ

た）社会的文脈が集団成極化に著しく影響していたと考えられるからである。これは，社会的手がかり減少アプローチが予測するところとは異なる。すなわち社会的手がかり減少アプローチでは，視覚的匿名性が問題のすべてである。なぜなら，彼らの集団成極化モデルはより極端な議論しかしない人々に依拠しているからである。スピアーズらが示したのは，CMC は社会的に真空な状態で生じているわけではないということである。すなわち，社会的アイデンティティが活性化しているときには，人々の集団規範への依存は強くなるのである。

　スピアーズら (1990) の結果の中で興味深いのは，集団成極化が参加者の個人性が強調されたときに減少しているという点である。先に論じたとおり，CMC で視覚的に匿名になったときに，より自己に注目が集まる傾向にあるという興味深い事実がある。スピアーズらの実験によると，これは顕著な社会的アイデンティティと結合して，社会的規範への同調を増大させる要因になっている。しかし，参加者の個人性が強調されたとき，同調が生じる傾向は少なくなる。つまり，人々がインターネット上で同調するかどうかを決定するのは，2 つの原因によると考えられる。1 つ目は，彼らが視覚的に匿名かどうかということ。もう 1 つは，その時に社会的アイデンティティが顕著なのか，それとも個人的アイデンティティが顕著なのかということである。

◉行動規範を識別する

　スピアーズら (1990) の研究では，わかりやすい棒グラフが示された冊子を配ることによって，集団の規範が与えられ，顕現化された。しかし，ほとんどのインターネット利用者にとって，行動規範がそれほど明らかではないことは明白である。ある集団に新しい成員が入る際には，2 つの状況が考えられる。1 つ目は，既存の集団に参加することである。この場合は，すでに存在する規範を理解することが求められる。2 つ目は，新しい集団が形成されるときである。この場合，その集団についての規範はほとんど存在しない。利用者がこれら 2 つの状況でどのように知識を増やし規範を獲得するかについてのヒントを，CMC 研究は与えてくれる。

◉既存集団に加わる

　ネチケット（インターネットにおけるエチケット）は，新規利用者に一般的なインターネット上での適切な行動規範を提供してくれる。ネチケットは多くの場合，インターネット上での特定の領域である MUDs や IRC やユーズネットのようなところでの行動規範も提供する。前章で概括したアマチュア無線のエチケットと同じように，ネチケットの多くは帯域幅のうまい利用法と，誤解の防止に関

するものである。ある集団特有の規範は，一般的に「FAQs（よくある質問集）」として閲覧可能である。FAQは，ある集団において何が許容され，何が許容されない行動なのかを示す。さらに，たとえばあるオンライン・ニュースグループやコミュニティの歴史や文化に関する基礎的な情報も与えてくれる。集団の新規成員は，集団のふるまいをこっそり観察することに加えて，これらのガイドによって，スピアーズら (1990) の研究にあった棒グラフの載った冊子のように，集団規範についてのはっきりとした説明を得ることができるのである。オンライン・グループはまた，不適切な投稿の消去などを行なうことによって行動の管理も行なう。

スミスら (Smith et al., 1998) によると，「多くの定評のあるニュースグループで受け入れられる条件の中には，技術的な熟達，FAQに書かれている知識を行動で示すこと，そしてニュースグループにおける慣習に従っていることがある」(p.97) という。しかしながら，彼らは，これらの規範が遵守されないこともそう珍しいことではなく，それはしばしば未熟な新規利用者がニュースグループ閲覧ソフトの利用に関して無知であったり技術的に未熟であったりすることによるものであるとも述べている。マクローリンら (McLaughlin et al., 1995) は，ニュースグループにおける規範違反を7つの基本的類型に分類した。

1. 間違った／未熟な技術の使用　書式の問題，署名を複数つけてしまうなど
2. 帯域幅の無駄遣い　要点のわからないむやみに長いメッセージ（例：あまりにも多すぎる引用，長すぎる署名など）
3. ユーズネットの慣習違反　ヘッダがなかったり，不適切なグループに投稿したり，違うグループに同じ投稿をしたりする（マルチポスト）
4. ニュースグループの慣習違反　適切なヘッダや略語を使わなかったり形式や内容などが集団規範に反している
5. 倫理違反　個人宛の電子メールを許可なく掲載したり，嫌がらせをしたりする
6. 不適切な言葉づかい　フレーミングや不自然な言葉づかい
7. 事実誤認など　つづりや文法の間違い，事実誤認

スミスら (1998) は，ユーズネット・グループでの攻撃や非難のパターンを研究した。そこには，発端となる規則違反が非難され，その投稿者が釈明をし，そしてその釈明が受け入れられるか拒絶される，という，どこも似たり寄ったりの様式があることが見いだされた。スミスらは，soc.singles（独身者のためのソサエティ）という，個人的な宣伝は投稿しないことが規範になっているニュースグル

ープに投稿された例をあげている。

　やあ，僕は23歳の大学卒業生で，このニュースネットにいる女（female）なら誰でもいいんだけど，お話ししたいんだ
　────（ネット外の友人を探す投稿）────

これに対する非難は，次のようなものだった。

　あら，こんにちは！　とうとう女ならば種は問わないっていう投稿が出ちゃったわね。あなたはこのネット上でどれだけ多くの人が女性を求めているか信じられるかしら。もちろん人間の女って意味よ（笑）。

　あたしの名前はスーザでフィリー動物園にいる5歳のキツネザルなの。スリーサイズは12-12-12で，他のお猿さんはとってもセクシーだって言ってくれるわ（笑）。でもあたしたちみんな筆記試験には落っこっちゃうけどね（笑）。

　あたしの趣味は走り回ったり木に登ったり，シラミを採ったりすることよ。あなたの頭にもふさふさ毛が生えてるといいんだけどね！

　あたしはsoc.singlesに自分のことを投稿するお馬鹿さんが現れたときにだけ書き込みするの。だってここにいる他の人たちは，私には賢すぎるんですもの。キツネザルはとってもかわいいけど（笑），賢さって点では最下層なの。あたしはあなたの投稿を見て，あなたが人間としては本当に馬鹿すぎて，あたしにはピッタリつりあう人だってわかったわ（笑）。

この投稿を読んで，最初の投稿者は書いた。

　数時間前の自分の投稿を読み返して，……このニュースグループはそういうところじゃなかったんだと気がつきました！　多くの人，中でも（投稿者名）には感謝します。もしこれ以上僕にメッセージを送らないでくれたら，出て行きます。よろしいでしょうか？　でも（投稿者名）のお気のすむままにしてくだされればいいですね！

しかしながら，スミスら (1998) による，非難についてのごく少数のサンプルの中には，釈明行動をとった発言は比較的少ない。もしかすると釈明は，電子メー

ルによって（つまり表からは目に見えないところで）行なわれたのかもしれない。あるいは，非難が攻撃的な調子で行なわれたために，新規利用者たちがおじけづいて返答できなくなるのかもしれない。結局，たまにしかユーズネットを使わない利用者は，自分の投稿に対する非難を見たり読んだりすることもないのだろう。

　インターネット上で確立した集団には，新規利用者が遵守することが期待される，しっかりと確立し，広く知れ渡った行動規範が存在する確率が高いということは明らかである。新参者が危険を覚悟でその規範を無視するならば，それは往々にして攻撃的な非難を浴びるというリスクを負っている。

◉新たな相互作用規範を作り上げる

　もちろん，インターネット上の多くの相互作用は，常によく知られた行動規範をもつ確立した集団内で行なわれているわけではない。新規集団における規範の役割を調査するために，ポストメスら (Postmes et al. 2000) は，電子メールシステムを使ってやりとりをしている学生の集団を調査した。ポストメスらによると，CMCに対する社会的アイデンティティ・アプローチが見落としていることのひとつは，社会的アイデンティティと規範はあらかじめ存在することが前提で，それらは人が自分自身に集団のラベルを貼ることを通じて活性化されるということである。彼らの実験に参加した学生は，任意選択のコンピュータを使った統計の授業である「Dr. Stat」を受講していた。コンピュータシステムにはメール機能もあり，学生はすぐにそれを発見し，使い始めた。ポストメスらは，学生たちがメールシステムを使うことによって，彼らの相互作用に適用される規範は徐々に発達していき，さらに，その規範は学生集団の中だけに通用するようになり，大学教員とのコミュニケーションには使われることがないだろうという仮説を立てた。学生によって発信されたメッセージを分析したところ，彼らの仮説は支持された。まず，時がたつにつれて集団を特徴づける典型的なコミュニケーション様式であるユーモアやフレーミングが目立つようになった。もし集団がある特定のコミュニケーション様式を採用することによってその活動を開始するのならば，その存在は時間とともにより顕著になっていくだろう。これは，CMC集団内での規範が相互作用を通じて，ダイナミックに，そして社会的に構成されているということを示している。次に，規範は参加者自身の集団内だけで通用するだろうという仮説も支持された。学生と教員の間のコミュニケーションを分析したところ，そこには学生が自分のグループ内で発達させた規範を適用した形跡はなかった。この結果は，集団内での規範的なコミュニケーションスタイルの使用は，学習された反応というよりは，社会的文脈や共有された集団アイデンティティに基づくものであるということを示している。

●戦略的・社会的アイデンティティと SIDE

　上述した SIDE による没個性化効果の記述は，SIDE の認知的次元と呼ぶべき側面，つまり社会的アイデンティティの顕現性の変容といった側面からのみ説明されている。しかしながら，SIDE はまた，「戦略的」次元と呼ぶべきものを含んでいる。この SIDE の戦略的次元は，集団間の識別可能性と勢力関係の役割を扱うものである (Reicher et al., 1995)。ライヒャーらによると，集団間の勢力関係は認知的なアイデンティティの顕現性に影響を与えるのではなく，アイデンティティが表現されるかどうか，そしてそれがどのように行なわれるのかということに影響を与えるという。さらに細かく言うと，もし集団成員が内集団に対して識別可能であり，外集団に対しては識別可能でない場合，内集団に合致した行動が守られる。しかしながら，もし集団の成員が勢力の強い外集団に対して識別可能であった場合，制裁をもたらすようなあらゆる行動は抑圧される可能性が高い。SIDE の戦略的次元に関するさらなる考察が，ダグラスとマクガーティ (Douglas and McGarty, 2001) によって行なわれている。CMC 利用者の外集団に対するステレオタイプ化に内集団もしくは外集団に属する聴衆が影響を及ぼすかどうかを検証するための一連の実験的研究である。ダグラスとマクガーティは，白人至上主義を謳う電子メールに対する批判文を学生に書かせた。参加者と白人至上主義投稿の作者が顕名か匿名かという要因と，参加者の批判が内集団に読まれるか外集団に読まれるかという要因について実験的な操作が行なわれた。参加者と「対象（投稿者）」の識別可能性の間に交互作用が見られるという結果が得られた。つまり，参加者は次の条件の時に，有意にステレオタイプ的な言葉で対象を記述した。それは（a）参加者が内集団に対して識別的であり，かつ（b）対象が匿名の場合である。研究 3 では，識別可能な参加者は，彼らの書くメッセージに対してより説明責任を感じているが，人種差別主義に関する問題についてはあまり強く意識していないことが示された。これにより，ダグラスとマクガーティは，内集団に対して識別的な場合に生じる責任感は，問題に関する感情が強くないこととあいまって，参加者が内集団の聴衆に対して自己呈示するときの道具としてよりステレオタイプ的な言語を使うことにつながると結論している。つまり，参加者は内集団に従わなければならないという義務を感じたのである。

　この研究を裏づけるために，CMC と「紙と鉛筆」による回答の両方を検証する研究が行なわれた (Douglas and McGarty, 2000)。研究者たちはここでも同様に，内集団に対して識別的な場合にはよりステレオタイプ的な表現が使われることを見いだした。しかしながら，対象となる問題への参加者の関与の程度を操作した場合は，ステレオタイプ的言葉づかいに対する効果は見られなかった。つまり，識別可能性がステレオタイプ化に及ぼす効果は，参加者が内集団の要望に従ってい

たと感じるかどうかによって媒介されているということである。

このように，SIDE の戦略的側面は，単純に人が内集団に対して識別的であるかどうかということだけでは議論することができない。ダグラスとマクガーティ (2002) では，内集団への識別性は，意識的ではない暗黙的コミュニケーションと，人々が聴衆の反応に対してより敏感な明示的コミュニケーションの両方に影響を与えるとされている。

◉匿名性，社会的アイデンティティと集団への魅力

リーら (2001) は，視覚的匿名性が集団の一員であるという感覚にどのような影響を与えるかについて研究した。この研究では51人の心理学専攻の女子学部学生が，菜食主義，移民，礼儀正しさという3つの話題について，2人組になって，ドイツ人学生であると信じ込まされた相手（実際は同じ大学の大学院生）と議論をした。参加者の半分は視覚的に匿名な状態におかれ，もう半分はお互いがテレビ回線で接続されて見えるようになっていた。リーらは，参加者がどれだけ自分たちをその小さな集団の成員であるとカテゴリー化するか，またイギリス人（つまりドイツ人と比較して）とカテゴリー化するかを測定した。さらに参加者がどれだけその集団に魅力を感じているかについても測定した。図2-4のモデルに沿って，リーらは視覚的匿名性が自分の集団への魅力を高めると予測した。さらに，この効果は直接的なものではなく，参加者が自分たち自身を集団の成員であるとカテゴリー化することを通じて行なわれると予測した。データ分析の結果，視覚的匿名性は自分自身を集団の成員であるとカテゴリー化することと関連しており，集団への魅力にも関係していることがわかった。リーらは，この結果を，CMC における集団行動の社会的アイデンティティに関する理論を支持するものと解釈した。2つ目の特筆すべき結果は，視覚的匿名性が評価懸念を高めることに結びついていたということである。つまり，もし他の人が見えない場合は，彼らが見える場合よりも，その人からどのように評価されるのかということをより気にするということである。この結果は，ある程度は，実験デザインが人工的だったことによるものかもしれない。つまり，どのように評価懸念を測定したのかが明白ではないのである。リーらが記しているように，この結果については，さらに調査する必要がある。さらに論じなければならないのは，リーらによるこの実験は，異なる匿名性の型を区別していないということである。つまり，参加者から他者への匿名性なのか，他者から参加者への匿名性なのかという点についてである。これらの異なる匿名性の型は，CMC に異なった影響を与えるだろう。リーらの研究については，以上の点について注意が必要である（リー自身も対処する必要がある問題だとしている）。

● SIDEに対する批判

　1990年に最初の論文が発表されて以来，CMC研究に対するSIDEの適用に対する明らかな批判は，ほとんどない。最も包括的な批判は，SIDE研究者グループの中から出てきたものである（たとえばSpears et al., 2001）。彼らは，SIDEは匿名性こそがCMCを特徴づける性質であると考えすぎであり，たとえば同期性など，メディアとしての他の側面を見過ごしていると述べている。SIDE研究者の幾人かはこのギャップに気づき始めているが，SIDEの匿名性（より厳密に言えば他者から自分が見えないという視覚的匿名性）に対する依存性は，特定の文脈外へのSIDEの適用を制限してきた。多くのインターネット上の行動は，少なくとも部分的にはメールアドレスやISP（プロバイダ）によって識別性を持ち，理論的には誰が誰なのかを追跡可能であるとはいえ，知覚される識別可能性の低さが視覚的匿名性とどのような交互作用をもつのかは明白ではない。SIDEの戦略的次元による識別可能性と集団行動についての予測もいくつか行なわれているが，SIDEの認知的次元と戦略的次元の間の関連性は，十分に検討されているとは言いがたい。

　さらに，CMCにおけるSIDE研究の大部分はSIDEの認知的次元についての研究であり，戦略的次元についてはあまり多くない（しかしながらDouglas and McGarty, 2001も参照のこと）。ほとんどのSIDE研究は，最初に視覚的匿名性と（広義の）匿名性を同等のものと見なし，次に匿名性と没個性化を同等のものと見なしている。コールマンら(1999)は，没個性化は匿名性や他の要因によって引き起こされる心理的状態であり，独立変数としてではなく従属変数として取り扱うべきだと述べている。

　さらに重要なことは，SIDEの主張は，個人が識別可能性を持っていたり，あるいは集団が顕現性を持たないときに起こる集団成極化の例に対しては脆弱であるということである。スピアーズら(2001)は，そのような事例がまさに今発生しつつあると述べている。SIDEの戦略的要素を展開させることで，これらのいくつかの場合をある程度は説明できるかもしれないが，すべてを説明できるとは考えられない。それこそが，SIDEがCMCで起こりうるすべての結果に対する回答を与えることができたとしても，いくつかの懸念の種となるだろう。ここには循環論が生じている。たとえば，フレーミングに対してSIDEを適用したリーら(1992)は，集団内でフレーミングが起こったという証拠があるとき，集団は明らかに規範的で，フレーミングがないときには集団は明らかに規範的ではないと述べている。つまり，集団内でどのような行動が起ころうとも，それは規範が存在することの証拠として扱われてしまう。集団内の規範を最初に測定しなければ，

ある特定の行動や一連の態度が規範に従っているのかそうでないのかということを述べることはできないだろう。さらに最近の研究では（実は先行研究においても）規範と社会的アイデンティティに関するプライミング[2]を与えることによって，この問題が取り扱われている (Spears et al., 2001)。

2 ▶ 先行する情報によって，関連する情報が想起されやすくなる心理的状態。

　自己意識とSIDEの関連についても，いくつかの疑問が生じる。孤立は一般的に個人化の経験，すなわち個人の私的自己意識を高めるものであると考えられている。私的自己意識が高い状態にあることは，社会的アイデンティティの顕現性と必ずしも両立せず，社会的アイデンティティの顕現性と他者からの孤立の関係が実際にどのような過程でつながっているかについては，よくわかっていない。とはいえ，SIDE研究者たち自身が提起したCMCに対するSIDEの適用の抱える多くの問題のうち少なくともいくつかは，将来の研究によって解決するであろう。

◆◆ 合理的行為者と創発特性の関係：技術決定論に代えて

　メディアコミュニケーションのモデルについて，いくつかの重要な特徴を述べてきた。1つ目は，すべてのモデルは（SIDEは例外である可能性があるが），広く技術決定論に立脚している。すなわち，技術的な特性が心理的な影響を与え，それが個人の行動を決定するという理論である。2つ目の類似性は，これらの理論はすべてCMCの視覚的匿名性という1つの特性にのみ着目しており，さらに自己注目や，責任感の欠如や，社会的アイデンティティの顕現化におけるその役割にのみに興味を示しているということである。しかしながら，技術と行動の関係についての別の概念化が，情報システムとメディアの適切性に関する研究者たちから提出されつつある（たとえばDaft and Lengel, 1984 ; Markus, 1994）。

　合理的行為者アプローチ (Kling, 1980; Markus, 1994) では，行動における技術利用の結果は，「技術自身が原因となるのではなく，個人がいつどのようにそれを使うのかという選択によって決定されている」(Markus, 1994, p.122) とされる。このアプローチの背後にある仮定は，手がかり濾過アプローチと一致している。つまり，CMCは人間同士の接近をもたらさないので，脱抑制的なコミュニケーションや意思決定の難しさといった否定的な影響しかもたらさないということである。しかし，合理的行為者アプローチは技術を悪であると決めつけているわけではなく，人は中立の技術を良くも悪くも使うことができるのだということを主張している。さらに，利用者が別の個人的な目的を果たすために「悪い」結果を実際に望むことがあるとも述べている。たとえば，非常におしゃべりな知り合いがいたとする

と，より簡潔で，関係よりも課題志向型の話をしなければならないときには，その人とは電子メールを通じてのみ話そうとするかもしれない。同様に，多くの社会的手がかりが電子メールや文字メッセージで失われることは，社会的・情動的な内容を記述することを明らかに阻害するが，まさにその手がかりが不足しているがゆえに，特定のコミュニケーションを行なう際に電子メールや文字メッセージが選択されうる。たとえば，デートの申し込みをするときに文字メッセージを使う10代の若者たちは，自分がどれだけ神経質になっているのかを隠すことができるからこそ，そのメディアをわざと選んでいるのだろう。

　このような観点からすると，インターネットにおけるコミュニケーションの否定的な結果は，人々が自分のやりたいことに対して間違ったメディアを選んだゆえに生じるということになる (Daft and Lengel, 1984)。

　技術決定論に代わる理論は，創発的プロセスからの観点からのものである (Markus, 1994; Pfeffer, 1982)。この観点によると，利用者の意図とコミュニケーションを行なうために選ばれたメディアの交互作用は，予測不可能で，意図せざる結果をもたらすとされる。これは，利用者の否定的な結果を極力避けようという努力にもかかわらず生じうるものであり，彼らの行為の結果として生じる場合すらある。次の2つの章では，自己と相互作用過程の両面から，いくつかの否定的な結果について議論する。

第3章
インターネット行動の個人的／対人関係の否定的側面

　インターネットについて報道されない日はない。インターネットについての見出しには「サイバーポルノ！」(「タイム」誌の表紙，1995)，「サイバースペースで発見された寂しく孤独な世界」(「ニューヨーク・タイムズ」紙，1998)，「嘘のワールド・ワイド・ウェブ」(「サンデー・ミラー」紙，2001) や「私のインターネット上の恋人は，冷凍庫の中に死体を隠していた体重130kgの年金生活者」(「サンデー・ピープル」紙，2000) などというものがある。
　これは，インターネットの悪い側面が面白い見出しを生み出しているだけなのだろうか？　あるいは，インターネットには逸脱した反社会的行動を促進する何かがあるのだろうか？　新しい技術は，恐ろしい話とユートピア的な楽観主義を同じくらいの割合で伴う傾向にある。われわれが見てきたとおり，書き言葉の発達でさえ，社会的・心理的影響と結びつけられて考えられてきたのだ。1886年にエレクトリカル・ワールド誌に掲載された話のタイトルは「有線恋愛の危険」で，回線を越えて知り合った2人の電信技師の物語であった (Standage, 1999)。マギーは，新聞販売店主の娘で，彼女の父親の商売の一環として電信技師を務めていた。父親はすぐに娘が複数の男と「いちゃつきはじめた」のを知った。その中に，既婚男性のフランク・フリスビーがいた。彼女はフリスビーを自宅に誘ったが，父親はそれを禁じた。父親は仕事を変えさせたが，彼女はすぐに地元の電信会社に就職し，彼らとの関係を続けた。ついに父親は，彼女がフリスビーに会いに行くところの跡をつけていき，「お前（マギー）の頭をぶち抜いちまうぞ」と脅し上げた。その結果，彼女は父親を脅迫の罪で逮捕させることとなった。スタンデージ (Standage, 1999) は，この恋がどのような結末に終わったかについては言及していない。
　同様に，電話も歓迎すべからざる邪魔者で，不適切な情事を持続させる危険な道具と見なされていた (Fischer, 1992)。一般的に電話を利用することで社交的会話のマナーが悪くなってしまうとの指摘があり，また電話の社会的影響は憂慮すべ

きものであるという議論もなされた。1910年に刊行されたフォード・マドックス・フォード[1]による「電話（A Call）」という小説は，コミュニケーションが対面相互作用ではなくなったときに起こりがちな問題と誤解を詳細に描いている。携帯電話でさえ，出始めのころは新しい形の犯罪や犯罪まがいの行為を容易にするために使用されると言われていた。より近年になってさえ，携帯電話，ファクシミリ，電子メールなどの新しい技術は，反グローバリゼーション活動を行なう組織，そしてイギリスではガソリン価格に関する抗議・妨害団体にとって極めて重大な役割を担うものだとしてやり玉にあがっている。アメリカで2001年9月11日に起こったテロの後には，新しいメディア技術がテロリストたちの下部組織構築に一役買ったとする，多くの論説が見られた（実際には，彼らの情報伝達には「ハイテク」よりも「ノーテク」のほうが多く使われたという証拠があるにもかかわらず）。「デイリー・テレグラフ」紙で，ジョン・キーガン（アメリカ国防総省担当記者）はテロリズムとの戦いについて，ISPs（Internet Service Providers：インターネット・サービス・プロバイダ）を標的とした記事を書いている。

　　　1 ▶20世紀初頭のイギリスの小説家。代表作は「かくも悲しい話を…」。

　世界貿易センタービルでの暴虐行為は，疑いなくインターネット上で共謀されたものである。もしワシントン政府がテロリズムを消し去るべきだという真剣な決定を下すのであれば，インターネットプロバイダが暗号化したメッセージを伝達するのを禁止すべきだ。現在の公開鍵による暗号は，国家安全局にあるコンピュータでさえ破ることができない。さらに，それに応じないプロバイダは業務停止にすべきであろう。海外にあって，これに従わないプロバイダは，巡航ミサイルで破壊されるべきだ。すでにインターネットの存在がアメリカ国民を殺す結果につながったのだから，その華々しい発展の日々は終わりにしなければならないだろう。（2001年9月14日付「デイリー・テレグラフ」紙）

　多分，インターネットが以前の技術と同じように，逸脱行動や犯罪，その他の一般的な人々や社会に悪影響をもたらすものと関係づけられるのは，驚くには値しないことなのであろう。ここでの重要な疑問は，新技術とその否定的な影響は，単純にマスメディアによって社会的表象として作り出されているものなのか，それとも何か実証的な証拠に裏づけられたものなのかということである。
　この章の目的は，「否定的な結果」を定義することによって，利用者自身や学術研究，あるいはもっと一般的な議論において否定的だと見なされているインターネット利用について，その行動や，それがもつ心理学的・社会学的重大さに意

味づけを行なうことである。

　すでに見てきたとおり，新しいメディアコミュニケーションが出てきたときに，少なくともその初期の段階では，技術が人や社会に対して一般的に否定的な影響を及ぼすと考えられるのは珍しくないことである。インターネットも例外ではない。インターネットは，自動車などの他の新技術に比べて歴史が浅いにも関わらず，より多くの否定的な結果と結びつけられている。

1 インターネット依存症

　インターネット依存障害（Internet addiction disorder；IAD）は，1991年に心理学者のイヴァン・ゴールドバーグ（Ivan Goldberg）によって作られた（別の言い方をするなら「発見された」）言葉である。ゴールドバーグの原著では，彼は通俗心理学における「依存症」，つまり買い物やセックス（あるいは両方）など，何にでも依存する人々の姿を書いた通俗心理学への風刺として（訳注：インターネットにでさえ「依存症」を形成できるという意味で）定義を行なったとしている。しかしながら，ゴールドバーグはすぐに，読者からIADに悩んでいるという電子メールを受け取り始める。やがて学術的な関心から，IADに関する2つの主要な研究分野が生まれた。1つ目は，IADであるか否かを判定するための

表3-1　インターネット依存症の診断基準

あなたは，自分が望む効果を得るためにはインターネット利用量を増やさなければならないという欲求を感じ，それを我慢したことがありますか？　あるいは，前と同じ時間インターネットを使い続けているのに，その効果が薄れていることに気づいたことがありますか？

あなたは事前に考えていたよりも長い時間をインターネット利用に費やしますか？

あなたは少しでも長くオンライン上に留まろうとさまざまな活動に時間を費やしますか？

あなたはインターネットのために何らかの社会的・職業的・余暇的活動を断念したことがありますか？

あなたは，インターネットが原因の，あるいはインターネットが悪化させてしまうような持続性／反復性のある問題（例：仕事，研究，経済，家族に関する諸問題）があることを知りつつも，インターネットを利用し続けてきましたか？

あなたはインターネット利用に費やす時間を短縮しようとして失敗したことがありますか？あるいは，インターネット利用に費やす時間量を減らそうという欲求が不足していますか？

あなたはインターネットを利用しないことによる離脱症状 withdrawal（例：抑うつ，神経過敏，怒りっぽくなる，不安）を経験したことがありますか？

出典：ヤング（1996）を改変

診断基準を見いだすことである。2つ目は，それと直接的に関わっているのだが，IADに「かかっている」人々の数を知ることである。

インターネット依存症に関する最初の実証的研究は，キンバリー・ヤング (Kimberly Young, 1996) によるものである。ヤングは，アメリカ精神医学会 (American Psychiatric Association)[2]による「診断と統計マニュアル」(DSM-IV) における精神活性物質依存症の定義を適用し，それをインターネット利用にあてはめた（表3-1参照）。

> 2 ▶ 原著では「American Psychological Association」となっているが，DSMを作成しているのはAmerican Psychiatric Association（アメリカ精神医学協会）」なので，原著者の誤りと考えられる。

インターネット依存症の罹患率を検証するために，ヤングは「『熱心なインターネット利用者』求む」というメッセージをユーズネットのサイトに投稿し，新聞とポスターによる宣伝を行なった。ヤングは，「インターネットに頼っている人」396名から返答を得た。その60％は女性だった。ヤングは，彼女が用いた項目のうち，3つ以上に肯定的な回答をした者を依存症であると操作的に定義した。そうして分類された「依存症」の人々がインターネットを利用する時間は1週間に平均38.5時間であった。

ヤングの最初の研究以来，インターネット依存症に関する研究の数は徐々に増えつつある。ほとんどの研究が一様に「依存」に関して低い基準を用いているものの，残念なことにヤングが使ったのと同じ依存症の定義を用いているものはほとんどない。たとえば，モラハン＝マーティンとシューマッハ (Morahan-Martin and Shumacher, 2000) は277人の学生を，13項目尺度によって調査している（表3-2参照）。

モラハン＝マーティンらは，サンプル全体の8.1％（男性の12.2％，女性の3.2％）が，4つ以上の兆候を示した病的なインターネット利用者であると述べている。全体の64.7％という多数が1つから3つの兆候に当てはまり，「境界例」として定義された。病的グループは平均して週に8.48時間をオンラインで過ごしていたが，境界例グループでは3.18時間，無症状グループでは2.47時間であった。他の研究と同様に，男性（12.2％）は女性（3.2％）よりも「病的なインターネット利用者」であるとされるサンプルが多かった。病的なインターネット利用者は，インターネット上のサービスのうち，とくに次のようなものを利用する傾向にあった。

- 新たな人々との出会い
- 成人向けコンテンツ

表3-2 病的なインターネット利用に関する質問紙項目・病的なインターネット利用者（PIU）と限定的な症状の利用者（LS）の同意率（％）

項目	％（PIU）	％（LS）
インターネット上で重要な他者と言い争いをしたことは一度もない（逆転項目）	68.2	68.2
インターネット利用に時間を使いすぎだと言われたことがある	63.6	6.3
最後にログオンしてからしばらく経つと、また次ログオンした時に何が自分を待っているだろうかとついつい考えてしまう	59.1	10.2
仕事の成果や学校での成績は、インターネットを利用し始めてからも悪化していない（逆転項目）	54.6	44
自分がインターネット利用に費やす時間量に罪悪感を感じている	45.5	3.4
落ち込んだり不安な時、気晴らしのためにインターネットを利用してきた	40.9	6.9
インターネット利用に費やす時間を減らそうとしたことはあるが、できなかった	40.9	1.7
少しでも多くインターネットを利用するために、日常的に睡眠時間を削っている	36.2	2.8
孤独を感じた時は、折に触れて他者と会話をするためにインターネットを利用する	31.8	11.5
オンライン上での活動のために授業や仕事をさぼったことがある	27.3	1.1
インターネット利用のせいで会社や学校とトラブルになったことがある	22.7	1.7
オンライン上での活動のせいで現実生活での約束を反故にしたことがある	18.2	0.6
自分が実際にどのくらいの時間インターネットを利用しているかを人には秘密にしようとしたことがある	13.6	6.3

出典：モラハン=マーティンとシューマッハ（2000, p.17）

- 情緒的サポート
- 同じ興味を持つ他人との会話
- ゲーム
- 気晴らしやリラクゼーション
- ギャンブル
- バーチャル・リアリティ
- ひまつぶし
- 新しい技術的進化への追随

さらにモラハン=マーティンとシューマッハは、利用者のインターネットに対する態度を測定した。彼らは、病的なインターネット利用者は「社会的自信尺度」と「社会的解放尺度」の得点が高いことを見いだした。社会的自信尺度には

「インターネットを使うことは，友人を見つけるのを簡単にする」とか「オンラインで作った友人ネットワークがある」とか「他のコミュニケーション手段よりも，オンラインのほうが自分をさらけだすことができる」といった項目が含まれていた。一方，社会的解放尺度には「現実生活よりもオンラインのほうが自分らしくいられる」とか「オンラインで異性を詐称したことがある」などの項目が含まれていた。病的なインターネット利用者は，孤独感の尺度得点も高かった。

　シェーラーとボスト (Scherer and Bost, 1997) の研究は，531人の学生を対象に，10項目尺度を用いたものだった。彼らは，49人（9％）が彼らの依存症基準に当てはまるとした。これらの「依存症」者は，インターネットを週平均8.1時間利用しており，先行研究と同様，インターネットの主要なサービスであるとは言いがたいゲームやチャットなどを利用する傾向にあった。グリフィス (Griffiths, 1998) は，ヤングによる研究と同様に「真性『依存症』者を見分けるには境界となる基準値が低すぎたようだ」と述べている (p.68)。

　調査によるインターネット依存症の研究は非常に少なく，また根拠の点でも大いに疑問が残る (Griffiths, 1998)。インターネット依存症を識別する際の問題のひとつは，その境界となる基準が非常に低いところにあるということである。たとえばヤングの研究の場合，3つの質問に当てはまると答えるだけで，依存症という診断が下されている。つまりヤングの研究では，①事前に考えていたよりも長くインターネットを使っていることが時どきある，②インターネットによって，社会的・職業的・余暇的活動のどれかをあきらめたことがある，③インターネット利用時間を減らしたくない，の3つの項目に「はい」と答えるだけで，インターネット依存症とされてしまうのだ。モラハン=マーティンとシューマッハ (2000) の研究についてもその診断的基準を用いれば，「調査されたうちの，ほぼ4分の3（73.8％）のインターネット利用者が，「インターネット利用によって問題が起こった」ことを示す症状を少なくとも1つは報告している」と主張することが可能なのである。

　これらの基準を使えば，おそらく誰もがインターネット依存症とされてしまうだろう。たとえば，本書を書いているとき，私は電子メールを週に1～2回しかチェックしていない。このことは，どれだけ頑張っても，私は自分が思っているよりも多くの時間をオンライン活動（つまり溜まったメールに返事を書くこと）に費やさなければならないことを意味している。また，私はインターネットのために，多くの活動をあきらめてきた。つまり，私は親しい友人には電話をかけるよりも電子メールを送る（それによってより多く話すことができる）し，週1回のスーパー通いもオンラインですませることができるし，図書館で長時間うろう

ろすることもなくなった（オンラインカタログで注文することができるので）。それに，私は別にインターネットの利用を減らそうとは思わない。多分，こんなことは驚くには値しないだろう。

シェーラーとボスト(1997)も他の多くの研究と同様に，10の質問のうちたった3つに当てはまると答えた人を「真正の」依存症であるとみなしている。シェーラーとボストの項目のうち，2つは利用量に関するものだったが，依存症と非依存症の間にはほとんど差がなかった。さらに，もし利用者がモデムの遅さやプロバイダに不満を感じているのだったら，次の2つの質問については「当てはまる」と答えてしまうだろう。

- 思っていたよりも長い時間インターネットを使うことがある（「依存症」者の98％と，非依存症者の45.2％が「当てはまる」）
- インターネットにとても長い時間アクセスしている（「依存症」者の87.8％と，非依存症者の20.6％が「当てはまる」）

となると，シェーラーとボストの研究では，残り8つの項目のうち1つに「当てはまる」と答えたら「依存症」と診断されることになる。上に概説した研究によって，オンラインの人々の多くがインターネット依存症だと診断されたとしても，それはほとんど当然のことだろう。

■■ 診断基準を再考する

グリフィス(1998)によれば，依存症は次の6つの基準を満たしていさなければならないという。

1. **顕著性**　インターネット利用が人の生活や感覚，行動を支配してしまっている
2. **気分の変容**　インターネットを使うと，その人の気分が変容する（「ハイ」になるなど）
3. **耐性**　気分を変容させるために，インターネットの使用量が増えていく
4. **離脱症状**　インターネットの使用を止めると，気分が不快になったり身体的反応が出たりする
5. **葛藤**　インターネットを使うことがその人や日常生活（仕事，社会生活，趣味など）と葛藤する
6. **再発**　何年か我慢したりコントロールできていたとしても，またもとの行

動パターンが再発する

　しかし，グリフィスによると，多くのIAD研究は，一部の例外を除いて，これらすべての基準を検討しているわけではない。多くの場合，依存症や病的なインターネット利用は，単純にその人がどれだけ長い時間をオンラインで過ごしたかを基準としているだけのようにも見える。このような事情から，シェーラーとボストが用いた基準は，次のような項目を含む「大学在学中の友人との交際依存症尺度」に簡単に変換することができる。

- 私は自分が思っているよりも長い時間，大学で友人と付き合っている
- 私は大学にいるときに，多くの時間を友人と交際するのに費やしている
- 私は，友人と交際することで，仕事や学校や家庭での重要な責任を果たせなかったことがある

　グリフィス (2000a) は，5つのケース・スタディを示し，そのうちの2つについては，コンピュータかインターネット（あるいはその両方）への依存症の「可能性がある」と述べている。

　次の2つのケース・スタディにおいて明らかなのは，社会的孤立をはじめとする何らかの問題点がきっかけとなって，インターネットやコンピュータの過剰な利用が起こっているということである。ただしそれは，インターネット依存症がいかなる意味でも「実在」しないとか，その人たちに対する治療が必要ない，ということを意味しているわけではない。過剰なインターネット利用に対する治療としては，インターネット利用そのものと同じように，できるだけその予兆となる問題を特定することが大切だと言っているのである。病的なインターネット利用（pathological Internet use；PIU）が，それ以前に存在する問題と結びついている可能性については，デーヴィス (Davis, 2001) によるインターネット依存症の認知行動モデル（この章の後の節で概説）で，より詳しく述べられている。

　ケース・スタディ1　ジャミー

　ジャミーは16歳の少年で，母親と暮らしている（彼の両親は，彼が子供の頃に離婚した）。ジャミーには身体的な問題はないが，グリフィスによれば彼は「非常に太りすぎ」だという (p.213)。彼は1週間のうち70時間あまりをコンピュータに向かって過ごしている。40時間はオンライン上におり，週末の2日間には12時間ずつ接続している。ジャミーはSFファンなので，ユーズネット上でスター・トレックについて話し合うことに多くの時間を費やしている。ジャ

ミーが，自分にとってインターネットは生活の中で最も重要なものであり，使っていないときでもインターネットのことを考え続けている，と述べていることは，先に示した診断基準に合致している。グリフィスによると，ジャミーはまた，インターネットを使うことによって気分が変容し，アクセスできないときは離脱症状が出ると述べているという。彼はインターネットを使う時間を減らそうとしてはまた逆戻りするというパターンを繰り返している形跡があるが，結局はインターネットの魅力はあまりにも強いということを強く感じるようになっている。調査結果によると，ジャミーはIRCやニュースグループやウェブを使ったチャットサービスを利用することによって，インターネットを人とつきあうための道具として利用していた。オフライン（実生活）では，彼には友人はいなかった。グリフィスは，「ジャミーは肥満のために，インターネットの文字ベースの世界にいるほうが居心地よさを感じているらしい」と記している。

| ケース・スタディ2　ゲーリー |

　ゲーリーは15歳の少年である。ゲーリーは，1日に3〜4時間をコンピュータの前で過ごす生活を続けており，週末にはその時間は5〜6時間に達する。ゲーリーは神経線維腫症にかかっており，時どき深刻な行動上の障害が出る。ゲーリーは人づき合いや友人づくりに常に問題を抱えていた。グリフィスは，「彼は仲間と一緒にいるときに，常に劣等感や自信のなさにさいなまれていた。その結果，彼は非常に抑うつ的だった」(p.212) と述べている。ゲーリーの行動と精神的健康は，彼がコンピュータを手に入れてからますます悪くなった。彼は家族や友人といる時間を削ってオンラインで過ごすようになり，徐々に両親に反抗的になった。グリフィスは，ゲーリーはコンピュータ依存症の多くの基準に当てはまっているが，彼がコンピュータを過剰に使用し，コンピュータを「電子的な友人」として扱っていることは，おそらくは内在する別の問題（つまり，彼の社会的孤立や病気，抑うつなど）の病態化であろうと結論づけた。

　適切な診断基準と，それを検証可能にするためのケース・スタディの研究は，今もなお引き続き行なわれている。サイバー心理学は，インターネット依存症の診断基準を概念化し，誰もが賛同できるものを作ることが抱えるさまざまな問題点を踏まえつつ，インターネットを潜在的に依存性のあるものにしている理由が何かという問いに答えるための研究に着手したところである。すべての潜在的なインターネット依存症患者にとって，インターネット上でのさまざまなできごとは酩酊するような経験をもたらしているに違いない。前章で議論したとおり，メ

ディアコミュニケーションは，対面状況にある時よりも人々を脱抑制的な行動に導く可能性がある。オンライン経験に没入できる可能性と，それがもたらす没入の機会は，たしかに新たな利用者にとってはめくるめく経験となることだろう。

しかしながら，この初期経験が，すぐに依存症と同じだと言えるわけではない。上に引用した研究の多くでは，もっともIADの診断基準に近い人々は，オンラインゲームをしたり，IRCでチャットをしたり，サイバーセックスをしたりする人たちであった (Griffiths, 1998)。もちろん，これらの研究は誰も彼もを依存症だと診断しすぎる傾向があったので，単に経験豊富だったり冒険的だったりする利用者がIADであると分類されただけという可能性もある。このことから，インターネット依存症の人たちは，実際には何に依存しているのだろうかという疑問が持ち上がる。たとえば，もし誰かが強迫的なギャンブラーで，ブックメーカー[3]に対して頻繁に電話をしていたとしても，われわれは彼を電話依存症とは見なさないだろう。同様に，もし誰かが現にかかっている依存症や依存的傾向（ギャンブルや買い物など）をあおるためにインターネットを使っているのだとすれば，彼らにIADのラベルを貼るのは間違っているだろう。

3 ▶ 競馬などのギャンブルで独自にオッズをつけて投票券の販売を行なう業者のこと。イギリスでは公認の馬券取扱業者をいう。

このような調査結果から，MUDsやチャット，ゲームのようなオンライン行動に関わっている長時間利用者像が浮かび上がってくる。これまでに発表されたインターネット依存症に関する研究を見渡す限り，「依存症患者」は総じて，これらの特徴的な3つのインターネット・ツールを利用していると回答している（例外として，MP3[4]ファイルのダウンロードもあるかもしれない）。これらの3つのオンライン活動は，ほぼ間違いなくもっとも没入度が高い。つまり，すぐに応答が返ってくるし，課題に取りかかると高い集中力が必要とされるし，同様に心理的な関与の度合いも高い。これらのオンライン活動の持つ心理学的特徴は，よく依存症を形成するとして問題になる他の技術，つまりコンピュータ・ゲームの特徴によく似ている。

4 ▶ もっとも普及率の高い音声圧縮技術。インターネット上で音楽データを配布する際に盛んに使われている。

◉何がインターネット依存症を生み出すのか？

インターネット依存症に罹患しているかどうか判断するのに必要な診断基準を作ろうとすることに多くの努力が注がれてきたのに比べて，何がインターネット依存症を引き起こすのかというモデルについては，あまり検討がされていない。これらのモデルは主に，インターネットを魅力的にし，依存を引き起こすような

特徴を明らかにしている。たとえば，キンバリー・ヤング（Kimberly Young, 1997）は，インターネットの持つ3つの側面が，潜在的に依存を引き起こす要因となっている，と述べている。それはACEと呼ばれる3つの特徴，匿名性（Anonymity）と利便性（Convenience），逃避性（Escape）である。言い換えると，インターネットのある特徴に，ある特定の人々がとくに魅力を感じるのだ，と言えるだろう。おそらく，性的な興奮を求めたり，ギャンブルやオンラインゲームをしている人にとって，インターネットは便利で匿名性があり，日常生活からいくらか逃避できる場所で，なおかつまたその経験を通じて気分を変容させることができるために，魅力的に映るのであろう。先に記した2つのケース・スタディによれば，ジャミーとゲーリーは，インターネットの匿名性を利用して，自信の欠如や体重の問題を打ち消し，日常生活の孤独からも逃避している。同様に，トリプルAモデル（Cooper, 1998）は，サイバーセックス依存症は，インターネットがアクセス（Access）しやすく，費用が手頃で（Affordability），匿名（Anonymity）だから起こるとしている。

　しかし，これらのモデルはあまりにも技術決定論的である。すなわち，利用者ではなくインターネットの属性にのみ注目しており，何がインターネット依存症を引き起こす原因であるかについて正確な説明を提供していない。たとえば，私の地元の酒屋では，とくに人気のあるアルコール飲料として「特別醸造」という銘柄が売られている。これは便利で買いやすく，ひとときの逃避を与えてくれる高濃度のアルコールが手頃な値段で手に入る。持ち運びに便利な缶入りなので，家で人目から逃れて飲むことができる。だが，それがウォッカであろうとビールであろうと，アルコール依存症を酒の持つさまざまな利便性の観点のみから説明する人はいないだろう。つまり，インターネットの何が魅力的なのかを語るだけでは，本当の意味でインターネット依存症を理解するための説明にはならないのである。

　より利用者中心にインターネット依存症を考えるアプローチが，デーヴィス（2001）によって示されている。デーヴィスは，インターネット依存症の行動モデルや症状モデルは，PIUに先立って生じる可能性のある認知的症状を無視する傾向があると述べている。デーヴィスは，認知（たとえば抑うつ的なスキーマ，反芻的思考，低自尊心）が抑うつ症状を引き起こすとする抑うつの認知的説明と同様のアプローチが，PIUにも適用できると考えた。彼はまず，病的なインターネット利用を特定のもの（サイバーセックスやポルノサイトの閲覧など）と一般的なもの（オンラインでの時間つぶし，オンライン・コミュニティへの強迫的な参加など）に分類すべきであると考えた。デーヴィスは，特定PIUは既存の精神病理学的問題（たとえばギャンブル依存）によって生じる可能性が高いが，一般

PIUは，社会的孤立を経験することによって生じやすいとした。つまり，特定PIUについては，インターネットがなくても精神病理学的問題が存在するだろうが，一方，一般PIUでは，おそらく軽度の精神病理学的問題（例：孤独感）が，インターネット利用を引き金として，病的なインターネット利用を引き起こすのである。

　そこでデーヴィスは，脆弱性ストレス・アプローチをインターネット依存症に適用している。このモデルによると，インターネット依存症には先行する精神病理学的問題の存在が必要であるが，それだけでは症状が現れることはない。ストレスが，インターネットを人々の生活に引き入れる。この経験は速やかに強化される（例：孤独なときにはチャットルームに入る）。これにインターネット利用者の「不適応の認知」が結びつく。その結果，彼らはインターネット利用についてあれこれと思い悩むようになるだろう。オンラインに逃げ込むしかないと思うような否定的な自己イメージを持つようになるかもしれないし，オンラインやオフラインの経験を一般化して解釈してしまうかもしれない（例：「人が自分によくしてくれるのはインターネットの中だけだ」と考えるようになる）。デーヴィス（2001, p.192）によると，人々を特定PIUや一般PIUに導くのは，まさにこのような不適応の認知であるという。このモデルの概略は図3-1に示すとおりである。

　デーヴィスのモデルは，利用者という要因を因果方程式に導入することによってインターネット依存症の研究に価値ある貢献をした。だが，インターネットの病的な利用について，その症状を特定する際に固有の問題が残っている。たとえ

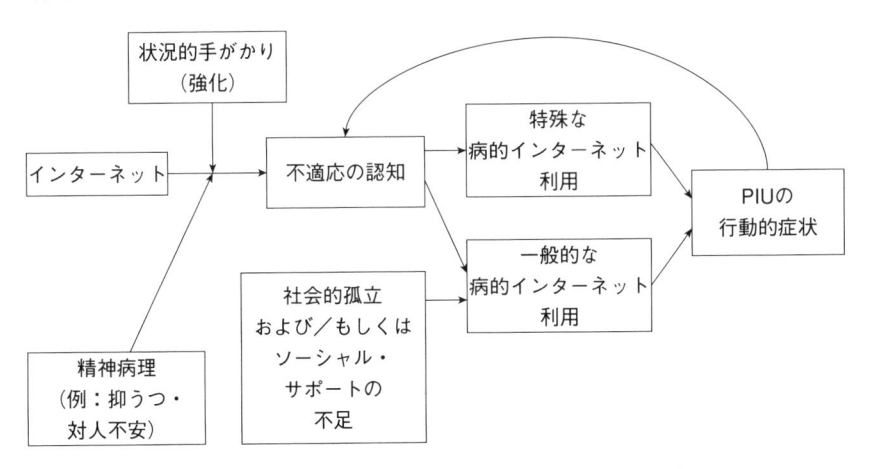

図3-1　病的なインターネット利用に関する認知－行動モデル
出典：デーヴィス(2001, p. 190)

ば，ソーシャル・サポートが欠如した人物が，どのようなインターネットの利用の仕方をしたときに，それが病的だと言えるのだろうか？　デーヴィス (2001, p.193) は，インターネット利用が利用者にとって「有用な道具」というよりアイデンティティの源であるような場合に，それは病的と言えるだろうと述べている。このアプローチは，インターネットを利用することによって自己に関する肯定的な感覚を得ている人たちにとっては問題が多いことは明白である。最後に，デーヴィスは，インターネット利用が適応的か適応的でないかを決めるのは，その個人にほかならないと結論している。

　これまで議論してきたすべてのインターネット依存症に関するモデルは，インターネットは日常の問題からの逃避を与えてくれ，インターネットの匿名性が魅力（あるいは依存）を作り出しているとしている。ここで議論すべきインターネット利用の2つ目の「否定的」な結果であるフレーミングも，この匿名性と深く関わっている。

2 フレーミングと反社会的行動

　フレーミングは，本来，絶え間なく続く話や書き込みという意味を持つ言葉である。だが，この言葉は後に，一般的にはコンピュータ・ネットワーク上の否定的あるいは反社会的な行動を指すようになった。敵対的あるいは攻撃的なメッセージが人々の間でやりとりされると，それは「フレーミング合戦」と呼ばれるようになる。フレーミングに関する学術的な研究は，実験室実験でそれを測定する際に用いられるべき定義に明確さが欠如していたことにより，進展が妨げられてきた。

　たとえばキースラーら (Kiesler et al., 1985) は，フレーミングを以下のように操作的に定義した。

- 無礼な発言
- 悪態・悪口やからかい
- わめき
- 個人的な感情の表現
- 誇張表現の利用

　フレーミングの他の操作的定義には，誹謗，「活字の強勢」（例：感嘆符），名指しすること，ののしり，そして一般的な否定的感情などが含まれたものもある。

研究計画の焦点がフレーミングから「脱抑制的」コミュニケーションに移ったことで，時には非課題志向的な発言や悪いニュースを知らせることまでが含められるほど，その定義は広がっていった。

フレーミングの定義や操作の抱えるさらなる問題は，それが先験的に CMC と結びつけられて考えられていることである（Lea et al., 1992）。多くの例では，フレーミングは定義上，コンピュータ・ネットワーク上でのみ起こることになっているか，あるいは対面場面よりもコンピュータ・ネットワーク上で明白に現れるか，そのどちらかだとされてきた。だから，フレーミングをどのように定義するかという問題は，FtF と CMC がどのように異なるかという問題に帰結することになる。

■「フレーミング」の実証的証拠

セルフェとメイヤー（Selfe and Meyer, 1991）によれば，「コンピュータ会議では，白熱して，感情的で，時には匿名で，怒りを爆発させるようなことが，常にとは言えないにせよ，普通に見られる」（p.170）という。

シーガルら（Siegal et al., 1983）は，初期の3つの研究において，脱抑制的な言語行動の水準について4つの条件下で比較を行なった。4つの条件とは，対面状況，匿名のコンピュータ会議（1対多），非匿名のコンピュータ会議（1対多），電子メールである。この実験では，3名集団に対して，選択的ジレンマ課題について合意形成をすることが求められた。ジレンマは，リスクのある選択肢と慎重な選択肢の2つのうち，どちらがよりよい選択であるかについて合意を形成するものである。シーガルと共同研究者は，脱抑制的コミュニケーション（この例では，悪口，名指し，侮辱など，敵対的な言葉として定義された）を観察した。各実験において，コミュニケーションにコンピュータを使った場合に，高い水準の脱抑制的な言語行動が見られることを示した。最も脱抑制的行動の水準が高かったのは，人々が匿名状態でリアルタイム（同期的）コンピュータ会議システムを使った場合であった。

キャステラら（Castella' et al., 2000）は，電子メール，テレビ会議，対面状況それぞれのジレンマ討議におけるフレーミングの度合いを比較した。フレーミングは「くだけた感じの発話（『皮肉っぽいコメント』や『話し言葉の特徴を書き言葉に持ち込もうとした表現』も含まれる）」と，完全なフレーミング（攻撃的で明らかに敵意を持ったコメント）に分類された（p.148）。両カテゴリーの数と比率に関する結果は，表3-3に示すとおりである。

ここでは，フレーミングは稀ではあるものの，対面状況やテレビ会議場面よりも，文字によるコミュニケーションの場合に有意に多く発生している。さらにデ

表3-3 メディアによるフレーミング

	対面	テレビ会議	電子メール
発言数	3,734	4,074	1,990
くだけた話し方	174	203	173
フレーミング	8	16	94
くだけた話し方の発言割合（%）	4.66	4.98	8.89
発言中のフレーミングの割合（%）	0.21	0.39	4.72

出典：キャステラら（2000, p.150）

ータを分析したところ，他の集団成員への親密度が増すことは，くだけた感じの会話の水準を予測したものの，個人の攻撃性や集団の親密さとフレーミングの間には関係がないということが見いだされた。エイケンとウォーラー（Aiken and Waller, 2000）の研究では，経営学部学生による2つの集団で，クリントン大統領の弾劾と，キャンパスでの駐車場問題（両方ともかなり意見の分かれる話題であると判断された）についての議論をさせた。フレーミング的なコメントは，常にある小さな，しかしいつも同じ集団（全員が男性）によって書き込まれていることがわかった。片方の集団では，駐車問題についての議論では成員の20%が，大統領の問題では成員の50%がフレーミングと見なされる書き込みをした。最初の議論でフレーミングと見なされる書き込みをした参加者はすべて，2番目の議論でもフレーミングと見なされる書き込みをした。しかし，論点や話題に関する重要度の認知とフレーミングの間に関連は見られず，彼らは「フレームはおそらく性別や成熟度，敵意など，それらを書く人の個人特性によるものであろう」(p.99)と示唆している。さらにスモレンスキーら（Smolensky et al., 1990）は，脱抑制的なコミュニケーションは，集団内への親密度と同様に，個人の外向性と関連していることを見いだしている。

　コールマンら（Coleman et al., 1999）は，3～7名集団が一連の話題について議論する実験を行ない，その議論を検討した。58名が対面状況，59名がCMC条件で議論した。議論の結果はとりわけ「否定度（議論がどれだけ否定的だったか）」に着目して評定された。肯定的あるいは中立的な発話は1点，不賛成や批判が含まれる発話は2点，悪口や敵意や名指しは3点とされた。2つの条件群の間で，否定度に差はなかった。CMC集団では1.24点であり，FtF集団では1.21点だった。しかしながら，コールマンらは，3点レベルの否定は稀であったが，生じたのはすべてCMC条件であったことを強調している。

　フレーミングに関する研究の2つ目のタイプは，インターネット利用者に，FtF場面とCMC場面で見たフレーミングの数を事後的に報告してもらうものである。このような研究のひとつに，スプロールとキースラー（Sproull and Kiesler, 1986）

によるものがある。これは，彼らがアメリカのある大組織で働く96人の職員を対象に，電子メールによるコミュニケーションに関して行なった調査である。彼らは，質問紙調査によって回答を収集した。スプロールとキースラーの予測どおり，電子メールでは平均して月に33件ものフレーミングがあると報告されたが，対面場面ではわずか4件だけだった。

ニーダーホッファーとペネベーカー（Niederhoffer and Pennebaker, 2001）は，インターネットチャットを方法論として使った言語的共時性に関する研究において，実験者による驚くべき発見を報告している。

　男性実験者は，相互作用が終わったすぐ後，すなわち実際の議論記録を読む前に，参加者に対して実験目的の説明をした。彼は，参加者は常に謙虚で控えめであり，どちらかというと研究に興味を持っているようだと感じた。どの参加者にも，当惑したり，ショックを受けたり，ちょっとでも動転したり怒ったりしているような様子はなかったように見えたという。プロジェクトの終わる際に，議論の記録を読んだ実験者は仰天し，打ちのめされた——あの礼儀正しい学生たちが，お互いに何を言っていたのかを知って。(Niederhoffer and Pennebaker, 2001, p.14)

彼らの分析によれば，チャットセッションのほとんど5分の1（18.8％）が「あからさまな性的な誘いや，わいせつな言葉，図形を使った性的ないたずら談義で占められていた」(p.14)。通常，フレーミングは敵意ある発言とされているが，度が過ぎた性的おしゃべりも同様の関連行動だと見なしてよいかもしれない。

フレーミング合戦と議論の構造

フレーミングに関する実験室実験を行なううえでの1つの問題は，実験室実験はフレーミングを文脈から切り離してしまう傾向があることである。フレーミングは議論の進展していく過程で発生してくるものであり，単なる「即興」の結果として生まれるものではないように思われる。ほとんどの電子メールや掲示板，ユーズネット用のソフトでは，利用者が前の発言を引用できるようにする機能を持っている。たとえば，こういうものがよくある。

　　＞Aさんは書きました：
　　＞コーンウォールに行ったら，セント・アイビスは見ておくといいよ
　　ああ，そうだね。お前が典型的な観光客だとしたらね。
　　セント・アイビスは夏の間中，うるさい日帰り客どもで一杯さ。

きっとAのようなやつなんだろうね。

　マブリー (Mabry, 1997) は，3,000件のメッセージから，フレーミングと引用との関連を調べた。対面コミュニケーションでの引用は「再話（recounting）」と呼ばれ，「相手」の発言をもう一度言い直したりまとめたりすることである。これは，相手を論破したり反駁や反論をする目的，あるいは逆に賛意を示す目的で行なわれる。マブリーは，インターネット用のソフトが直接的な引用を可能にしていることが，CMC議論における再話を容易にしているという仮説を立てた。再話の速やかな利用が可能であるために，議論も促進されるのであろう。

　マブリーの分析した3,000件のメッセージのうち，125件（4.2％）が意見の相違，65件（2.2％）が緊張，46件（1.5％）が敵意，そして20件（0.7％）が明らかな敵対心を示していた。マブリーは，過去のメッセージの利用や引用とメッセージの情緒的なトーンとの間に，曲線的な関係を見いだした。つまり，中立的なメッセージや友好的なメッセージにおいては，フレーミングメッセージに比べて，引用が有意に少なかったのである。興味深いことに，メッセージの依存性や引用の利用度は，フレーミングが盛んになるにつれて一度頭打ちになるようである。そして，メッセージが完全に敵意あるものになると，引用は逆に少なくなる。おそらく，いったん議論が明らかな敵対心を示すようなレベルのものになってしまうと，相手が前に何を言ったのかなどは実際のところ問題ではなくなってくるのであろう。

　こうして，非同期的な議論では，引用やカット・アンド・ペーストを簡単に行なえるという道具のアフォーダンスが，議論の発展にたしかに一定の貢献をしているということがわかった。興味深いことに，インターネット上での再話は，口頭の議論に比べて，おそらくあまり努力を必要としない。口頭で再話を行なうためには，相手が何を言っていたのかを覚えておいて，それをもう一度言うためにかなりの努力が必要だからである。インターネットによる議論では，熟達した政治家が行なうような，相手の重箱の隅をつつくような攻撃をすることができる。利用者が再話をするために最小限の認知的エネルギーしか使わなくてよいために，相手の議論に対する反論に集中できるという特典が与えられるのである。

●意見の相違は，いつフレーミングに変わるのか？

　もちろん，すべての意見相違がフレーミングになるわけではない。トンプソンとフォールガー (Thompsen and Foulger, 1996) は，意見の相違がどの時点でフレーミングの水準に達するのかについて検証した。さらに彼らは，引用や顔文字はフレーミングの認知を和らげるのか，それとも促進するのかについても調べた。これら

の点を検証するために，彼らは「スキー博士」と「雪プロ」という2人のスキー愛好家の間で交わされたという設定の架空の議論を，インターネットでの呼びかけに応じて集まった164人の参加者に見せた。参加者は4つの集団に分けられた。グループ1には，以下に示すとおりのメッセージを見せた。グループ2には顔文字を取り除いたものを，グループ3には引用を取り除いたものを，そしてグループ4に対しては顔文字と引用の両方を取り除いたものを見せた。全集団が，それぞれのメッセージを，7件法の「フレーミング認知」尺度によって評定した。

メッセージ1
やあ，みんな。ちょっと教えてもらいたいんだけど。
スキーを習いに行きたいんだけど，どこで習えばいいかわからないんだ。
どこかにいいスキー学校か，お勧めの初心者パックツアーとかないかな？
―まったくの初心者より

メッセージ2
まったくの初心者さんはこう書きました：
＞どこかにいいスキー学校か，お勧めの初心者パックツアーとかないかな？
スキーを練習するならブライトンがいいと思うよ。
僕もそこで練習したんだけど，初心者にはとくにお勧めだと思うな。
―雪プロ

メッセージ3
まったくの初心者さんへのお返事……
＞スキーを習いに行きたいんだけど
アルタがお勧めだと思うよ
アルタの斜面スロープは本当にすごく長いし，コースもたくさんある。
僕はほとんど毎週末，滑りに行ってるよ。
―スキー博士

メッセージ4
スキー博士さんはこう書きました：
＞アルタの斜面スロープは本当にすごいし，コースもたくさんある。
そうかな。アルタは年季の入ったスキーヤーにはいいと思うけど
初心者が初めて滑るにはどうかと思うよ。
値段も手頃で，滑りやすい斜面スロープなのは，ブライトンみたいなところ

だって。
　—雪プロ

メッセージ5
　雪プロへのお返事……
　>値段も手頃で，滑りやすい斜面スロープなのは，ブライトンみたいなところだって。
　ってことだけど，そうは思えないな。
　ブライトンはたまにしか滑らない人にはいいけれども，
　本当にスポーツとしてスキーを練習したいなら向いてないって。
　国際クラスで評判のいいスキー場のアルタで練習するのがいいよ。
　—スキー博士

メッセージ6
　アルタの評判なんて，どの斜面も混んでるってことだけじゃないか。
　アルタでスキーを練習するのは，高速道路で運転の練習をするみたいなもんだよ！:-)
　スキーを始めたばかりなら，ブライトンが一番いいよ。
　雪質も申し分ないし，環境もいいから，自分にあったペースで滑れる。
　—雪プロ

メッセージ7
　どのみち最後には高速道路には行かなきゃいけないだろ？
　ブライトンで練習するのは，駐車場で滑る練習をするみたいなもんだよ！:-)
　アルタが一番だって。
　雪質もいいし，コースも優れているし，スキーに熱中してる連中がサポートしてくれる。
　—スキー博士

メッセージ8
　スキー博士さんはこうは断言しました：
　>ブライトンで練習するのは，駐車場で滑る練習をするみたいなもんだよ
　ちょっと待てよ。
　ブライトンはスキー練習にはいいところだし，上達した後にだっていいところさ。

他のスキー場ほど高くつかないし，少なくともアルタに行くスキー博士みたいな俗物的スキーヤーに出くわすことはないよね。
　　―雪プロ

メッセージ9
　雪プロの言葉を引用すると……
　＞アルタに行くスキー博士みたいな俗物的スキーヤー
　俗物だって？　冗談はよしてくれよ！
　本当のスキーヤーはスキーを真剣に考えているからアルタが好きなんだ。
　スキーは雪と斜面とリフトがあればいいってもんじゃないんだぞ。
　そりゃブライトンだってそういうものはあるだろうけど，ただあるってだけだろうよ。
　雪プロみたいなダサいスキーヤーだけが，ブライトンみたいなドツボスキー場がいいなんて思うんだよ:-)
　　―スキー博士

メッセージ10
　スキー博士にまともな議論をする能力がないってことは明らかになったね。
　スキー博士はスキーのことを全然わかってやしない。
　スキー博士よ，お前の博士号はコーンフレークの箱から切り抜いてきたのかい？
　　―雪プロ

メッセージ11
　雪プロがプロたるゆえんは，この掲示板のみんなをだまくらかしてる（snow）ってことにつきるね。
　雪プロは会話のレベルを徹底的に下げちゃったよ。
　雪プロよ，あんたはスキーについて何ひとつわかっちゃいないようだが，スキーなんかやめちまったらどうだい？:-)
　　―スキー博士

　トンプソンとフォールガーによると，不同意を表明したメッセージ（メッセージ4と5）はフレーミングとは評定されなかった（フレーミング評定の平均値はそれぞれ1.71と2.23）。しかし，場が緊迫してくる（メッセージ6と7）と「フレーミング」評定値は徐々に高くなった（平均値はそれぞれ3.6と4.12）。これらの

評定値は，尺度の中間値あたりなので，おそらく本当の「フレーミング」であるとは考えられてはいないだろう。ついに敵意が表明される（メッセージ8と9）と，評定者は明らかにそれがフレーミングであると認知するようになってくる（平均値は5.52と6.09）。最後のメッセージで冒瀆的な言葉が使われると，フレーミングの認知はより明白になった。研究者たちは，メッセージに敵意が現れる以前，緊張が見られた時点が，「フレーミング合戦」の前兆（「フレーミングへの『釣り』(flame bait)」と呼ばれる）と見てよいだろうと結論づけている。

顔文字（スマイリー）が議論中に含まれることは，メッセージがフレーミングとして認知されるかどうかに影響していた。緊張を示すメッセージに「笑顔」が出てくると，フレーミングの認知は尺度得点にして4分の3ほどに低下した。だが，メッセージが敵対的になり，個人攻撃を含むようになると，笑顔はフレーミングの認知をより明白（尺度得点にして0.38上昇）にするようになった。おそらく，ひとたび議論が敵対の水準に達すると，笑顔で攻撃を止めさせようとすることは，信頼できる親しみの表現としては認知されなくなり，フレーミングを鎮めるというよりは煽り立てる結果となるのであろう。

引用の影響については，かなり解釈が難しい。全体的には，引用はフレーミングの認知に有意な効果を及ぼさなかった。だが，個別に分析すると，引用は単に不同意を表明している時にはフレーミングの印象を和らげ，議論が敵対的になると，その印象を強めるという結果が見られた。これは，引用がフレーミング合戦を単純に強めるというよりは，もっと複雑な働きをしているということを示している。引用は，議論が敵意の応酬になった時にのみ，フレーミングの印象形成に関わってくるようだ。

外集団のステレオタイプ化とフレーミング

ソフトウェアがインターネット上でのフレーミングを可能にし，おそらく時には促進しているということを述べるだけでは，どうしてフレーミングが手のつけられないようなものになってしまうのかを説明できない。イギリスでよく知られた例として，ウェールズ民族党「プライド・カムリ」(Welsh Nationalist Party Plaid Cymru)[5]のギルム・アド・ヤーンが，ウェールズ系のさまざまなニュースグループへ投稿し，投稿禁止処分を科せられた件がある。ニュースサービスの『ザ・レジスター』(2001年8月9日付)は，その投稿として，次のようなものを紹介している。「ウェールズはイングランドのはみ出し者や不適応者たちの吹きだまりになっており，われわれの言語や文化は危機的水準にまで衰退している。なぜなら，あまりにも強く偏った異文化の影響力が，われわれの国に浸透しているからである」。『ザ・レジスター』はさらに，アド・ヤーンが「私の経験上，ウ

ェールズに住んでいる最大の多数派は，次の3通りだ。1つ目は労働年齢を過ぎた引退者……。2つ目は無職者，長期療養者，もしくは長期療養中のうえ無職である者……。3つ目はイングランドの都市部で社会的に落ちこぼれた者である」と述べたと伝えている。

　　　5 ▶ ウェールズ地方で勢力を持つ，民族主義的政党。

　ここで記述された「フレーミング」は明白であるように見える。だが，われわれはどのような「現実生活」の活動が，この「フレーミング」と比較できるのかについて，正確に考察しなければならない。もし，アド・ヤーンが印刷という形（たとえば新聞投稿）で彼の見解を発表したならば，それに対する反応（そして彼の失脚）は，似たようなものになるだろうと想像できる。だが，もしコメントが何らかの形で記録されていなければ（たとえば酒場での金曜の夜の談笑など），その反応はまったく違ったものになるだろうと想像できる。

　アド・ヤーンによって投稿されたコメントを理解するためには，彼が投稿を行なった文脈を理解することが重要である。第1に，彼は匿名で投稿したわけではないということに注目したい。第2に，彼の投稿は現在進行中の議論の一部であった。第3に，読者は内集団（すべての投稿はウェールズのニュースグループに投稿された）だったが，議論の対象は外集団（イングランド人）だった。

　アド・ヤーンのケースは，SIDEの戦略的次元 (Reicher et al., 1995) に直接関連していそうだという意味でも興味深い。ライヒャーらによれば，勢力を持った外集団を同定可能な場合，通常，人は制裁されるという脅威によって，内集団規範の表現を抑圧する。しかし，内集団成員に「共存在（co-presence）」がある場合には，制裁される可能性があるにもかかわらず，内集団アイデンティティの表現がサポートされるという証拠もある (Reicher and Levine, 1994)。通常，この「共存在」は「物理的に存在している」ことを意味している。だが，リー (Lea) とコーネリューセン (Corneliussen) による未公刊の研究 (Spears et al., 2001を参照) によると，外集団による罰の可能性がある状況下での内集団規範の表現に対して，CMCがソーシャル・サポートを提供しうるということが示されている。リーとコーネリューセンの研究は，①視覚的匿名性が，講義を欠席することのような，規範的には罰を受けることのない行動を高い水準で容認させる方向に働く（SIDEの認知的次元で予測されるとおりである），②CMCにおけるソーシャル・サポートは，非言語的な共存在（同じ部屋に座っているが無言である）と比べて，より罰せられるに値する態度（たとえば，他人の論文をコピーするなど）を容認させやすい方向に働くことを示唆している。つまり，CMCは社会的アイデンティティの顕現性を増大させるだけではなく，ソーシャル・サポートによって，それら社会的アイデン

ティティの表現を促進するのである。

アド・ヤーンの場合，内集団成員の共存在は，ウェールズのニュースグループに属していたことだと解釈する必要がある。しかし，このように仮定したとしても，インターネットは外集団に対する否定的なステレオタイプに基づく発言を促進しているように思われる。それは，関連する社会的アイデンティティの活性化と，内集団で一致した態度が示されることに対する集団のサポートが得られることの両方を原因としているように考えられる。アド・ヤーンの例が示すように，集団はメンバーに内集団に対する規範的な態度であると思われるものを表現する力を与えてくれる。だが，その力は，いかなる罰をも避けられるということを保証するものではない。とくに，発言が保存され，検索可能なニュースグループへの投稿のような場合には。

どのようにフレーミングは広まるのか？

スピアーズとリー (Spears and Lea, 1992) は，初期のCMCを用いた集団意思決定に関する研究におけるフレーミングの水準はあまりにも低く，統計的に分析できなかったと述べている。リーら (1992) はまた，フレーミングの発生は相対的に見ると稀であると述べている。彼らは，フレーミングは他の多くの否定的な事象と同様に，CMCで親切にされた経験よりも頻繁に想起される傾向があり，それが「普遍的であるという錯誤」(p.108) をもたらしていると結論づけている。ワルサーら (Walther et al., 1994) は，フレーミングがCMC上のいたるところで起こっている現象であると思わせているのは「誤った分析と実例報告」のせいであると述べている (p.463)。しかしながら，たとえばニーダーホッファーとペネベッカー (Niederhoffer and Pennebaker, 2001) によるものなど，フレーミングが発生しているという報告は引き続き見られる。このことは，フレーミングは稀にしか見られない現象かもしれないが，なお研究に値するということを意味している。

フレーミングの解釈

CMC上でフレーミングが稀にしか起こらないからといって，フレーミングが起こる原因を説明する必要がないというわけではない。オンライン・コミュニケーションにおける心理的影響の観点からフレーミングを解釈する多くのアプローチが試みられてきた。

●手がかり濾過アプローチによる解釈

フレーミングが社会的手がかりの減少の結果として発生するという解釈は，前章で概括した理論的根拠に基づくものである。もっともこれには，文章が高速に

伝達されることや,「ハッカー」的なサブカルチャーが存在するなどの, CMC が持つ他の特性も盛り込まれている。キースラーら (1984) は, 社会的行動に影響を与える鍵となる CMC の 6 つの社会心理学的特徴を次のようにまとめた。

1. **時間と情報処理のプレッシャー**　即座にメッセージを送ったり返事をする能力
2. **規制フィードバックの欠如**　CMC は非言語的手がかりが欠如しているために, やりとりの規制や修正, 統制が非効率的になる
3. **修辞技法の弱さ**　CMC 利用者は, メッセージを強調するために通常使われるような技法を使うことができない
4. **地位を示すための手がかりの少なさ**　「いったんオンラインにアクセスすると, その人の身分や勢力, 社会的地位は, 文脈からも, やりとりの中からも伝達されない」(Kiesler et al., 1984, p.1125)
5. **社会的匿名性**　CMC ではコミュニケーションにおける「他者」がしばしば忘れられてしまうので, 没個性的になるかもしれない
6. **コンピュータの規範と未熟なエチケット**　コンピュータ・サブカルチャーが存在しないところでは, CMC 利用のためのエチケットがあまり発達していない

キースラーらは, CMC の持つとくに興味深い 2 つの特徴を確認している。1 つ目は社会的文脈情報の欠如で, 2 つ目は広く共有された規範がほとんど存在していないことである。キースラーらによると, 文脈的な手がかりの減少と規範の欠如が結びつくことによって (コミュニケーションによる規制低下を通じて), 直接的にも, また (没個性的な状況を作り出すことを通じて) 間接的にもフレーミングが引き起こされるということになる。

●社会的アイデンティティによるフレーミングの解釈

RSC 研究者たちによるフレーミングの解釈とは対照的に, リーら (Lea et al., 1992) は, フレーミングは規範的であり, かつ文脈依存的でもあると論じている。リーらは, フレーミングが社会的手がかりの減少を原因とするのなら, その効果はすべてのオンライン集団で均等に感じられるはずだと述べている。しかし, フレーミングはニュースグループ内で均等に分布しているわけではない。むしろフレーミングは稀な事象であり, 特定の集団に限定して発生する傾向にあると述べている。リーらは, おそらくこれら特定の集団 (「フレーム」という言葉がタイトルに含まれているグループすらあった) では, フレーミングは実際には規範となっ

ていて，反規範的な行動や脱抑制的行動の証拠とはいえないと考えた。
　これらの事例が意味するところは，あるバーチャル集団におけるフレーミングは，すでに確立されていたり確立されつつある規範であり（それゆえフレーミングの許容などに関するさまざまなFAQがある），これらの集団におけるフレーミングの発生は規範的なものとみなしてよい場合もあるということである。また，フレーミングが規範ではない集団でフレーミングが発生した場合でも，集団内で競合的な規範を確立しようとする試みである場合もあるかもしれないという。
　しかしながら，リーら (1992) によって概括されたフレーミングの社会的アイデンティティ・モデルには，いくぶん不誠実なところがある。リーらによると，SIDEは「脱抑制的な行動は，脱抑制的な行動をその規範の中に含むような社会的集団が顕著な場合に，より起こりやすくなると予想する」と述べている (p.107)。この議論は循環的である。フレーミングがよく発生するということは，集団にとってフレーミングが規範的であるということである。普段はほとんど起こらないフレーミングが，ある集団内で発生することは，おそらくはそこに規範が突然現れたり，競合的な規範が生じたことを意味している。最後に，フレーミングがまったく，あるいはほとんど起こらない集団では，フレーミングはその集団の規範ではないのだということになる。つまり，SIDEをフレーミングに適用すると，単に記述的な理論になってしまう。ある行動が規範に忠実であることから生じると断言することはできないのだ。なぜならその規範は，元来観察された行動があって初めて存在しているとされたものなのだから。
　脱抑制的なCMCを規範的なものだとみなすSIDEの見解は，社会的アイデンティティの役割を強調しすぎていると言うこともできるだろう。たとえば実験の参加者は，対面のインタビューに比べて，とくにコンピュータを用いて手紙を書いたり質問紙に回答したりする際により抑制的でなくなるということが知られている (Weisband and Kiesler, 1996)。これらの効果についてはいくつもの説明が可能である（たとえば匿名性，何かを書く際の自己注目の増大，実験者を喜ばせようという欲求など）。だが，インタビューよりも紙に書かれた心理尺度に回答するときのほうがより脱抑制的でない行動を取りやすいのは，脱抑制的行動に結びついた社会的アイデンティティが活性化したからである，と主張できる可能性は低いだろう。

●自己意識によるフレーミングの解釈
　二重自己意識（dual-awareness；DSA）によるフレーミングの解釈は，CMCが私的自己意識と公的自己意識に異なる影響を及ぼすという考えに基づいている。公的自己意識の減少は，評価懸念を低下させる。一方，私的自己意識の高揚は，

人の自身の態度や感覚，基準に対する注目度を高める。

　したがって，DSAアプローチでは，CMCは人々に，自分の態度や目標，感覚に対する注目を増大させ，それに付随して他者からどのように評価されているかということに対する懸念を減少させる可能性が高いと予測する。ゆえに，脱抑制的なコミュニケーションでは，個人が感じたことそのままを，評価懸念という歯止めなしに述べていると見なされるだろう。この解釈は「フレーミング合戦」がどのように進展するかについても同様に示唆している。私的自己意識が増大することは，さまざまなできごとは自分に向けられたものであると考える可能性も増大させる。2人の人物の間でのフレーミング合戦の原因の1つには，お互いが侮辱を直接自分に向けられたものと認知するところに原因があるように思われる。

　しかしながら，フレーミングに対するDSAアプローチは，私的自己意識研究で通常得られる結果とは対立している。カーヴァーとシャイアー (Carver and Scheier, 1981) は，「私的自己意識は自己規制プロセスを生じさせる引き金であり，人は自分の行動を特定の基準と比較し，できるだけそれに合わせようとする」と述べている。ある人々にとっては「知識をひけらかすように振る舞う」ことや「部外者と議論する」ことが行動の理想的な基準となっている可能性もあるが，多くの人々にとってはそうではないだろう。だが，DSAモデルとSIDEの間の密接な関係を考えれば，私的自己意識は集団内の相互作用の中ですでに確立されているか，あるいは確立されつつある規範に沿うような行動を導き出すと考えるべきだろう。

　オンラインでのフレーミングに関するより適切な説明は，次のようになる。フレーミングの発生は，利用者自身の目標や動機づけ・欲求，自動的な引用などの組み込まれた相互作用の要素，そしてインターネットのより普遍的な側面とそれらが自己意識や説明責任に与える影響の組み合わせに由来する。重要なのは，これらの要因は，相互作用プロセスを通じてのみ，フレーミングを引き起こすということである。つまり，利用者がコンピュータの前に座り，脱抑制的で否定的なコミュニケーションを導き出すいくつかの変数が整っていたとしても，それらの要因が「（フレーミングの）声」を見つけるのは相互作用を通じてのみである。

◉個人と状況の交互作用とフレーミング

　フレーミングに関する解釈のほとんどは，メディアの特性がフレーミングを生じさせるという視点から語られている。だが，スモレンスキーら (1990) は，お互いに知り合い同士で面識のある集団の中では，面識のない集団に比べて，脱抑制的なコミュニケーションが優勢になるということを見いだした。またスモレンスキーらは，外向性と脱抑制的な発言の量は相関していることも見いだしている。

同様に，エイケンとウォーラー (2000) は，2つの別の異なる議論にまたがって，同じ人たちがフレーミングに関わっていることを見いだした。シェリー・タークル (Sherry Turkle) は，MUDs の利用者の言葉を次のように紹介している。

　MUDs で戦っているときは，いつも幸せな気持ちになった。試験の前にもやったことがある。MUDs に行って，戦って，人を怒鳴りつけて，物をぶっ壊して，試験を受けて，それから飲みに出かけたんだ。(Turkle, 1995, p.189)

　つまり，メディアがフレーミングを可能にしたり増大させるかもしれないという観点はあるにせよ，フレーミングのすべてを説明するためには，フレーミングを可能にする技術と同様に，フレーミングをする人の特徴を考慮することが必要なのである。

❸ インターネット上の人間関係：すぐに親密になりすぎる？

　恋愛関係を築くためにインターネットを利用することはホットな話題である。この話題に関する最近のハウツー物の本には，「サイバーセックスの楽しみ」(Levine, 1998) というようなタイトルのものまで含まれている。オンラインでの関係形成とサイバーセックスに関する記事の多くは，基本的にバラ色の世界を描いているが，サイバーな関係の持つマイナス面も同様に説得力を持っていよう。たとえば，サイバーな関係における明らかなウソの事例が多数報告されている。評論家たちによると，サイバー恋愛の普及が，アメリカにおける離婚率を上昇させるおそれがあるという。

■■ オンラインの人間関係におけるウソ

　27歳のイギリス人であるトレバー・タスカーは，インターネット上で，アメリカ人ウイネマ・シューメイトと知り合った。彼は，魅力的に思えたその若い女性に魅入られてしまった。彼はイギリスでの仕事を辞め，3,000マイル離れた彼女のもとへと飛んで行った。空港で出会った時，彼は「年金生活者」から挨拶されて驚いた。彼女は30年前の写真を彼に送っていたのであった。タスカーは，きびすを返して家に帰るのではなく，週末をシューメイトの家で過ごすことを選んだ。彼は，彼女の前の雇い主が冷凍庫の中で冷凍食品に埋もれた死体となっているのを発見してしまい，すぐに地元警察に通報して，そこから立ち去った。

タスカーの例はインターネット上のウソの極端な例だが，サイバーな関係が発展する過程で，ウソに遭う危険性をよく言い表している。もちろん，このようなウソに遭う可能性は，オンラインと同様に現実生活にも存在する。たとえば，メッツ (Metts, 1989) の研究によると，92%の人が，恋人に対して少なくとも一度はウソをついた経験があると答えている。しかし，インターネットはさらに多くの虚言の機会を提供している。とくに，相手へのコミットメントが低く，自己呈示と自己高揚が最優先事項となる関係の初期段階でその傾向が強い (Tice et al., 1995)。インターネット上でのコミットメントと虚言に関する実証的研究のひとつとして，コーンウェルとランドグレンによるもの (Cornwell and Lundgren, 2001) がある。彼らは，チャットルームの利用者80名に対して調査を行なった。その半分は「現実空間」での関係についてであり，残りの半分はサイバースペースでの関係に関するものであった。その結果，「現実空間」での関係はサイバーな関係よりも真剣に考えられており，コミットメントの程度もより強く感じられていた。だが，恋愛関係に関して見ると，満足感も「情緒的発展」の可能性も，両方の集団で似たような水準だった。続いて，コーンウェルとランドグレンは，いくつかの分野に関して，相手に対してウソをついたことがあるかどうかを質問した。その分野とは，関心（例：趣味や音楽の好み），年齢，経歴，容貌，および「その他なんでも自分についてのウソ」である (p.203)。参加者はそれぞれの質問に対して「はい」か「いいえ」で回答し，それらの得点を合計したものを虚言尺度得点とした。虚言に関する質問の結果は，表3-4に示すとおりである。

ウソの水準は，サイバースペースにおける関係でも，現実空間における関係でも，非常に低かった。有意差があったのは，年齢と身体的特徴に関する虚言だけであった。これは，他の何よりも，（嘘をつける）自由度を反映していると思われる（相手が向かい側に座っている場合に，外見についてごまかすことは難しいだろう）。全体的なウソの水準に，インターネット上の関係と「現実空間」における関係による差は見られなかった。

表3-4 サイバースペースと現実空間の関係におけるウソ

何に関するウソか	サイバースペース上の関係	現実空間での関係
趣味	15%	20%
年齢	23%	5%
経歴	18%	10%
身体的特徴	28%	13%
その他	15%	5%

出典：コーンウェルとランドグレン（2001, p.207）

インターネット上で恋愛関係を発展させる際にウソをつくことは比較的稀であり，よしんばそれが起こるとしても，年齢や身体的特徴についてのものである傾向がある。このことは，関係を形成するにあたって最初からインターネットを利用する理由の1つであろう。さらに言えば，これらのケースでの虚言は明白なウソと言うよりは，話者に都合のいいように作り上げられた（creative）自己呈示であると考えるのがよいかもしれない。

　たとえば，あなたのオンライン上の恋人が「写真が欲しい」と言ってきたとしよう。もし明らかにウソをつくつもりであれば，誰か他人の写真を送るだろうが，普通はどんな写真を送ろうかとしばし考えることだろう。もし数年前の写真や，よりハンサムにまたあるいは可愛らしく写っている写真を選んだとするならば，それはウソに当たるだろうか？　おそらくそれは，最初のデートにお気に入りの服を着ていくことに似ているだろう。このような考え方を支持するものとして，オンライン上で関係を築いていけるのは，最高の形で「真の」自己を呈示することができる人であるという知見 (McKenna et al., 2002) がある。マッケナら (McKenna et al.) は，20のユーズネットのニュースグループにおいて，投稿者らの対人不安や孤独感を，また同時に，彼らが「現実生活」よりもオンラインでのほうが彼らの「現実」自己をさらけ出すことができると思っているかどうかを調査した（研究1）。結果は，たとえば，対人不安などによって，現実生活で現実自己をさらけ出すことに潜在的な問題を持っている人たちは，対面状況よりもオンライン上で，より現実自己を表現することができると考えていることがわかった。そして通常，現実生活では抑圧されている「本当の私」の持つ諸側面をインターネット上で表現することができればできるほど，オンラインで会った人々に強い愛着を示す傾向があり，電話をかけたり実際に会う段階にまで発展することがあるということを見いだした。研究1の2年後に行なわれた研究2で，マッケナらは，研究1の参加者に再び調査を依頼した。2年前の恋愛関係のうち71％がいまだに継続しており，それは「現実生活」における関係に関する多くの研究結果に匹敵する割合であった。

　すなわち，親密な関係におけるウソは，それがあったかなかったかという問題ではないのである。インターネット恋愛は，ウソや「作り上げられた」自己呈示ばかりではなく，より信頼できる，そしてより真に近い自己，すなわち対面相互作用において通常は表現することが抑制されている自己を表出することができる場面を提供してくれるのだ。

◼️⬢ オンライン上の関係の理想化

　このようなコミュニケーション・プロセスが，恋人に対する理想化につながる

可能性もある。たとえば，スタッフォードとレスケ (Stafford and Reske, 1990) は，71組の大学生のカップルを対象とした研究を行なった。34組は地理的に近いところにおり，37組は遠距離恋愛だった。これらの遠距離恋愛のカップルは，平均すると422マイル離れたところに住んでいた。遠距離恋愛のカップルは，近くに住んでいるカップルに比べて，関係満足度やコミュニケーションの質，愛情度，相手に対する理想化などの尺度について高得点を示すことが判明した。カップルの相互作用のうち対面の比率は，これらの尺度（愛情度を除く）と負の相関関係にあり，同様に手紙による相互作用の比率は，愛情度を含めたすべての尺度と正の相関を持っていた。研究対象となったカップルたちについて，最初の研究から6か月後と1年後に追跡調査が行なわれた。6か月後には，34組の地理的に近いカップルのうち関係が続いているのは24組だったが，連絡の取れた25組の遠距離恋愛カップルは，すべて関係が続いていた。1年後，16組の近距離カップルのうちいまだに関係が続いているのは12組だったが，連絡の取れた遠距離恋愛カップル25組のうち23組がまだ関係を続けていた。このことから，遠距離恋愛のカップルは関係に対する満足度が高く，より愛情度が高く，関係に関する将来像もより肯定的であると考えられる。また，これは有意ではなかったが，追跡調査で「まだ続いている」カップルは「もう終わった」カップルに比べて，関係の初期に，より多くの手紙や電話による相互作用を持っており，対面で相互作用することは少なかったようだ。

　インターネット上での人々の間の親密感を高める2つ目のプロセスは自己開示である。関係を初期段階から，信頼感と個人的事情や脆弱さの共有に基づく次の段階に発展させるために用いられる (Archer, 1980; Laurenceau et al., 1998)。もしインターネットが自己開示を促進するのであれば (Joinson, 2001aと本書の第5章を参照)，2人の間の信頼感は，本来築かれたであろうそれよりも高いものとなる可能性がある。

　重要な問題は，インターネット上での理想化や恋愛的な愛着関係における親密感の高まりといったものが，否定的に働くのか肯定的に働くのかということである。スタッフォードとレスケ (1990) の研究は，制限されたコミュニケーションは，人間関係に高水準の満足感を与えるということを示している。だが，カップルが一緒になるために地理的に近づいた場合に，これがどのように変化するのかということについてはよくわかっていない。スタッフォードとレスケの研究において，地理的に近い関係の多くが失敗に終わった理由は，カップルの相性が悪かったからだとされていた。求婚にいたる恋愛とは長期間付き合えるパートナーを選択する過程であり，結婚する前にデートした時間が長いカップルほど結婚に成功する可能性が高い (Lewis and Spanier, 1979) と言われている。これは，この選択の過程の

厳しさを示しているとも考えられる。もし，インターネット上での関係が相手に対する理想化を含むのであれば，お互いに対する理想化された思いを抱き続けながら交際しているカップルは，いったん（制限されたコミュニケーション・チャネルを通じた）理想化が消えてなくなってしまうと，ガタガタになってしまうと考えられる。次に紹介する話は，インターネットを通じた理想化の潜在的影響力と，実際にカップルが対面で会った場合に起こりうる幻滅についての一例を示している。

ケース・スタディ：オンラインでのウソ

98年6月 このサイトを神様が9か月前に教えてくださっていればよかったのに！ 私は自分のお気に入りの音楽グループに関するチャットルームでチャットを始めました。私は「常連」になり，そこである男性と出会いました。私は別に誰かと親しくなる目的でチャットしていたわけではなかったのですが，私たちは実に気が合ったのです。長いいきさつは省略して手短かに言うと，結局，私は貯金をはたいて，彼に会いにオーストラリアまで飛行機で向かいました（私はそのころ，アメリカ東部に住んでいたんです）。

彼が貧乏で自分の物さえ買えないというので，私はいろいろと小包を送りました。でも，私が信じていたことのすべてはまったくのでたらめだということがわかりました。彼は写真より少なくとも10歳は老けていて，怖ろしいまでに太っており，性格はオンラインで見せたものとは正反対でした。彼は粗野で，自己中心的で，思いやりがなく，ガラガラヘビのようなやつでした。私は彼が以前に2回のオンライン恋愛を経験していることを知っていましたが，私は自分の直感に耳を傾けなかったのです。私は彼に夢中になっていたので，今でもすべてに傷ついています。オーストラリアに着いてから，私は彼が親友の妻と不倫していることを知りました！ 不倫やオンライン上での関係だけが，彼が築ける唯一の関係なのだと知りました。彼はあまりにも自己中心的だったので，「現実」のことには何ひとつ，時間もお金もかけないのです。そんな具合に，自分の気分のおもむくままにふるまうやり口には，誰もどうしていいかわからないでしょう。私は最近，彼がまた別の犠牲者を追い詰めていることを知りました。（http://www.saferdating.com/lies.htm より）

この例では，オンラインの相互作用と理想化を通じて盛り上がった熱烈な愛情と，「作り上げた」自己呈示という2つの特徴を示しており，そしてこれら2つの両方にかかわるさまざまな問題が存在することの証拠であるともいえる。インターネット恋愛の多くが幸せな結末にいたるとしても，「作り上げた」自己呈示

と理想化が持つ危険性は，多くの人にとって，オンラインの関係からオフラインの関係への移行がうまくいかない可能性を示している。バージら (Bargh et al., 2002, 研究3) は，CMCプログラムを用いたチャットを40分間行なうことによって，学生ペア内でどのような理想化が起こるかについて研究した。相互作用の前に，参加者は理想的な友人と理想的な恋人に求める特性を測定する尺度に回答した。参加者は，対面状況でおしゃべりをする群と，インターネット上のチャットシステムを使う群に分けられた。試行後，彼らに相互作用の相手に対してどれぐらいの好意を持ったかを評定させ，相手をよくあらわす属性を10個記述させた。この研究の結果，第1に，インターネットで話し合った人たちは，対面で話し合った人たちよりもお互いを好意的に評価するということがわかった。第2に，参加者が相互作用のパートナーに好意を抱いた場合，理想的な親友の属性をパートナーに投影するのは対面条件ではなくインターネット条件の場合であることがわかった。バージらは，インターネット上での相手の理想化について，次のように結論づけている。

　　インターネット上でのパートナーの理想化は諸刃の剣である。さしあたって友人や恋愛相手を探していない人たちにとってさえ，インターネット・コミュニケーションの持つこれらの特徴は魅惑的である。このことを悟る前に，人はとくに望んでいなかった友人関係や親密な関係を築くことになるかもしれない。そしてそれは，既存の社会的なつながりや家庭生活を混乱させ，問題を引き起こすかもしれない。(Bargh et al., 2002, pp.18-19)

●オンライン不倫

　セイファーデイティング (http://www.saferdating.com/) というウェブサイトには，インターネット恋愛にハマったパートナーに見捨てられてしまった夫や妻たちの実に気の毒な物語がたくさん掲載されている。次に示すケース・スタディは，その典型的なものである。

> **ケース・スタディ：オンライン不倫**
>
> 　1999年11月，私は夫の変化に気づきました。彼は私に対して意地悪い態度を取るようになり，口論が絶えなくなりました。私は，何かがおかしいと思いました。私は彼に，他に女ができたのでしょうと聞いたのですが，彼は違うと言いました。私は彼に，何かがおかしいと言いました。ある日，私は彼が手紙を開けながら郵便局から出てくるのを見ました。郵便は家まで配達されるというのに。私は数日経ってから彼に「郵便局に私書箱を持っているのでしょう」と

問いただしました。彼は，私が車の中から，彼が手紙を開けながら郵便局から出てくるのを見たということを告げるまで，そのことを繰り返し否定しました。彼はプライバシーを守りたいのだと言いましたが，どうして結婚して23年もたってから，突然そんなことを始めたのでしょうか。彼の態度は私を激高させました。私は彼に，過去2か月間の電話料金の請求書はどこにあるのか問い詰めると，彼は今まで1度も電話料金のことなんて言ったことがなかったのに，どうして今聞くのかと言いました。私は，電話会社から通話明細を送ってもらいました。彼はニュージーランドへ電話していたのです。電話料金はすごい額になっていました。彼は，その電話をしたのはひどい間違いだったと言って謝りました。彼はそれで問題は解決したと思っていました。とんでもない！　ますます疑念は募るばかりでした。彼は私に，教師をしている既婚女性と話していて，彼女とはただの友人だと言いました。ただの友人に，そんなに長いこと電話したり，コソコソと行動したり，私書箱を開設したりすることが必要でしょうか。さらに事態を最悪なものにしたのは，彼がウソをついていることがわかったということです。私の心はずたずたに傷つき，胸は張り裂けそうでした。もし私が彼にすべてを話してほしいと乞うたとしても，彼は何も言わなかったでしょう。良かれ悪しかれ何かを知ったとしても，私はほとんど24年間になろうかという結婚生活を捨て去ることはなかったというのに。ついに私は彼のコンピュータからハードディスクを抜き取り，自分のコンピュータに接続しました。なんということでしょう！　ついに見てしまいました。夫とその女性は，互いにどれほど愛し合っているかを伝え合っていたのでした。彼女は夫に，電子メールで性的幻想を書き送ってきていましたが，それは誰が見ても彼女自身の想像によるものではなく，何かの本かインターネットから拾ってきたものだとわかるものでした。彼らはお互いに贈り物をやりとりしており，彼女がわが家に電話してきて，夫がその電話代を彼女に送っていることもわかりました。彼らは延々と続く会話の中で，私のことも話の種にしていたのです。私は夫の職場に電話をかけ，私がやったことを告げました。彼は家に帰ると，私には彼のハードディスクをのぞき見する権利はないと言ったので，私は彼が私を傷つける権利も，何もなかったかのように振る舞う権利もないと言い返しました。私はあまりにも動転して傷ついていたので，銃で自分の頭を吹き飛ばしてしまおうと考えました。それしかこの痛みを止めるすべはないと思ったのです。夫は私に，彼女は彼が今まで話したことのある中で最も知的な女性だとも言いました。彼はさらに侮辱するように，自分たちはただの友人関係だと言いました。ひどすぎます。彼の友人なら，私の#＠$％だと言ってやりました。夫は，彼女と話すのが好きなんだと言い，私を愛しており，私とは離婚しないと言いま

した。私は夫に，私の前で彼女と話をして，彼女のことを愛してないと言ってほしいと頼みました。でも彼はそうしようとはしてくれませんでした。彼は，誰がなんと言おうとそんなことはしないと言いました。私が頼んでいるというのに。それはさらに私を傷つけました。私はもう夫を信じることができません。私はどうしたらいいのでしょうか？　私はひどく傷ついて，今の私の生活は地獄同然です。どうして彼は，自分が何をしでかしたのかわかってくれないのでしょうか？　私は，このことについて夫にはそれ以上のことは言っていませんし，ただ彼には万事がうまくいったと思いこませているだけです。まだこの件は終わっていないのです。(http://www.saferdating.com/adultery.htm より)

アメリカ婚姻法律学会の会長によると，オンライン不倫によって離婚件数はますます増えてきているという (Quittner, 1997)。ヤングら (Young et al., 1999) は，次のように述べている。

　900番台の電話[6]などかけたこともなかった人妻が，オンラインで知り合った男性と，性的なチャットやテレフォン・セックスを楽しんでいる姿というのは想像しにくい。同様に，結婚してから15年とか20年，あるいは25年も経ったような安定した結婚生活が，3〜4か月のサイバー不倫の末に終わってしまうというのも考えにくい。だが，これは今日多くのカップルが悩まされている典型的なシナリオなのだ。

　　　6 ▶ アメリカにおける有料電話コンテンツサービスの番号。局番が9から始まる。日本におけるダイヤルQ2サービスに等しい。

ヤングらは，ACE（匿名性，利便性，逃避性）モデル（本章の冒頭にあるインターネット依存症の節を参照）を，インターネット上の不倫を解釈するのに適用している。彼らはまた，インターネット情事を示すいくつかの警告サインについて以下のように述べている。

- 睡眠パターンの変化　例：チャットルームを夜遅くまで利用している
- プライバシーを要求する　例：インターネット利用の秘密保持やプライバシーに対する懸念が増す
- ウソの証拠　例：電話やクレジットカードの請求書を隠す
- 人格変容　例：冷たく無口になる
- セックスに興味を示さなくなる　例：インターネット不倫は性的欲求を相互のマスターベーションによって充足させるために，夫婦生活への関心が薄れ

てしまう
- 関係への配慮の減少　例：インターネット不倫をしている人たちは，夫婦として充実した時間を一緒に過ごすことに興味を失ってしまう

　恋愛をする場合を考えてみると，インターネットは独身に見せかけることができるし，比較的匿名性が高いし，そして安全で便利である。こういったことを考え合わせると，オンライン不倫は，先に記したような「作り上げた」自己呈示や理想化の影響を受けている可能性があろう。こういった相互作用のパターンは，インターネットの自己充足的サイクル (Walther, 1996) に含まれるかもしれない。われわれは，自分に好意を持つ人に好意を持つ傾向にあるため，相互作用が進むにつれて，理想化が高水準の親密性をもたらすことがある。オンライン不倫をしている者たちにとって，「作り上げた」自己呈示と理想化は，以前の幸せな結婚生活を壊しかねない，強力な組み合わせとなってしまうのである。

第4章

抑うつ，ウソ，ポルノ：オンライン生活の暗黒面

　インターネットは，元来はコンピュータ同士をつなぐネットワークとして考え出されたが，初期の利用者たちが電子メールを使い始め，バーチャル・コミュニティを発展させるのに，それほど長い時間はかからなかった。
　ストーン (Stone, 1991) は，バーチャル・コミュニティは「人々が対面で出会う社会的空間であることに疑いの余地はない。しかし，そこでの『会う』という言葉と『対面』という言葉の意味は，新しい定義によるものである」(p.85) と述べている。初期の研究者による疑問は，コミュニティが「現実」のものなのか「疑似コミュニティ」なのかということであった。疑似コミュニティだとすると，高度な対人相互作用があるように見えても，そこにあるパターンは本質的に非人格的なものとなる (Beniger, 1987)。疑似コミュニティの特徴は，誠意や誠実さの欠如である (Jones, 1995)。次にあげるラインゴールド (Rheingold) の疑問も，当然のものだろう。

> 　遠隔コミュニケーションの文化は，スコット・ペックが「疑似コミュニティ」と呼んだもの以上のものになりうるだろうか？　疑似コミュニティでは，誠実なコミュニティを維持するために必要な，他人に対する誠実な個人的関与が見られない。……コミュニティを得たいという人の希求が，人を次世代の技術によって作られる商品にしてしまうのだろうか？　(Rheingold, 1993, pp.60-61)

　ヘイソーンワイトら (Haythornwaite et al., 1998) によると，バーチャル・コミュニティが存在することは，実際にそれを経験している人たちからは，通常疑問視されることはない。ジョーンズ (1995) は，伝統的なコミュニティは，次の3つのタイプに分けられると報告している。

- 共同連帯制度としてのコミュニティ

- 一次的相互作用の場としてのコミュニティ
- 制度的に識別可能な集団としてのコミュニティ

　ジョーンズは，バーチャル・コミュニティはこれら3つのカテゴリーにはきちんと当てはまらないと述べている。しかし，どれか1つに当てはめるとすれば，3つ目の「制度的に識別可能な集団」に分類できるのではないかとしている。バーチャル・コミュニティを興味や関心を共有する集団（Licklider and Taylor, 1968参照）だと考えれば，その特徴が最も明白になるという議論は，それなりに妥当である。だが，このような興味や関心を共有する集団では，話題の範囲が限定されてしまうので，通常は比較的「弱い」ものとなる。すなわち，この場合，オンライン・コミュニティは「実在」するかもしれないが，それは「現実生活」のコミュニティやネットワークと比べると，弱い種類のものになるということである。

　バーチャル・コミュニティの正確な本質を知ろうとする議論には，オンライン・コミュニティの一員であることが，現実のコミュニティの一員であることによってもたらされるようなサポートや利益をもたらしているのかどうかということに対する疑念の名残がある。実際，インターネットの利用に起因する心の健康や社会的孤立の問題について，そのコストを数量化することができる可能性を示唆するような研究さえあるほどである。

1 インターネット利用と心理的な健康状態

　1998年，ロバート・クラウト（Robert Kraut）とサラ・キースラー（Sara Kiesler）を代表とする研究グループは，カーネギー・メロン大学でのホームネット・プロジェクトから得られた予備的な研究結果を発表した（Kraut, et al., 1998）。ホームネット・プロジェクト[1]は，ピッツバーグとペンシルバニアに住む93世帯の256人に対して，インターネットに接続したコンピュータを提供して行なわれたものである（その後離脱者があったため，最終的なサンプル数は73世帯の169人となった）。キースラーらは，インターネット利用と精神的健康について2年間の追跡調査を行なった。その結果，「インターネットをより多く使うことは，社会的関与について，小さいが統計的に有意な減少を示した……さらに孤独感の増加とも関連があり……インターネットをより多く使うことは，抑うつの増加とも関連していた」(p.1028) ことがわかった。

1 ▶ このプロジェクトの最初の研究結果が公表された結果，通称「インターネット・パラドックス研究」と呼ばれるようになった。

　この知見は，メディアによる大量の報道を生んだ（たとえば「サイバースペースで発見された，寂しく孤独な世界」という記事は，ニューヨーク・タイムズ紙の一面記事になった (Harmon, 1998)）だけではなかった。さらに，この結果はインターネット研究に関わっている心理学者による，多くの精査と批判にさらされた。主に社会的な目的のために使われているメディアが，社会性の欠如を生み出すというのは矛盾したことのように思われたのだ。インターネットは（たとえばテレビを見るとか本を読むとかといったような，本質的に1人で行なう娯楽のように）余暇の時間を「個人化」する傾向のある新たな技術であるなら，人々の社会的活動や社会への関与の時間は短くなってしまう，という可能性が考えられる。しかしながら，クラウトらはこの議論を，「インターネットの大部分の利用は社会的なものである」として退けている (Kraut et al., 1998, p.1029)。

　続いて，クラウトと共同研究者たちは，インターネット上で作られた人々の結びつきは比較的弱く，現実生活での結びつきは強いものであることを示唆している。強い紐帯は「頻繁な接触，愛情と義務の強い感覚……人々の生活のストレスを和らげ，社会的，心理的によい結果を生み出す」特徴を持つとされている (Kraut et al., 1998, p.1019)。一方，弱いネットワーク紐帯は，「表面的で簡単に壊れてしまう結びつきで，あまり接触を伴わず，関心が限られている」(p.1019) とされている。つまり，彼らの研究対象となったサンプルが，インターネット利用の主要な目的として対人コミュニケーションを考えていたとしても，コミュニケーションを行なっていた人々の紐帯は弱く，対面状況などにおける強い紐帯によって得られる心理的なサポートは受けられなかったということになる。たとえば，ホームネットの研究者たちは，彼らのサンプルのほとんどがオンライン上で新しい友人を見つけることができなかった（ただし，参加者たちは，対面で会ったことのある人だけを友人と見なしていたようにも思えることは考慮すべきである）と述べている。彼らはまた，オンライン上の友人は物理的に手の届く範囲にいるわけではないので，目に見えるサポートを受けられるわけでも，会話の「文脈」を理解できるわけでもなく，「議論を難しくさせている」とも述べている (p.1030)。彼らは先ほどの研究のサンプルを利用して2つのケース・スタディを行ない，インターネットはデリケートな話題や情緒的な話題には不向きであり，参加者はそのような話題をする際は電話利用に「戻って」いたことを紹介している。最初のケース・スタディでは，参加者の1人である母親が，大学に通っている娘との接触に電子メールを好んで利用していたが，娘がホームシックになったり落ち込ん

だりして彼女をサポートする必要がある場合はむしろ電話をかけることが多い，としている。2つ目のケースでは，ある聖職者はミサでの説教に関するアイディアをインターネット上で交換していたが，自分自身の契約交渉についての助言を求める場合には電話を使っていたという。

◆ インターネット・パラドックス研究に関する批判

しかしながら，これらの図式はそれほど明らかなものではない。まず，クラウトらは相関研究から因果関係を推測している (Shapiro, 1999)。インターネットが抑うつを引き起こすと考えても，抑うつを感じている人がインターネットに向かうと考えても，どちらも同じくらい筋が通っているように思える。たとえば，孤独な人は孤独ではない人よりもテレビを見る時間が長いということがわかっている (Canary and Spitzberg, 1993) が，この例でも因果関係がどうなっているかを解き明かすことは非常に難しい。ホームネット・プロジェクトでは，実験条件が統制されていなかったために，実験者たちはインターネットの利用が原因なのか結果なのかを知ることはできなかった (Shapiro, 1999)。

2つ目の問題は，ホームネット研究には，実験期間中に大学に入学する予定のあった子供を抱えた家族が参加していたということである。子供が大学に行ってしまうと，家の中での社会的接触は少なくなってしまう（子どもたちは家から出るのだから）。それゆえ一方では，接触の機会を増やすために，家族内で電子メールをやりとりすることが多くなるかもしれない。

同様の問題が，サンプルを選定する際にも起きている。サンプルには，地元の学校活動の運営に関わっている親たちが含まれている。ある活動（この場合は地域社会への関与）に極端にのめりこんでいる人の場合，時間経過とともにその活動への関わりは減少していく傾向がある（これは，統計学で「平均への回帰」と呼ばれる現象である）。つまり，ホームネットの参加者は，コンピュータがあろうとなかろうと，地域社会への関わりを減少させていく傾向にあったと推測されるのである。繰り返すが，実験条件が統制されていなかったため，これについては断言できない (Shapiro, 1999)。

リーダン (Rierdan, 1999) によると，クラウトらが用いた尺度は，抑うつを測定するためには不適切なものだった可能性がある。クラウトらは抑うつを測定するのに「疫学研究所うつ評価尺度 (Centre for Epidemiological Studies Depression Scale ; CES-D)」の短縮版を用いた。リーダンは，この尺度は得点が低い場合の解釈が非常に困難であると述べている。CES-Dの項目は4段階評定によるものであり，0点は症状がないことを示す。ホームネット研究のサンプルでは，インターネットを使う前の尺度平均値は0.73で，使用後は0.62であった。つまり，サ

ンプル全体としては，研究実施中に抑うつの度合いが低くなっているのである。リーダンは，このサンプルでは精神的な悩みの兆候はほとんど示されていないので，報道発表に基づく新聞の扇情的な見出しは疑問だと述べている。リーダンが示した2つ目の疑問は，インターネット利用時間とCES-D得点の関連性について，その効果サイズが小さいことである。さらに，いくつかの分析で使われた有意水準の$p<0.07$は，一般的に使われている$p<0.05$よりも大きい。リーダンは，コーエン (Cohen, 1977) が示した経験則（rule of thumb）に基づき，効果サイズの境界値として，0.50以上が大きな効果，0.30以上が中程度の効果，0.10以上が小さな効果であるとした。インターネット利用の時間とCES-D得点の関連の効果サイズは0.15と0.19であり，これは「小さい効果」としては認められる。しかし，このような小さな効果サイズでは，一般的な法則を導き出すには不十分である，とリーダンは結論づけしている。

　ワストランドら (Wastlund et al., 2001) は，329人の大学生を対象に，インターネット利用と精神的健康の関連について調査をした。使用された尺度は，楽観主義尺度度，パーソナリティ，性格，孤独感，日常的な悩みと抑うつに関するものである。彼らは，これらの尺度によって測定される精神的健康と，ネットサーフィンや電子メール送信数など，インターネット利用の間には相関がないことを発見した。ただし，より若い人たちは，インターネットをより多く使いがちで，さらに精神的な悩みを抱える傾向にあった。しかし，インターネット利用と精神的悩みの間には関連がなかった。ワストランドらは，ホームネット研究では，年齢が交絡変数として働いたのではないかと示唆している。

　ムーディ (Moody, 2001) は，孤独感は情緒的孤独感と社会的孤独感に分けられると述べている。情緒的孤独感は，親密な関係が不足していることに起因する。社会的孤独感は，社会の中で周縁的な立場にあって所属する場所がないということに起因する。ムーディは，インターネット利用者は情緒的孤独感の増加を体験しているかもしれないが，社会的孤独感はオンライン・コミュニティで過ごすことによって低められているだろうという仮説を立てた。166人の大学生を対象に，インターネット利用状況と情緒的・社会的孤独感が測定された。結果は，インターネット上での活動頻度と社会的孤独感の間には有意な負の相関が見られたが，情緒的孤独感は無相関であるというものであった。しかし，参加者のインターネットにおける友人ネットワークの大きさは情緒的孤独感と有意な正の相関を持っており，対面状況での友人ネットワークの大きさは情緒的孤独感と負の相関を示していた。つまり，ムーディの研究結果によると，インターネットの利用は社会的孤独感を減少させるが，情緒的孤独感の増大とも関連があるらしい，ということである。もちろん，ムーディの研究もワストランドらの研究も「1回限りの」

相関研究であるために，因果関係について検討することはできない。

ホームネット研究に対する同様の批判としては，カテリーン・マッケナとジョン・バージ (Katelyn McKenna and John Bargh, 2000) によるものがある。彼らは「新しい技術はしばしば恐ろしげな話と結びつけられる」ということに注目した。たとえば「テレビ殺人事件（Murder by Television）」[2]というような映画まであるのだ。彼らは，カーネギー・メロン大学による先行研究 (Rimm, 1995) についても言及している。この研究は，インターネットは「ポルノで一杯だ」という観念は誤った前提に基づいていて，すぐに信用を失ったにもかかわらず，これらの誤った結論が早まって報道されたことの余波が，いまだに影響力を持ち続けている（たとえばアメリカにおける忌まわしき「通信品位法案（Computer Decency Act）」など）ということを批判している。

2 ▶ 画期的なテレビ装置を発明した博士が，産業スパイをめぐる陰謀により，テレビに取り付けられた装置によって殺されるというストーリーの映画。1935年，アメリカ。

マッケナとバージ (2000, p.59) は，結果の強固さ（たとえば，インターネット利用による抑うつ得点の変化は1％にも満たなかったことなど）に対する批判は意味がないと述べている。すなわち「参加者集団全体において，2年間インターネットを利用した後の抑うつの水準は，インターネットを使い始める前よりも低下していた」からである。さらに，クラウトら (Kraut et al., 1998) による参加者の実生活での社会的サークルの縮小（24人→23人）に関する指摘は正しいが，ネットワーク上の社会的サークルは25人から32人に拡大していると述べている。つまり，インターネットの利用は，全般的に見れば，友人や知人の数を増やすこととに関連しているように思えるのである。24人から23人になったという小さな差異が，統計的に有意な効果を持つのかということだけではなく，実質的な意味を持つのかどうかも問題にする価値がある。

◼︎◼︎ インターネット・パラドックスを支持する

キースラーとクラウト (1999) は，リーダンによる効果サイズについての批判を受け入れたが，「重要な結論は効果サイズが小さかったことではない。研究の方向性が重要なのだ。ごくわずかな否定的な変化であっても，何千万人の人が経験すれば，それは社会的には重大な意味を持つこともありうる」(p.783) と述べている。

キースラーとクラウトは，シャピロ (1999) による批判に対して，「平均への回帰は集団全体の変動を説明することができるかもしれないが，どうしてインターネット利用者だけが精神的な悩みの深刻化という経験をするにいたったかについ

ては解釈不可能である」と返答した。さらに，シャピロの提示した「より孤独感が強いと，よりインターネットを使うようになる」という因果の連鎖はもっともらしいものだが，時系列による測定データはそれを支持していないと述べている。彼らによると，孤独感尺度は，（測定から1か月後，2か月後の測定，あるいは研究実施期間全体のいずれの場合も）その後のインターネット利用を予測していないという。

　クラウトら (1998) が報告したインターネット・パラドックスの効果は，さまざまな反響や改善の提案を通じて，限られてはいるが支持も得てきた。たとえば，ラローズら (LaRose et al., 2001) は，インターネット利用と抑うつの結びつきを，利用者の経験と自己効力感を含めて，あらためてモデリングした。ラローズらの仮説は，インターネット初心者はコンピュータのクラッシュなどの多くの問題を経験するだろうが，おそらくそれがストレスの原因となって抑うつが引き起こされるだろうというものである。自己効力感アプローチによると，抑うつは生活の質に影響を与える可能性のあるストレス要因を統制できないことにより生じるとされている (Bandura, 1977)。

　つまり，インターネットが抑うつに与える影響は，利用者の自己効力感に仲介されているのかもしれない。この仮説を検証するために，ラローズらは171名の大学生を対象とした調査を行ない，インターネット利用とインターネット自己効力感（たとえば「私はインターネットを使ってデータを集める自信がある」など）と，CES-D を用いて測定した抑うつの関連について調査した。パス解析によって，インターネットの利用と抑うつの間には，直接の関連がないことが判明した。しかしながら，インターネットの利用と自己効力感の間には正の関連があり，自己効力感とインターネット・ストレスの間には負の関連があることがわかった。インターネット・ストレスと利用者が日常的に悩まされている事柄が結びついており，それは最終的に抑うつにつながるのである。2本目のパスは，インターネット利用（電子メールの利用）とソーシャル・サポートの間を結びつけており，日常の悩みと抑うつを減少させていた。つまり，サポートを得ようとするためにインターネットを利用することは，抑うつと日常の悩みを軽くする。だが，インターネットにおけるストレスの大きい相互作用や，インターネットに対する自己効力感が低いことが，インターネットを使うことそれ自体よりも，抑うつの原因になるのである。

◉スタンフォード社会計量研究所

　ホームネット研究における主要な知見は，スタンフォード社会計量研究所 (Stanford Institute for the Quantitative Study of Society ; SIQSS) (Nie and Erbring,

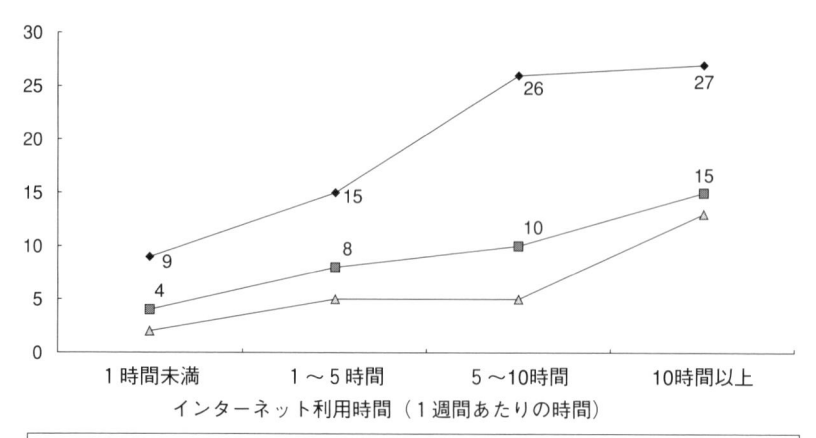

```
30
25                                          26    27
20
15              15
10                         8        10      15
 5    9
      4                                         
 0    (△2)       (△5)     (△5)              (△13?)
     1時間未満   1～5時間   5～10時間   10時間以上
     インターネット利用時間（1週間あたりの時間）
```

- ◆ 電話で友人や家族と話す時間が減ったと回答したインターネット利用者の割合（%）
- ■ 友人や家族と一緒にいる時間が減ったと回答したインターネット利用者の割合（%）
- △ 外出先でイベントに参加する時間が減ったと回答したインターネット利用者の割合（%）

図4-1　インターネット利用と社会的孤立

2000)が実施したインターネット利用に関する研究によっても，限定的ではあるが支持されている。この研究でニーとアーブリングは，ウェブテレビの視聴者2,689世帯の4,113人を対象とする調査を行なった。SIQSSの調査においても，ホームネット研究の結果と同様に，インターネット利用の最も一般的な形態は電子メールであった。とくに興味深い発見として，インターネット利用は社会的活動の減少に結びついているということがわかった。つまり，インターネットを1週間に5時間以上使っている人たちのうち，8％は社会的なイベントに出席することが少なくなったとしており，13％が友人や家族と過ごす時間が少なくなったと回答し，26％が友人や家族と電話で話すことが少なくなったと答えていた。1週間に1時間未満しかインターネットを使っていない人でも，9％が家族や友人と電話で話す時間が少なくなったと答えている。この傾向は，図4-1に示されたとおりである。

　またSIQSSの研究は，インターネット利用は従来の形式のマスメディアに対する接触を少なくしているということを示している。インターネット利用が増加することが，テレビの視聴や新聞を読むことの減少につながっている（図4-2）。

　しかしながら，SIQSS研究の解釈は多くの理由によって難しい。まず，社会的活動や従来のメディアへの接触が，本当のところどれだけ減ったのかが明確ではないということである。利用者はインターネットを使い始めた後に，活動が「減った」「増えた」「変わらない」のいずれであるかということを問われている

第4章 ● 抑うつ，ウソ，ポルノ：オンライン生活の暗黒面

```
70
60                                                    65
50                                    56
40                  43                                39
30    27                              31
20                  24
10    13
 0
   1時間未満      1～5時間     5～10時間    10時間以上
         インターネット利用時間（1週間あたりの時間）
```

- ◆— テレビを見る時間が減ったと回答したインターネット利用者の割合（%）
- ■— 新聞を読む時間が減ったと回答したインターネット利用者の割合（%）

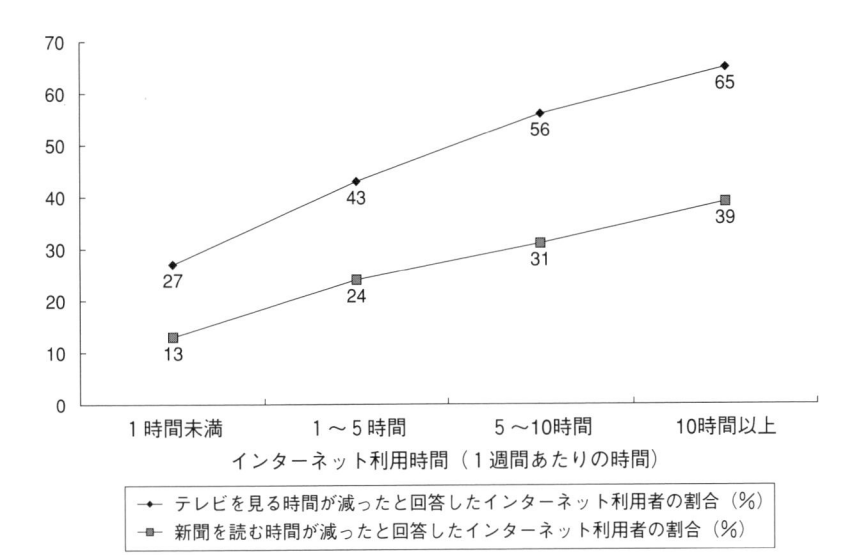

図4-2　インターネット利用と伝統的メディア

だけである。また，インターネット利用時間でサンプルを分けるやり方は，実際よりも大きな見せかけの効果を生むことがある。たとえば，インターネットを週5時間以上使っているという人は，サンプルのうち35.2%である。つまり，全体としては8.6%が家族や友人と過ごす時間が減ったと答えており，6%が増えたと答えていることになる。つまり，1,690人の回答のうち，インターネットによって社会的相互作用が減ったと答えているのはたったの145人だけであり，101人は増えたと答えているのである。つまり，一見数字は大きいように思えるのだが，それは実際にはサンプルのうちごく小さい部分を占めているにすぎず，社会的相互作用が減った人数と増えた人数には，全体として見れば有意差はないものと考えられるのである。

　第2に，たとえば家族や友人に電話するという行為が電子メールに取って代わられたのか，インターネットに接続することにより家庭の電話回線がふさがれたことによって電話利用が減ったのかが判然としない。次に議論するピュー財団「インターネットとアメリカ人の生活」プロジェクト[3]によるデータは，電子メールは遠く離れた家族とやりとりするのに使われているようだということを示している。最後に，この研究は社会的活動やマスメディアの利用に関する自己報告に基づいていることがある。自己報告データは，厳密に時間枠（たとえば「あなたは昨日，誰と話しましたか？」など）と結びつけた検討が行なわれない限りは，信頼性に乏しい。

3 ▶ アメリカの独立系研究所（The Pew Research Center for the People and the Press）による研究プロジェクト，あるいはピュー財団による助成を受けた研究。

⬢⬢ ピュー財団「インターネットとアメリカ人の生活」プロジェクト

インターネットが日常生活に与える影響を示したもう1つの研究として，ピュー財団の研究助成により行なわれた，ピュー財団「インターネットとアメリカ人の生活」プロジェクトがあげられる。ピュー・インターネット・プロジェクト（www.pewinternet.org）は，インターネット利用者に対して毎日電話による調査を行なっている。これにより，「昨日」どのような行為をしたかということを質問することができる。ピュー・プロジェクトによる結果（たとえば Howard et al., 2001）は，インターネット利用は社会的接触を減少はさせず，むしろ促進しているということを示している。6,413人のインターネット利用者を対象としたハワードらの調査によれば，電子メール利用者の59%が，家族の主なメンバーとの接触機会が増大したと回答している。同様に，電子メールを使って友人と連絡をとっている人のうち60%が，「主要な」友人との接触機会が増えたと答えている。電子メール利用者のほぼ3分の1（31%）が，以前には連絡を取る機会がなかった家族と電子メールを使ってやりとりするようになったと述べている。

ハワードらによるピュー・データセットの統計的分析の結果，インターネットが社会的活動やソーシャル・サポートにもたらす影響には驚くべきものがあることがわかった。学歴など他の変数を統制すると，インターネットをずっと利用してきた人は，一度も使ったことのない人に比べて，「多くの人々」からサポートを得る機会が24%も多かった。また，電話利用についてはより強い傾向が見られた。つまり，インターネット利用者は，調査の前日に親戚や友人に電話した機会が，インターネットを使ったことがない人より46%も多かったのである。

⬢⬢ ホームネット研究のサンプルを再考察する

クラウトら（2002）は，ホームネット研究の最初の発見に重大な疑問を投げかける2つの追加研究を行なった。クラウトら（2002）は，ホームネット研究への参加者のうち208人を追跡調査した（研究1）。最初の研究結果とは異なり，インターネット利用は孤独感や抑うつ，社会参加とは関連していなかった。時間的枠組みを変えながら分析すると，インターネットは，時間周期の初期段階（つまり新規利用者を研究対象としていたとき）においてのみ，否定的な影響を与えていた。利用者が経験を積み，さらにインターネット自体が発展し拡大してきたことによって，インターネットの利用が増大するにつれ，それは抑うつを減らす方向に働

き，孤独感には何の影響も与えなくなったのである。
　次に研究2では，コンピュータを買った人（その半分にインターネット接続環境を与えた）と，最近新しいテレビを買った人との比較が行なわれた。コンピュータを買った人のうち，統制（インターネット接続環境を与えなかった）条件の人たちの多く（85%）が自分でインターネット接続環境を整えてしまったので，コンピュータ条件は1つにまとめられた。クラウトら(2002)は，元のホームネット研究と同様に，参加者にパーソナリティと精神的健康尺度に回答するように求め，さらにコミュニティへの関わりと他人への信頼感，地元に住み続ける意志を測定した。インターネット利用は自己報告によるものであったが，実際のインターネットへの接続記録と中程度の正の相関をもっていた。
　クラウトら(2002)の結果は，ホームネット研究(Kraut et al. 1998)とまったく矛盾するものであった。とくに，インターネット利用の増加が，次のような事柄と結びついていた。

- 地域社会での社会的なつきあいの大きさの増大（$p<0.01$）
- 遠隔地間の社会的なつきあいの大きさの増大（$p<0.01$）
- 家族や友人との対面相互作用の増大（$p<0.05$）
- コミュニティ活動への関与の高まり（$p<0.10$）
- 他人への信頼感の増大（$p<0.05$）
- （自己報告による）コンピュータ操作技術の向上（$p<0.001$）

　クラウトら(2002)は，「富める者はさらに富む」仮説を提唱した。これは，インターネットが社会参加や精神的健康に与える影響力は，それらに先行して人々の間に存在する差異を増幅する，ということである（彼らは対立仮説として「社会的補償」仮説（貧しい者がもっとも大きな利益を得る）も示している）。彼らは「富める者はさらに富む」仮説を，ある程度支持する結果を見いだした。たとえば，外向的な人の場合は，インターネット利用の増加が孤独感や否定的感情の減少，そして自尊心やコミュニティへの関与の増加と関連していた。内向的な人の場合は，インターネット利用の増加は孤独感を強め，コミュニティへの関与の減少と関連していた。
　つまり，クラウトら(2002)による追跡研究は，最初の研究におけるインターネット・パラドックスという結果について，反駁と洗練の両方を与えているように思われる。インターネット利用は必然的に精神的健康を減少させるという一般的な主張は誤りであることが証明され，多くのケースにおいて，その反対の現象が確認された。だがインターネット・パラドックスは，一部の人たちにとってはい

まだに真実なのだ。とくに，内向的な人にとっては，インターネットの使用は社会的孤立と孤独感を増大させているようである。一方で外向的な人にとっては，インターネットの使用は社会への関与水準を引き上げているようだ。これはある程度は内向的な人と外向的な人のインターネット利用の差異に関連しているのかもしれない。外向性尺度で高得点を示す人たちについては，それがインターネットの社会的な利用の増加と関連しているということがわかった。つまり，外向性尺度得点は，インターネットを家族や友人たちと連絡するために使う傾向と相関があり（$r=0.10$, $p<0.05$），オンラインで新しい知り合いと会ってチャットルームを使う傾向とも相関があった（$r=0.11$, $p<0.05$）。しかし，クラウトらが記すとおり，これらの関連性は弱く，一般的なインターネット利用を予測できるものではない。とはいえ，インターネット利用が，先行して存在する心理的状態と交互作用をもつ可能性があるということについては，今後も注目していくべきであろう。

　クラウトら (2002) は，インターネット・パラドックスに関する最初の研究結果と，追跡・追加研究の結果との間に見られる非整合性について，考えうるいくつかの理由を提示している。1つ目の理由としては，インターネット利用者がより経験を積むことによって，「報われない」インターネット利用の新奇性が薄れ，心理的な報酬のある活動に専念できるようになったのではないかということである。これによって研究1で見られた変化を説明することはできる。だが，研究2の参加者のほとんどが，新たにインターネットの利用を始めた人たちであることは，これが完全な説明ではないことを示している。もう1つの可能性としては，インターネットが持つ特性が，インターネット・パラドックスを示した最初の研究の時点から変わってしまったということである。社会全体でインターネットへ接続する機会が増加したために，友人や家族と社会的な結びつきを維持するためのインターネットの潜在能力が高まったのではないだろうか。また，インスタント・メッセンジャーやデジタルカメラ，HTMLエディタなどのツールがたくさん開発されたことで，家族が連絡を取り合い，さまざまな情報や写真などを共有することが可能になってきたこともある。

結　論

　これらのことから，結局のところ何が言えるだろうか？　第1に，「ニューヨーク・タイムズ」紙が近い将来に「サイバースペースで発見された，幸せで友達いっぱいの世界」というタイトルの一面記事を出すことは，おそらくないだろうということが言える。第2に，インターネットの社会的・心理的影響についての研究に関連するさまざまな問題をも明らかにしている。これまで見てきたとお

り，従来の多くの技術もさまざまなユートピア的あるいはディストピア的な結果と結びつけられてきたが，それらの本当の影響力は，ずっと後になるまでよく理解されることはなかった。心理学とインターネットを学術的に研究する者たちも，われわれがまだ新しく，発展途上の技術について論じているのだということを忘れてしまいがちである。第3に，オンラインで作り出されたり維持されたりしている人間関係は，対面場面におけるそれに比べて満足感が低く重要なものでもないという前提（たとえばPutnam, 2000）は，慎重に検証する必要があるということである。CMCの教育的利用についての研究は，対面の授業と比較したオンライン教育の効果性により多くの注意が払われるため，その効果について懐疑的な結果が生まれがちだった（たとえばTolmie and Boyle, 2000）。CMC教育では参加度が低い可能性があるが，それが対面場面での個別指導や講義への参加度と直接比較されることはほとんどない。何百人もの学生とともに講義室の中に座ったことのある学生にとって，あるいはナイトクラブの喧噪の中での会話がいかなるものであるかを経験したことのある人にとって，対面場面での相互作用は同等のバーチャルな相互作用以上に満足できるもののはずという見解は，間違いなく空しいものと感じられるであろう。

　ホームネット研究プログラムは，インターネット上での「強い」紐帯の持つ本質を概念化するという方法論的な問題にも焦点を当てた。もしインターネット上で恋愛関係が発展するのであれば，その強い紐帯によって2人は対面状況で会うことになる可能性が非常に高いだろう。たとえば，アメリカ・オンライン（AOL）は，オンライン・デート・サービスによって1万人が結婚したと推定している。ひとたび関係が結婚や同棲まで進んでしまえば，インターネット上での接触は，「昔のよき思い出」という以外のものではなくなってしまうだろう。つまり，そういう意味では，インターネットは何かに取って代わる技術というよりは，何かを付け加える技術なのである。

　恋愛以外の関係では，「弱い」紐帯のほうが比較的広く普及していると思われる。なぜなら，インターネット上での集団化のほとんどは興味の共有によるものであり，対人コミュニケーションは特定の領域に限られる（「弱い紐帯」の定義の一部）可能性が高いからである。しかし先にも見たとおり，共有された集団の成員意識と視覚的匿名性は，社会的に強く動機づけられた行動を引き起こす（Spears and Lea, 1992）。おそらく，社会的ネットワークの紐帯は伝統的な意味では弱いのだが，アイデンティティの共有という意味においては，集団を強い紐帯で結びつけているのであろう。

❷ オンラインでのソーシャル・サポート：有害なアドバイス，迫害，逸脱の中心化の危険性

　すでに見てきたとおり，インターネット上でソーシャル・サポートを探し出す能力があれば，それはわれわれが日常生活で接しているストレスに対する心強い緩衝地帯となるだろう。しかしながら，「サポート」が得られたとしても，そこに含まれるアドバイスが常に肯定的とは限らない。たとえば，ウォロティネック (Worotynec, 2000) は，子育てに関する2つのメーリングリストを4年間にわたって研究した。肯定的な相互作用が増えるに従って，多くの「感情のはけ口」が見いだされ，子供を「ガキ」と呼んだり，投稿のタイトルで子供を「悪魔の子」「ギャーギャー叫ぶやつ」「野生動物」「いまいましいチビ」などと書くような例が増えてきた (pp.800-801)。ほとんどのベビーシッターが，自分が世話している子供の親の悪口を書いていた。ある電子メールのやりとり（タイトル「悪魔の子」）では，3日前から生後7か月の子供を担当することになったあるベビーシッターが，その子供が常に金切り声を上げていることについて相談していた。ウォロティネックは，7か月の子供を「悪魔の子」呼ばわりすることを批判した者や，こういう状況では赤ちゃんがそのような行動をとるのは仕方がない，と返答した者は1人もいなかったことに注目している。すべての投稿はそのベビーシッターを無条件で支持しており，中にはその親は麻薬をやっているに違いないと書く者さえいた。このメーリングリストで得られた共通のコンセンサスは，子供をどこか別の部屋に閉じこめておけということであった。ウォロティネックによると，母親が子供を別の託児所に預けるようになった時に，そのベビーシッターは反省めいたことを書いたが，それは他の集団成員からすぐに打ち消された。ウォロティネックは，ほとんどあるいはまったく反省を伴わないベビーシッターたちの絶え間ない感情の垂れ流しは，「無駄な経験であり，子供にとっては最悪の質のケアをもたらすために，究極の貢献をするだろう」(p.808) と結論している。さらにこのメーリングリストのもつ性格（愚痴ったり，親や子供の実名をあげたり，他のベビーシッターに対して無条件のサポートを与えたりすること）は，少なくとも子供中心的でない，最悪の場合は子供に対して危害を加える可能性のある保育を是認することにつながった可能性がある。その意味で，このオンライン上のコミュニティは，否定的な態度やアプローチの正当化をもたらし（より過激になった可能性もあり，少なくとも社会的現実に根ざすものとなった），結果的にそれらの行動を続けさせることになったのであろう。

　行動の正当化は，オンライン上でのアイデンティティの中心化（demarginalisation)⁴ (McKenna and Bargh, 1998) と似た概念のように思われる。マッケナとバージは，オンライン・コミュニティに参加することは，社会から隔絶されているという参加者の意識を低くするという知見を見いだした。もしアイデンティティが潜在的に危険なもの（たとえば拒食症や自殺未遂，小児性愛など）であれば，オンラインでサポートされたという経験は，より否定的で有害な行動を中心化し，正当化する可能性もあるだろう。

4 ▶ 社会において周縁的な立場からはずれて，主流（多数）を構成する態度や制度的な立場を占めるように変化すること。

さらにフィンとバナック (Finn and Banach, 2000) は，女性は「福祉サービス」をオンライン上で探す場合に，迫害を受ける可能性があるとしている。彼らは「人種差別的，性差別的，同性愛嫌悪的」なアドバイスを提供しているらしい「カウンセリング」サービスの例をあげている (p.245)。本来そのようなサイトは規制されるべきなのだろうが，フィンとバナックはまた，インターネットの「脱抑制的」効果のために，ソーシャル・サポートサイトの利用者が冒瀆や個人攻撃，誘惑といった嫌がらせにさらされてしまいやすくなるのだと述べている。だが，これらの問題は何もオンライン・カウンセリングに限ったことではない。専門家の助言を求める者は誰でも，オフラインのそれで期待するのと同様のサポートを得ようとするだろう。ちなみに，オンライン上でのソーシャル・サポートでは，フレーミングが生じた例はほとんどない。

❸ オンライン・コミュニティにおけるウソと性別偽装

インターネット上での相互作用におけるウソは，何も恋愛関係に限られたものではない。実際のところ，それらの多くはオンラインの1対1の関係で起こっているのではなく，どちらかというとMUDsや電子掲示板などのオンライン・コミュニティ上で起こっていることなのだ (Donath, 1999)。ソーシャル・サポートを匿名で得ようとしている場合などでは，ウソが容認されたりむしろすすんで行なわれたりすることもあるだろう。これらの例は，サポートを求める際に昔からよくある「私の友達の悩みなのですが……」的なウソが，ハイテクに移ってきただけにすぎない。もう1つのほぼ間違いなく認められるウソは，MUDsにおける性別偽装である。これは男性が女性として，あるいは女性が男性として振る舞うことである。

たとえば，ブルックマン (Bruckman, 1993) は「MUDsでは，化粧をしたり特別の

衣服を着たり，社会的なスティグマ（否定的なレッテル）を貼られるというリスクなしに，性別を取り替えることができる」と述べている。しかしながら，オンラインにおけるアイデンティティの操作がどれだけ流行しているのか，あるいはそれがどのような影響力を持っているのかについての調査はほとんどなされていない。多くの「経験に基づいた推測」は，IRCの利用者名は中性的なものが多く，少なくとも性別偽装を許すようになっているとしてきた (Danet, 1998)。同様に，男性のほうが女性よりも多く性別偽装を行なっているという推測がある。ストーン (Stone, 1993) は，日本のあるサイトでの男性と女性の比率は4対1であるにもかかわらず，実際のサイト上ではその比率は3対1になっていたと述べている。

■■ 性別とコミュニケーション・スタイル

スタンデージ (Standage, 1999) によると，多くの電信技師はモールス信号の打ち方から個人を識別できるだけではなく，女性の技師を簡単に識別することができるという。スタンデージは，1891年の「ウェスタン・エレクトリシャン」紙から次の記事を引用している。「ある技師は，たいていの場合，打電する音を聞いただけで，それが女性のものだということがわかるという。しかも，たった1回のキータッチを聞くだけでいいという。その電信技師が言うには，女性は男性ほど強くはキーを叩かないのだそうだ」(p.127)。もし，モールス信号の送り方で性別を見分けることができるのであれば，経験を積んだインターネット利用者がオンラインで男性と女性を見分けることができると考えてもいいだろう。ヘリングの研究 (Herring, 1993参照) によれば，電信における男女差の多くは，CMCにも当てはめることができるという。ヘリング (1993) は，男性はより自己宣伝的で，皮肉っぽく無礼で，強い断定をし，話題や情報に関連した投稿をするという。一方，女性は直接的な表現をせず，考えを表明する折は断定的ではなく示唆的で，疑問を表したり，個人的な話題や質問を投稿しがちだという。

サヴィッキら (Savicki et al., 1996) は，27の討論グループに投稿された2,692件の投稿を，言葉遣いと性別により分析した。男性比率の割合の高い集団では，より事実志向的な言葉が使われる傾向があった。一方，女性の比率が高い場合は，より自己開示的で，緊張を防いだり和らげようと試みる傾向があった。トムソンとムラクヴァー (Thomson and Murachver, 2001, 研究1) は，35人の参加者（19人の女性と16人の男性）に対して，少なくとも6つのメッセージを同性の「ネット友達」に送るように頼んだ。メッセージに関して，言語スタイルと内容に関するコーディングが行なわれた。その結果，女性のほうがより情緒的で，自分についての個人情報を盛り込み，おとなしくて直接的でない表現（たとえば「私はあなたに賛成できるんじゃないかと思います」など）を用いており，強調を表す副詞を多く用い

ていた(たとえば「そのゲームは本当に面白かった」など)。追加研究において,トムソンとムラクヴァー (2001, 研究2) は,78人の参加者に対し,研究1から選んだメッセージを見せて,筆者の性別を6段階尺度で評定させた(1＝絶対に女性によって書かれた 〜 6＝絶対に男性によって書かれた)。16のメッセージを見せたところ,14のメッセージについて,参加者の過半数が筆者の性別を正確に識別した(正答率62%〜95%)。このことから,男性と女性の言語使用の違いは,CMCにおける性別の判定を可能にするように思われる。トムソンとムラクヴァー (2001, 研究3) は,研究1で特定された基準に従って新たに自分たちでメッセージを作成した。彼らの予測どおり,性別の判定は,言葉遣いに従うことがわかった。すなわち「女性的」メッセージ(謝罪や強調の副詞,情緒的表現を含む)は,より女性が書いたものとして判断されたし,「男性」のメッセージ(侮辱や長い文を含む)は,より男性によって書かれたものと判断された。

　インターネットにおける一般的な通念として,過剰に女っぽい女性は実際には男性であることが多い,というものがある。カーティス (Curtis, 1997) は,「浮わついた女っぽい調子のプレイヤーがいたら,それらはみな現実には男性であるという知恵が一般に共有されている」(p.127)と述べている。この経験則は,CMCにおける性差に関する証拠を支持していると思われる。つまり,オンライン上では,性的に積極的な言葉遣いによって女性を見分けることはほとんどできないのである。このことはまた,インターネットにおける性転換を促すある1つの動機に注意を向けさせる。つまり注目を浴びたいという欲望である。

　性転換や中性的な名前を付けたがるという動機は,女性にとっては実に簡単なものであるように思われる。デュエル (Deuel, 1996) によると,「熱烈に求愛してくる者から身を守りたいと思っている女性は,比較的目立たない男性として振る舞いたがる」(p.134)。一方,男性にとっては,動機はより複雑であるように思われる。性別偽装を自白したごくわずかな例(後の節にあるノーホェアーマムの例を見よ)には,「現実生活(Real Life ; RL)」における女性のロールモデル(手本となるようなイメージ)をインターネット上で提供しようとしたのだという自己正当化を行なっているものがある。それ以外には,多くの環境(チャット,MUDs,掲示板)では,女性は多数からの注目を浴びやすい (Curtis, 1997) ので,多くの男性が,自分が男性だと言った場合よりも明らかにより多く得られる注目を浴びようとして女性のふりをするのだ,というものがある。この結果,インターネット上で女性として振る舞う多くの利用者が,本当の性別を「証明」することを求められるのである。

●● オンライン・コミュニティにおけるウソ

　オンライン上での性別偽装は，オンライン・コミュニティでの信頼と，信頼の破壊とに深く結びついている。ほとんど多くのオンライン・コミュニティでは，比較的高い水準の信頼と誠実さが維持されている (Rheingold, 1993) が，ウソと深刻な信頼の破壊がオンライン・コミュニティで起こったという，伝説的なものも含めてよく知られたケースがいくつかある。

　たとえば，ある初期の例として，1980年代初頭のオンライン・コミュニティにおける有名人「ジョアン」と「アレックス」の例がある (Van Gelder, 1991)。ジョアンは身体障害があるために対面では他者と会おうとしない人物だったが，オンライン・コミュニティの中では他の多くの女性と友情を結んでおり，そのうちの何人かは現実生活でアレックスと親密になった。最終的に，ジョアンはアレックスが作り出したペルソナであることがわかり，コミュニティ内には衝撃と憤激が走り，裏切りだという非難が浴びせられた (O'Brien, 1999)。

　フェルドマン (Feldman, 2000) は，オンライン・サポート・グループの誰かが，実際にはかかっていない病気にかかっていると訴える「インターネットにおけるミュンヒハウゼン症候群」の4つの事例を報告している。そのうちの1つの例では，バーバラと呼ばれる女性が囊胞性線維症（CF）のサポート・グループに投稿を行なった。バーバラは，自分が家で死ぬのを待つばかりであり，姉（エミー）に看護してもらっていると述べていた。グループの人々は，バーバラに暖かい励ましのメッセージを送った。数日後，バーバラが死んだというエミーからの知らせに，グループのみなは悲しんだ。彼らがこの話に疑いを抱いたのは，エミーとバーバラが，同じ綴りの間違いをしているということに気づいたときだった。エミーは大ボラを吹いたことを認め，グループのみながそれを真に受けたことをあざけり笑った。フェルドマンは，このような場合におけるオンライン・グループ集団の一般的な反応として，その書き込みを信じる者と疑う者に分断されてしまい，人々が嫌悪感にかられて集団から離れていってしまうことになると警告している。

　ケイシーの事例は，2001年を通じてウェブログ・コミュニティを騒がせた，最初の大規模なウソつき事件だった。ウェブログとは，毎日，他のウェブサイト上で公表された興味深い記事やできごとにリンクを張った記事を掲載するサイトである。これは，オンライン上の日記作者のことも示す専門用語で，毎日の日記を書くのに同じソフトを使っていることが多い。他の多くの事例と同様に，ウソの始まりは非常に無邪気なものだったようである。女子学生の集団がケイシーという名前の架空の友人を作り上げ，1997年から98年にかけて，いたずらのウェブペ

ージを作った。しかし，1人の女子学生の母親（デビー）がこのサイトを見て，白血病と診断されている架空のティーンエージャーの話を作り上げてしまったのである。それとほとんど同じ頃に，ケイシーはカレッジクラブと呼ばれるオンライン・コミュニティに参加した。あるウェブログの作者が，ケイシーとその母親に彼のサイトでウェブログを立ち上げるように勧めたことで，ケイシーがガンと闘っており，どうやら回復の兆しがあるらしいという話はウェブログ・コミュニティで有名になり，人々はケイシーにカードやプレゼントを贈った。2001年の初め，2〜3年たってケイシーが完全に回復したように思われた頃，デビーはケイシーが動脈瘤のために死んだと伝えた。ケイシーFAQ（http://rootnode.org/article.php?sid=26）によると，「コミュニティに満ちあふれたサポートは驚くべきものであり，ケイシーを知る者は深い悲しみにくれた」という。だが，デビーが葬儀やお悔やみ状の送り先について詳細を記さなかったことから，疑問が生じた。インターネット利用者たちが調査したところ，ケイシーが高校や病院にいたという記録や，死亡記事は見いだせなかった。このことをはじめとするさまざまな証拠を突きつけられ，デビーは知り合いの3人のガン患者の話を合成してケイシーを作り出し，「ケイシー」の写真はその患者のうちの1人であると告白した（ただし，これもまたウソであることが後にわかった）。ケイシーFAQによると，デビーは，自分は何も悪いことはしていないと思っているという。

●オンラインでの罰

バーチャル環境における軽犯罪に対するオンライン上での罰については，多くの研究がある。たとえば，リード (Reid, 1998) は，ジェニー＝マッシュというバーチャル・コミュニティが，女性を虐待したバーチャルな犯罪者に対して罰を与えたというエピソードを紹介している。ある時，コミュニティの管理者がオフラインであるのを見はからって，利用者の1人が自分のペルソナを「ダディ」に変更し，他のメンバーを口汚くののしり始めたのである。「ウィザード」[5]がログオンしたときには，コミュニティのすべてのメンバーは1つの「部屋」に集められていた。ウィザードが「ダディ」と呼ばれるメンバーを「蛙に変えて」（彼／彼女の発言権をうまく奪って）しまうと，すぐにその他のコミュニティメンバーはその無法者に対して厳しい攻撃を浴びせるようになった。リードは，このようなやり方は中世的な正義の概念と類似していると指摘し，このように信頼が破壊された後には，コミュニティは2度と元の状態に回復しなかったと述べている。

5 ▶ネットワーク技術に精通した人間をハッカー文化ではこう称することがしばしばある。

同様のケースとして，ディベル (Dibbel, 1993) はラムダ（Lambda）MOOにおけ

る「バーチャル・レイプ」について詳述している。バングル氏と呼ばれる1人の利用者が「ブードゥ人形」（他の利用者のキャラクターをコントロールすることができる）を作り出し，それらがバングル氏やラムダMOOの利用者，あるいは「ブードゥ人形」同士で性的暴行を犯すように振る舞わせたのである。コミュニティメンバー間の話し合い（これはなんの結論にも達しなかったが）を経て，バングル氏は秘密裡のうちにリンチ的に「処刑」された。

マッキノン (MacKinnon, 1995) は，あるオンライン・コミュニティからあるペルソナを強制的に取り除くことは，現実生活における処刑と，バーチャルな意味において等価であると述べている。視覚的な存在（ほとんどの場合，書き言葉で示されているが）がなければ，バーチャルな自己などないのだから，視覚的な存在を除去してしまうことは，事実上処刑とほぼ同じことになるのである。マッキノン (1997) はさらに，バングル氏の事例では，罰を与えられたのは人間の肉体ではなくペルソナであると述べている。しかしながら，マッキノンはこう続けている。「バングル氏の犯罪がひどいものだったことは認めるが，バーチャルな死刑は，サイバー社会における究極あるいは最も重い罰だろう。殺人のような最も重い犯罪以外にこのような刑を執行することは，社会的制裁の優先順位に混乱をもたらす」(MacKinnon, 1997, p.225)。

オンライン上のウソと罪に関するケース・スタディ：ノーホェアーマムの死

アナンダテック・フォーラムで起こったオンライン上のウソについての興味深いケース・スタディが，ジョインソンとディエッツ=ウーラー (Joinson and Dietz-Uhler, 2002) によって行なわれている。アナンダテック・フォーラムは，本来は情報工学の専門家によって利用されていた非同期的掲示板である。12の主要なフォーラムがあり，ハードウェア，CPU，メモリーなどについての話題が網羅されている。このケース・スタディで扱われたフォーラムは「雑談」掲示板である。「雑談」掲示板では，主要フォーラムでは扱っていない話題について議論することができる。アナンダテック・フォーラムに参加した人はユーザー名と，バーチャルに自分自身を示すアイコンを選択することができる。また彼らは署名を使うことができ，たとえば彼らの「装備」（使っているコンピュータの機種）などのプロフィールを示すことができる。また，アナンダテック・フォーラムではメンバーに階層があって，それは活動状況や，どれだけ長い期間参加しているかということによって決められており，コミュニティの「主宰者」によって最高位の「エリート・メンバー」として認められることを目指すようになっている。階層には，ジュニアからダイヤモンド，プラチナ，そしてエリートがある。

1999年の10月に，「ノーホェアーマム（Nowheremom；NWM）」というユーザー名の新しいメンバーが「雑談」フォーラムに投稿を始めた。彼女の投稿は，非常にスペルミスが多いことが特徴で，そのことはなんとなくコミュニティのメンバーに親しみを感じさせるものであった。1999年中には，NWMはフォーラムでの多くの男性の注目を集め，DFというお気に入りのメンバーといちゃいちゃしだした。他の多くのコミュニティメンバーは，この関係の成り行きのとりことなっているように見え，「ソープ・オペラ」と評する者さえあった。

　しかし，2000年1月5日に，DFは「ノーホェアーマムは死にました……」と題する以下のメッセージを投稿した。

　　アアアアアアアアアアア！！　私はたった今，彼女の父親であるアンダーソン氏から電話をもらいました。彼は，午後の間中ずっと私に電話し続けていたということです。私は大学に行っていて，15分前に戻ったばかりでした。アンダーソン氏は，リリー・マーリーンとアグネッサが死んだというのです……。彼女たちは，ニューファンドランド時間の正午過ぎに殺されたのです。彼の話によると，そのときは海沿いに非常に風が強く，氷雨まで降るような天候で，彼女たちがアグネッサの通う学校から歩いて帰ってくる途中で丘の下のカーブした道端を歩いていると，スピードを出しすぎた1台の車が丘を降りてきて，カーブを曲がりきれずに2人をはねたということです。アグネッサは即死，リリー・マーリーンはしばらく生きていたものの，病院に運ばれる途中で亡くなったということです。内臓の損傷がひどく，内出血が原因で亡くなったとのことです。アンダーソン氏は，身元確認のために呼ばれたそうです。2人を殺した野郎は，2時間後に，そのろくでもない70年以上の人生を終わらせたということです。どうして，そんな悪天候の中，運転なんかしていたのでしょうか。見下げはてた老いぼれです。この手で絞め殺してやりたい……。

　　悲しすぎます……僕はどうしたらいいんでしょうか？　彼女は僕の人生のともしびでした……彼女は若くてかわいくて，人生の希望に満ちあふれていました……。一緒に幸せに生きようと思ったのに，今，彼女は僕のもとからいなくなってしまった……彼女は灯台のように輝いていたのに，今じゃ僕には闇しか見えません。彼女と一緒にいられたのはたったの9日間……。もっと時間が欲しかった。たった9日間だけなんて。アグネッサと会うチャンスはもう一生ないんです。僕は落ち込んでいます……僕は泣けません。たぶん泣いたら，目が潰れてしまうまで声を上げて泣き続けるでしょう。でも，涙をこらえることはできません。涙があごにしたたり落ちてくるのを止めることもできません。僕は彼女が帰ってくるなら百万人殺したってかまわないぐらい怒っています。

どうして人生って，こんなにひどいことが起こるんでしょう。どうして僕たちが，どうして僕たちが，どうして僕たちが？　僕たちは大声で叫び出したくなるほど幸せでした……僕たちは夢を持っていました。僕たちはとてもよく似ていました。好きなことも知ってることも笑うことも同じでした。僕たちは電話の向こう側にいても，お互いの次の言葉を当てることができるくらい似ていたんです。僕たちは昨日の晩話したばかりでした。それなのに，もうさよならを言うチャンスもないんです。
　どうして，ああ，どうして，ああ，どうして，ああ，どうして，人生ってこんなに不公平にできてるんだ？？？

　多くのコミュニティメンバーがショックを受けて悲しみ，その反応は何か月も続いた。NWMのユーザー名とアイコンは，コミュニティのモデレーターによって永久欠番となった。翌年になっても，NWMがいなくなったことは，議論の中でしばしば話題になった。そして，DFは彼女の思い出を守る役割を担っていた。コミュニティメンバーの中には，NWM（本名はリリー・マーリーン・マルティーズ）についての追悼ウェブページを作成した者もあった（訳注：DFの「告白」では，NWMはリリー・マーリーンではなくアグネッサであるように読めるが，これが著者の誤解によるものなのか，それとも意図的なもの—たとえばDFの記述に矛盾があることを示すためのもの—であるのかは不明である）。
　しかしながら，幾人かのコミュニティメンバーが，NWMの死について調査を始めた。彼らは，地元紙には彼女の死に関する記事が残っていないことを発見し，彼女の実在について疑問を抱き始めた。
　2001年5月16日，DFは次のような告白を「雑談」フォーラムに投稿した。

　　私，DFは本日，このコミュニティの人たちを騙しており，また自分が正しいことをしているのだと自分自身を騙していたということを明らかにします。
　　私がここで告白するのは，幾人かの人たちが，それをウソとは知らずに，私の言うことをかばいはじめたからです。
　　私がここで告白するのは，真相を突き止めた人々がそれを葬り去ろうとはせず，それゆえに人々がどちらかの側につかなければならなくなって，コミュニティの組織を壊してしまうことになりかねないと思ったためです。
　　私がここで告白するのは，誰も傷つけたくないし，私の名前によって誰かが傷つくことを望まないからです。1998年8月に，私はノーホェアーマムというサイバー・ペルソナを作りました。その一部分は私が会ったことのある実在する人を参考にしており，一部分は空想によるものです。最初は冗談のつもりで

した。このフォーラムに女性が投稿したらどうなるかな，ということを知りたいと思っただけだったんです。このフォーラムには，私が参加した頃には女性の投稿は非常に少なかったので，強い女性を演じることが，男性が多数派を占めていることと，女性嫌悪があるような雰囲気があることで，この掲示板には参加しづらいと思っている女性の助けになるのではないかと，思い違いをしていたのです。ノーホェアーマムは，すぐに2人の男性から電子メールをもらったので，私は彼女とつきあっていると宣言することによって，彼女と自分が親密な関係にあるようにみせかけて，秘密を守ろうとしました。電子メールをくれた男性の投稿者たちは，恐れる必要はありません。彼らはただまったく無邪気なファースト・コンタクトをとってきただけだったので，私は彼らにをサンダーブーティ[6]のような真似をするつもりはありませんでした。彼らが誰かは永久に伏せておきます。

     6 ▶ アナンダテック・フォーラムにおける，伝説的な悪質「ネカマ」（ネット上で女性を詐称する男性）。女性の写真を提示し，「今フリーだし誘ってね！」というような投稿をして，複数の男性をひっかけた。

  1999年の11月から12月にかけて，私はこのペルソナとふざけ合っていました。当時，私はこのフォーラムにユーモアと娯楽を提供しようと思っていたのです。実際，この2か月の間，人々は本当に楽しんでおり，ソープ・オペラと呼ぶ人さえいました。こうして，ノーホェアーマムは私自身にとってさえ，実在する人物のように思えてきたのです。もう一度言いますが，私は誰かを傷つけようと思ってやったわけではありません。私はただ，どれだけ多くの人々が，そして自分自身でさえ，彼女に愛着を感じるようになるのかを考えなかったのです。

  2000年の1月初め，オーネリーが「結婚」という言葉を持ち出した後のある日，私は単純にパニックに陥りました。私の心は大いに混乱していて，それゆえに私はこれが大ボラであったということを白状する代わりに，彼女を殺してしまったのです。

  私は，そんなに多くの悲しみが，このコミュニティを覆い尽くすとは思ってもいませんでした。それは私を圧倒し，私は3日間，彼女が本当に実在していたかのように泣いていました。ウォンバット-ウーマンさんを口説こうとするまでの6か月の間，嘆き続けていたのです。4月29日にヤッキーが「デニルフロス（DF）が恋人を失った悲劇を皆忘れたのか？」というスレッド[7]を立てましたが，そのスレッドを読んだ私は，投稿した多くの人が彼女の死を忘れたくないと思っていると確信しました。私はこのスレッドをお気に入りリストに入れ，その後数か月にわたって何度も読み返しました。私はこの大ボラが何も知らない多くの人たちを傷つけていることを知り，このことが皆の記憶から早

く消え去ってほしいと思っていました。でも，どうすることもできませんでした。

7 ▶ ある一連の議論を継続させるための話題，あるいはその継続した流れ。

　2000年7月に，ヴェイパーという名前のメンバーが，大ボラの証拠をあげ始め，何人かの人にそれを知らせました。私は，白状することが，われわれのコミュニティをあまりにもひどく傷つけてしまうと信じていたので，すべてを否定することにしました。ヴェイパーはこのことによって中傷され，追放されました。彼に対して私ができることは，彼をこのような形で傷つけたということに対して非常に申し訳なく思っているということを，ただただ誠実に謝罪することのみです。私は自分に最も近く親しい人たちに対してでさえウソをついていました。私は，そうすることで，彼らを私の隠し事の共犯者にすることを避けることができると思ったからです。残念なことに，多くの人たちが熱心に私の弁護に回ってくれて，知らない間にウソを弁護するということになってしまいました。私は，自分1人で罪をかぶるつもりでしたが，私の誤った判断により友人たちに意図せざる不名誉を負わせてしまいました。私に味方して戦ってくれた多くの人たちに対して，あなたを騙していたことに対する私の心からの謝罪を受け入れてくださるように願います。私には本当に悪意はなく，何もかも秘密にすることであなたたちを守ろうとしたのです。責められるべきは私だけです。

　ことは決着しておらず，私の友人や知人は，2つの派閥に分かれることになってしまいました。私に対して恨みを持っている人たちは，これで決着したとは思わないでしょう。ことがここにいたってしまったわけですが，私はアナンダテック・コミュニティのメンバーが2つの派閥に分かれて，片方は私のウソを守るということになることを望んでいません。とくに，私はコミュニティの外に，このことによってコミュニティの組織が崩壊していくのを喜んで見ている人たちがいることを知っています。このコミュニティの快適さといったら最高で，私はあなた方をインターネット上の家族だと思っています。

　私を守ってくださった親しい方々へ。今，私がここで告白したこのことを知らせず，何とかしてあなたを守ろうと思っていたのだという私の言葉を信じてください。私を許してくださる心をお持ちくださるように望んでいます。

　アナンダテックのメンバーのみなさんへ。私は今まで誰かを傷つけようと思ったこともないし，私が本当に申し訳なく思っていることを信じてください。私を許してくださる心をお持ちくださるように，同じく望んでいます。

　これはただの大ボラで，私は誰かを傷つける意図をもっていなかったのです

が，16か月前に私がパニックに陥ったときにはすでに私の手を離れてしまっていたのです。

　私は，私がこのことに巻き込んでしまい，傷つけてしまったすべての人たちに対して謝罪いたします。

　そして，責められるべきなのは私1人です。恥ずべきなのは私1人です。

　モデレーターによって会議室が閉じられるまでに，最初の投稿（5月17日午前6時29分）から，最後の投稿（5月18日午前2時3分）まで，この告白への反応として458件のメッセージが寄せられた。

　この告白に対する最初の議論の多くは，DFを支持するものであり，「みんな，インターネットに何を期待しているんだ？」とか，「これは勇気ある告白だ」などの感想を述べる内容が目立った。だが，議論が進むにつれて，反応は徐々に否定的なものになっていった。これは，DFのウソの証拠が議論の中で紹介されたことと，古株メンバーの反応が投稿されはじめたことによる（多くの新参メンバーは，NWMが「死んだ」頃には参加していなかったのだ）。議論の中盤で，どのような罰が適切かについての話が起こり始めた。罰はDFのフォーラム上での地位を奪うというものから，「厳しく処罰されるべき」というものまであった。この議論は，DFをフォーラム立ち入り禁止処分にしたという，モデレーターの投稿によって終わった。

　非難と罰の議論とはまったく別に，多くの興味深い話題が出てきた。その1つは，コミュニティがインターネットの本質に関して討論しはじめたことだった。これは，何人かの（比較的新参の）メンバーが，「結局，これがインターネットなんだ」という露骨に支持的なメッセージを投稿したことから始まった。それに対して，あるメンバーたちは，彼らが作り上げてきたコミュニティの性質について思い思いに自分の考えを投稿した。

　　しかし，インターネット上のフォーラムは，もしある程度の信頼感も持てないものだとしたら，そんなものクズ同然じゃないか。彼がしたことが許せないのは，われわれがみんな完全だからではなく，彼のしたことがインターネット・コミュニティに期待されているすべてを傷つけたからだ。われわれは「アナンダテックはネット上で最も優れたコミュニティだ。5万人ものメンバーがいる！　でもそのうち何人かは嘘つきだ……」などと吹聴して回るわけがない。

　　私はたまたまこれらのフォーラムのことを非常に深刻に考えることになった。私は人を騙そうとは思わないし，人も私を騙そうとは思っていないはずだと思

っている。私は詮索好きの人間ではないので，そうしてはならないという理由がない限り，他人をその人の言葉どおりの人と受け取る。このことをインターネット上「だけ」のこととして見る人もいるかもしれないけれど，実在する人間が集まっているコミュニティなんだからね。

このことと関連して，コミュニティのメンバーは多くの陰謀説についても議論した。それは，他人の「現実」のアイデンティティを疑問視する者や，DFがモデレーターであった可能性（NWMの死について早くから疑問を投げかけた人たちがコミュニティから追放されたことによる）などであった。メンバーの中にはまとまってフォーラムを去ることを決意した者たちもあったが，そういった動きは比較的稀であった。いったんスレッドが書き込み禁止となると，NWMのエピソードについてはフォーラムで語ることができなくなり，その後まもなくそのスレッドは外部からの参照が禁止となった。ジョインソンとディエッツ＝ウーラー(2002)は，ウソが明らかになったことに対する反応は，オンライン環境での「黒い羊効果」を反映したものではないかと述べている。「黒い羊効果」とは，内集団の逸脱した成員は，当該成員が外集団に属している場合よりもひどい扱いを受けるということである。ジョインソンとディエッツ＝ウーラーによると，この事例に見られるDFの「逸脱した」行動と，それに付随して生じた罰と議論は，集団の（肯定的な）社会的アイデンティティを重ねて主張しようとする意図を示す特徴が数多く含まれているという。

④ 脱抑制と WWW

　この議論を通して，われわれはコミュニケーションに注意の焦点を当ててきた。だが，ワールド・ワイド・ウェブ（WWW）上での行動についても，必ずしも「逸脱」行動ではないにせよ，（少なくとも時折は）脱抑制的であると見なしうる証拠がかなりある。WWWについての心理学的研究は，3つの主要な領域に集中する傾向があった。それは，WWWを心理学的研究の実施に使うもの（たとえばBirnbaum, 2000 ; Buchanan and Smith, 1999），WWWのインタフェースと使いやすさの交互作用に関するもの，そしてWWW行動における心理的過程に関するものである。
　まず，第1の領域を取り上げよう。WWWを用いた使った実験にとって「最良の方法」を検証する実証的研究はかなりの数にのぼる。それらはサンプルの性質や，反応率，脱落者，インセンティヴなどにおけるWWWと紙の尺度の等価

性，そしてオンライン実験法についてのものである（Birnbaum, 2000やReips and Bosnjak, 2001を参照）。全体的には，これらの研究結果によってWWWと紙の尺度は同じ心理的過程によって行なわれているということが確認されている。たとえば，パーソナリティ尺度に関する因子分析的研究では，ほとんどの場合で，調査に用いた2つのメディア間での等価性が示されている (Buchanan, 2001)。一方，WWWにおける反応は，紙による調査における反応よりも率直であるという結果や (Joinson, 1999)，紙とペンを使った尺度に比べて，WWWを使った尺度のほうが尺度得点の標準偏差が大きいことから，反応の分散が大きい可能性を示す結果もある。しかし，この2番目の結果は，インターネットのサンプルは，心理学部の学生を使った典型的な紙とペンによる調査のサンプルよりも均質性が低いということから生じた結果かもしれない。心理学データを採取することにインターネットを用いる事例を紹介するのに割ける紙幅は少ないのだが（バーンバウム (Birnbaum, 2000) とライプスとボスニャック (Reips and Bosnjak, 2001) の本は，この領域について実によくカバーしており秀逸である），インターネットを心理学実験室として利用することに対してサイバー心理学研究が持つ意味は，ウェブを用いた調査と紙を用いた調査の等価性，そしてプライバシーを侵すことなく最大限の自己開示を引き出す研究デザインに対しても大きな影響を持つ可能性がある (Joinson, 2001b) といえる。

　しかしながら，インターネットが初期の学術や軍事分野における限定的な利用から抜け出して一般化するということの重大性にもかかわらず，WWWにおける情報探索（いわゆる「ブラウジング」）に関連した心理的過程は，心理学研究者からほとんど注目を浴びていない。公刊された数少ない研究の中には，研究のためのツールとしてWWWを利用することだけにとどまらないものもある。だが道具として使うことを排除しているだけではなく，大多数はWWWサイトの評価を扱うにとどまっている。サーチエンジンの使用やナビゲーション方略について検討したものもごくわずかにはあるものの，それは人とコンピュータの相互作用（HCI）という観点からのものである。このパターンは，医学的な研究においても同様である。WWWを扱った多くの研究のほとんどは，WWW上の情報にアクセスするときの利用者の行動ではなく，ほとんどウェブサイトのコンテンツにしか関心を払っていない。

　インターネット上の社会的行動に関する統合的な理解を形成していく際にWWWを省略してしまうことには問題が多い。なぜなら，WWWはインターネットの発展を，利用の面でもその応用や技術革新の面でも牽引しているものだからである。WWW上で事実上無限の情報が利用できるということは，インターネットにアクセスする主要な理由のひとつとしてしばしば喧伝されている。一方

で，WWWによる情報探索を支える心理的過程については，ほとんど知られていないのである。

ウェブ行動の研究

ワールド・ワイド・ウェブ（WWW）における行動は，サイバー心理学の研究者から多くの理由で事実上無視されてきた。第1に，家庭でインターネットが使われる最大の目的は，ネット・サーフィンではなく，電子メールなどの社会的相互作用だからである。第2に，ウェブ上での行動を分析する手法が限られていることが障害となる。通常，研究者が意味のあるデータを集めるためには，ウェブ・サーバーにアクセスする必要がある。しかし，最も興味深いウェブ行動の多くは，大学のネットワーク上に置くのは適切でないような類のサイト上で生じるものがほとんどで，それらを研究することは一般的に不可能である。最後に，WWWを何らかの情報を公表するための場所（例：ホームページ）として見なす傾向があることが，その情報を探索する人々への関心を低めてしまっていることがあげられる。

WWW行動を理解するための出発点が，ウェブ・サーバーに残されているログ・ファイルであることは自明である。すべてのウェブ・サーバーは，どのHTMLファイルや画像ファイルが利用者に送られたかを，利用者のドメインやIP（インターネット・プロトコル；Internet Protocol）アドレス，その日付と時間をともに保存している。参照サイト，つまり利用者が直前に閲覧していたサイトを追跡することも可能であり，起動させているブラウザやOSの種類もわかる。あるウェブサイトや特定ページへのアクセス数は「ヒット」と呼ばれている。だから，ある日，ある特定のウェブページに10人の利用者がアクセスすると，ログ・ファイルには「10ヒット」と記録されることになる。しかしながら，ヒットの回数の総量を測定することには，1つの矛盾がある。つまり，とくに人気のあるウェブサイトは，利用者のローカル（つまり利用者自身のパソコンのハードディスク内）にキャッシュされていたり，ネットワーク上のキャッシュに保存されていたりするのである (Goldberg. 1995)。この技術は，帯域幅を圧迫することを避けるために，人気のあるページを複製して保存することによって，インターネットへのアクセス速度を向上させるために設計されたものである。利用者は前回に訪れたときと内容が変わっている場合にのみ，ウェブ・サーバーからページを受け取ることになる。しかしながら，ページの中にカウンターなどの何らかの動的な内容があるとキャッシュは効かなくなってしまうために，これはそれほど大きな問題ではない。

利用者の行動を理解するための第2の方法は，クッキーを使うことである。ク

ッキーは，ウェブ・サーバーによって利用者自身のハードディスク内に保存されるファイルである。次に利用者がウェブサイトを訪れたときに，そのサーバーはクッキーを読んだり書き換えたりすることができる。つまり，クッキーには，誰かがそのサイトにどのくらい多く訪れたかとか，何を見てどのような経路をたどってそのサイトを閲覧したかということを記録することができる。クッキーのような技術は個人のウェブサイト利用を研究するのには理想的であり，一方ログ・ファイルはより多数の人々の行動パターンを研究するのに最適である。

　これ以外の研究方法もあるが，ほとんど使われてこなかった。著者が用いたある実験方法は，情報検索を測定するためにスクリプティングとボタン／選択を用いるものである (Joinson and Banyard, 1998)。この研究では，内容の説明文の横にあるラジオボタンをクリックすることで参加者に読むウェブページを選択させた。選択が終わると，「OK」をクリックする。これによって，選択の記録はサーバー上のファイルに送られ，選択された文書が提示された。ウェブ上の情報探索を測定するには少々回りくどい方法ではあるが，この方法は紙を使った条件との比較が可能であり，本質的に「選びたい選択肢を選んだ」2つの方法によるデータの比較を一般化することができるようになる。

　他の方法としては，実験室内でウェブ利用者がウェブを閲覧する時の画面上の動きを記録したり，ウェブを閲覧する際に参加者をペアにして視線を追跡したり，音声を記録したりするものがある。これらすべての方法論は，人々がある特定のウェブページとどのように相互作用し，またどのようにして次にたどるリンク先を決定しているのかというメカニズムを理解する際に有効であろう。

インターネット・ポルノグラフィ

　ヤングら (Young et al., 1999) が示したとおり，ポルノグラフィに対するアクセス可能性（近づきやすさ）は，紙メディアよりもインターネットにおいて増していると考えられる。インターネット上のポルノグラフィは，わいせつ物に関するいかなる国内法をもすりぬけることができる（許容の水準を効果的に引き下げることができる。なぜなら法律は，ウェブサイトがホスティングされている場所のものが適用されるからである）し，アクセス可能性の増大は，たとえば地元の店でポルノを買うといったような際に生じる心理的な抑制の多くをも取り除いてしまうのである。

　通常，ポルノはWWWの技術的発展の最先端に立ってきたと主張されている。たしかに，ポルノ業者たちは新しい技術ができると，すかさずそれをポルノに利用してきた。写真，電話，映画，8 mmフィルム，VHSビデオの発明は，すぐにそれぞれの新技術によって製作され，消費されるポルノグラフィを生じさせた。

さらに，新しい技術の採用は，ポルノの消費をより個人的な行為としてきた。映画フィルムを制作し配給することはコストがかかるため，ビデオが出現するまでは，ほとんどのポルノは集団で見るものであった。のぞき部屋ショー（個人が小さな個室の中で，比較的匿名性を持ってポルノを見ることができる）の発達は，ポルノを個人的に見る機会を提供した。これは1970年代中期から後期にかけてビデオが普及し，広く導入されるようになるまでは非常な成功を収めた。1980年代になると，ポルノとホラー映画がビデオの「キラーアプリ」と化し，当時のビデオは，今日のインターネットと同様に，社会的に否定的な結果をもたらす「けがらわしいもの」であるという議論が巻き起こっていた。

しかしながら，サイバー心理学者によるインターネットにおけるポルノの内容と量に関する研究は，いまだ十分であるとはいえない。この原因のひとつは，1995年にリム (Rimm) が発表した研究結果と，それから起こった論争による。リムはカーネギー・メロン大学の研究者で，ユーズネットと有料配信サービスにおける性的に露骨な画像についての調査を行なった。この報告は「タイム」誌に取りあげられ，「サイバーポルノ！」というタイトルで巻頭を飾った。「タイム」誌は，リムの研究の一部に基づいて，ユーズネットに流れている画像の83.5％がポルノであり，ポルノの取引は最大の人気ということではないにせよ，少なくともインターネット上で人気のある活動のひとつであると述べた。しかしながら，リムによって集められたデータは，まったくこれを支持するものではない。集められた90万件の性的に露骨な資料のうち，ユーズネットのものは１％以下しかなかったのだ。残りは，通常クレジットカードを使った登録が必要となる，有料の配信サーバーから収集されたものだった。この主張によってひどい汚名を着せられたと感じたインターネット利用者たちからの猛烈な反発によって，カーネギー・メロン大学とジョージタウン大学（もともとの研究は，この大学の「Law Review」誌に掲載された）による独自調査が行なわれた。「タイム」誌は，記事を部分的に撤回した。しかし，インターネットはポルノの巣窟であるという考え方は，いまだに残っている。

●何がそこにはあり，どのくらい人気があるのか？

大手ポルノ会社におけるインターネット・ポルノの売り上げの割合は，比較的小さい。ある概算によると，合法的なCD-ROMやDVD，インターネット・サイトからの収益は，アメリカ全土で年間15億ドル前後だということである (Morais, 1999)。ビデオによる収益が200億ドルであるのに対し，出張売春が115億ドル，雑誌が75億ドル，性風俗店が50億ドル，テレフォン・セックスが45億ドルであるという。ソフトコア・ポルノの提供業者「プレイボーイ」は，その多様なサービス

によって年間3億ドルを儲けているが，インターネット上のサービスからはそのうちごくわずかで，たった700万ドルの収益しかない (La Fanco, 1999)。ポルノサイトへのアクセス数は大変多い（いくつかのサイトでは，月間3,000万ヒット）にもかかわらず，ポルノ的な素材を含んだページの数は，ウェブ全体の1.5％しかないと推定されている (Lawrence and Giles, 1999)。インターネット・ポルノ産業に関する数少ない学術的研究のひとつとして，クローニンとダヴェンポート (Cronin and Davenport, 2001) は，ポルノ企業にも主要な通常の電子商取引で起きている現象のうちのいくつか（例：一部のサイトが消費者のアクセスを独占している）が表れるようになっていることに注目している。さらに彼らによれば，電子ポルノは，たとえば株式市場から資金調達をしたり，伝統的なオンライン・ポルノの消費者（若い男性）よりも結婚前のカップルを対象としたりすることによって，合法的な営業を目指しているという。

●インターネット上でのポルノの形式

リム (1995) のポルノ画像の研究では，画像の説明文を自動的に収集することによって，内容の面からそれらを分析することを試みていた。画像の説明文は，得てして実際の内容よりも広告宣伝に結びつけられやすいが，このような方法はわいせつ性の水準を水増しさせる可能性が高い。

わいせつ性のインフレ効果を打ち消す研究手法として，メータとプラザ (Mheta and Plaza, 1997) は1994年のある1日に，17のニュースグループから150の性的に露骨な画像を集めた。画像の大部分（65％）は匿名の非営利商業のユーズネット利用者から投稿されていた。分析の結果，性器の接写（43％），勃起した陰茎（35％），フェティシズム（33％），自慰（21％）が画像の主要なテーマであることが明らかとなった。ほとんどの国で違法となるような素材も多かった。15％は子供や未成年者の画像であったり，画像や説明文に「年少者」であると示されている写真であった。そのほかには緊縛と調教（10％），異物挿入（17％），獣姦（10％），近親相姦（1％），放尿（3％）などがあった。メータとプラザは，このような画像種類の分布はリムの電子掲示板における知見と類似していると述べている。

メータとプラザは，インターネット・ポルノの内容は雑誌やビデオによるそれとは違うとも述べている。たとえば，フェラチオや同性愛，乱交は，従来のメディアについての研究 (Garcia and Milano, 1990) で得られた数値と比べて多いということがわかった（インターネット対従来メディアが，それぞれ15％対8％，18％対2～4％，11％対1～3％）。匿名の非営利的な利用者と比べて，営利的な利用者（つまり事実上宣伝投稿をしている者）は，異物挿入やフェラチオ，子供・未

成年者などの露骨な内容を，有意に多く投稿していた。

　メータとプラザは，業者による露骨で不法な投稿の量は，無秩序かつ激しく競争的な市場が存在することを反映していると結論づけている。この市場では，有料掲示板やウェブサイトは「何か異なるもの」，すなわちいよいよ露骨さや異常さを増した画像を提供することが必要になる。彼らはさらに，多くの子供や未成年者の画像は，若年者であるという幻想をもたらしているが，おそらく18歳以上らしいと述べている。子供や未成年者を含む画像には，性的に露骨なものはなかった。「子供や未成年者を撮影した数少ない写真のほとんどは，ヌーディスト雑誌からのものであろう。……われわれは，大人と子供や未成年の間で，また子供同士で性行為をしている画像を見つけることはできなかった」(Mheta and Plaza, 1997, p.64) という。さらに，利用者によってアップロードされた画像のほとんどは，雑誌から直接スキャンされたものであろうと述べている。

インターネット上でのポルノ消費に対する心理学的視点

　マニングら (Manning et al., 1997) は，ホームネット研究におけるいくつかの先行知見から，多くのインターネット利用者は，一度はインターネット上で性的に露骨な素材を見たことがあるが，また再びそうする者はほとんどいなかったと述べている。他のどのような変数よりも，好奇心がインターネット上のポルノサイトをのぞきに行くことの原動力となっている。拒食症サポート・サイトについての最近の研究 (Moore, 2001) は，サイトの活発さは否定的な報道がどれだけなされたかと関連しており，このことは「逸脱」サイトに対する好奇心がアクセス量を相当増大させる原因になっていることを示唆している。

　しかしながら，ウェブを閲覧する際の匿名性の知覚が，オフラインよりもオンラインでポルノ画像を見ることを，社会的・心理的により安全なものにさせているのかもしれない。もちろん，オンライン上でのポルノ閲覧は，少なくとも在宅利用者たちにとっては，消費する際のプライバシーが提供されるのと同様に，利便性もより高くなる（ポルノ配信業者はこれを利用して多くの時間を使わせようと狙っている）。

WWW 上での脱抑制的で逸脱した行動の説明

　脱抑制的なウェブ上の行動を説明する要因として，匿名性，あるいは少なくとも匿名性の知覚があげられることが多い（たとえばJoinson, 1998）。だが，ウェブ行動に対する匿名性の影響力を完全に理解するためには，さまざまな種類の匿名性と，それらが行動に及ぼす影響力を考えなければならない。つまり，匿名のISP アカウントを持っていたり，直接ダイヤルによって掲示板に接続したりして

いる在宅利用者は，オンライン・ポルノを探している時におそらく匿名性を感じていることだろう。しかし，大多数の利用者にとって，匿名性という言葉は，オンライン上でのプライバシーなど幻想にすぎないという認識とも結びついている。有料ウェブサイトにアクセスするためならクレジットカードの情報を入力することを厭わないという利用者について考えてみると，匿名性を語る場合には，この利用者が誰に対して匿名なのかを考えなければならない。もちろんその匿名性は，彼らのクレジットカード情報だけではなく，IPアドレスか少なくとも接続しているISPを知っているその有料ウェブサイトに対するものではない。この場合，情報や画像を探している利用者は，友人や家族，地域コミュニティからの監視の目はまぬかれているのだが，他のプライバシー侵害についての懸念はすすんで受け入れている（あるいは無視している）のだろう。匿名性の知覚は，インターネットが所与のものとして提供しているわけではなく，システムの中に組み込まれているものである。明らかに匿名性が欠如した設計になっているサイト（つまり，強制的に登録手続きを行なわせるなど）は，インターネット上での匿名性という利便性を制限するかもしれないということを利用者に知らせたうえで，商取引を行なっているのである。匿名性とウェブ行動について考える場合，われわれは実際にはどのような内容が求められているのかという要因についても知らなければならないし，情報探索中の利用者がプライバシーに対する懸念を一時保留することに関してどの程度意欲的かということについての知見も得なければならない。健康情報のサイトを閲覧する者の場合は，（たとえば地元の保健所にチラシをもらいに行くことと比べた）相対的な匿名性とプライバシーに対する懸念のバランスをうまく取ることができるだろう。違法である可能性があったり，非難を受けるかもしれないような素材を探している者の場合は，脱抑制的な結果云々以前に，システムやプロトコルの設計を通して，プライバシーと匿名性の懸念に関する問題を検討する必要がある。

第5章
インターネット上の個人内・個人間行動：肯定的な側面

　私は，1998年の末に，インターネットと医学に関するテーマを扱う「医療情報学」という現在急速に発展している領域に関する医学系の学会に参加した。そこで発表される研究発表の多くは，医学に関するウェブサイトの質の評価，ウェブサイトで供給されるさまざまな情報の「品質保証」のための様式の提供，あるいは情報の制御を，医者たち自身の手によって行なおうとする試みであった。これらの試みはもちろんすべてが医学の「素人」である人々を間違った情報から守ろうとする価値ある努力ではあったが，私の心に残ったのはただ1つ，次のようなコメントだった。ある講演者が，昔は病院にやって来る患者たちは，よく自分のポケットからメモを取り出したものだったという話をした。そのメモには，知り合いのネットワークから聞きかじった，医者によるものではない診断結果が書かれているのが常だった。その医者は，これを「ちっちゃな紙切れ病」と呼んで，会場の笑いを誘った。そしてさらにその医者は，しかつめらしい声色で，この「病気」が今やインターネット・サイトからの大量のプリント・アウトで武装して患者たちが診療所にやってくるというような「大量のプリント・アウト病」に発展する様子を，彼自身の経験を交えながら語り，さらに多くの会場の笑いを誘った。冗談にせよ，患者が知識をつけようとするこういった試みに病名をつけてしまうことが持つ意味はさておき，この話はまた，インターネットがその普及当初から，患者たちによっていかに肯定的に利用されてきたのかということを示している。

　例にあげた医者と患者の相互作用のケースは，「情報は力である」という言葉の妥当性をよく言い表している。素人に対する専門家の力は，彼らが専門的な知識を持っているということに加えて，われわれが望んだり必要としたりする資源を彼らだけが使うことができる，という能力によるものである。たとえば専門家が，ある種の治療といった一連の行為をしようと決断したときに，患者がその決

断の意味を完全に理解したり，他に可能な選択肢があるか，あるいは禁忌があるかどうかを知ったりすることなどは，望むべくもない。本章の後半では，健康やソーシャル・サポートに関する情報をインターネットで探すことの利点についてより詳しく述べてみたい。

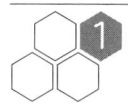

① ユートピア的理想主義と新しいテクノロジー

　新しい技術が発展する時に，人々がそれによるさまざまな肯定的な成果を思い描くのは必然的なことである。たとえば，電信は「グローバル・コミュニティ」(Standage, 1999) を創り上げることによって戦争を終結に向かわせたし，電話は大いなる商取引の利益をもたらし (Fischer, 1992)，田舎住まいの人々が隔離されてしまうのを食い止めた。一方，インターネットは，世界を真の意味でのグローバル・コミュニティと化することで，民主化の大いなる力となると予想されてきた。これらの予測の精神に基づいて，本章と次章ではインターネット利用の肯定的な側面について検証する。

② インターネット依存症再考

　多数の質問項目を用いた妥当性のある調査を行なわない限りは，インターネット依存症（すなわち過度のインターネット利用）の良い面を見いだすことは困難だろう。特定のタイプの人間がインターネットを過度に利用することに魅入られてしまうのか？　彼らはインターネットを利用して何をしているのか？　そして，インターネット利用の代わりになりうる行為とは何だろうか？
　たとえば，内気な人が慢性的にインターネットを過度に利用しており，彼らは社会的相互作用に参加したいがためにそうしていて，以前はテレビを見ていた時間をインターネット利用に振り替えているということを示す結果が得られたとしよう。もしそうだとしたら，われわれはインターネット利用をやめるよりも，むしろどんどんやるべきだ，ということになりはしないだろうか。

●● 誰が何のためにインターネットを使いすぎているのか？

　インターネット利用者のさまざまな属性の中には，インターネット依存症と関連が深いことが指摘されているものもある。依存症あるいは過度の利用者と「診断」される人々の中には，かなりの割合で内気であったり，対人不安が高かっ

り，あるいはその他の理由からうまく対面コミュニケーションをすることができないタイプが存在するという先行研究がいくつか示されている (Griffiths, 2000a；Sheperd and Edelman, 2001)。こういったタイプ以外の人々にとっては，インターネット利用経験はセラピー代わり，すなわち自己発見の旅であるともいえるかもしれない。

　それが病的なものを扱っているにせよ，日常場面のものを扱っているにせよ，インターネット利用に関する研究のほとんどすべてにおいて，インターネット利用の理由として圧倒的に多くあげられているのは社会的相互作用である（たとえばKraut et al., 1998；Morahan-Martin and Shumacher, 2000)。そこで主要な関心事となるのは，インターネット上の社会的相互作用は「現実生活」のそれに置き換えることができるかどうかということである。この問題については次章で詳しく検討するが，これまでの知見を見る限りでは，少なくとも経験のある利用者の場合は，インターネット利用は社会的関与水準を高める傾向にあると言ってよさそうである (Howard et al., 2002)。そして，高水準のインターネット利用は，コミュニティへの関与と正の相関を持っていることも指摘されている (Kraut et al., 2002)。

　社会的相互作用のためにインターネットを利用することで，慢性的に対人不安が高かったり身体に障害を持ったりしている人々が，なんとかして「問題の回避」をしていると主張することは可能である。だが，このような主張は，たとえば「吃音の社会的受容」といった事例を考えると，現実よりもややバラ色の絵を描きすぎているように思われる。とはいえ，本章で論じるように，オンライン上の社会的相互作用は，趣味を同じくするグループからサイバーセックスにいたるまで，対面接触と同じように情緒的に得るところが多く，「肯定的」であると信じうるようなあらゆる理由が存在する。たとえば，グロホール (Grohol, 1999) は次のように論じている。

> 　多くの時間をオンライン上で過ごす人々は，おそらく単に他の人間との正常で健康的な社会的関係に携わっているだけなのだということを，研究者はあまり認識してこなかったようである。実際のところ，オンライン上の社会的相互作用が持ついくつかの独特な心理学的要素により，オンライン上の友情や関係は，より質や価値が高いものである可能性がある (p.399)。

　またわれわれは，社会的相互作用が人々の健康にとって重要なものであることも忘れてはならないだろう。たとえば，身体障害や慢性的な対人不安を理由に良質の社会的相互作用を拒絶されている人々がいるのだとしたら，親和的な関係を探そうとしている行動を「依存症」と名付けることは，あまりにも意地が悪いの

ではないだろうか。彼らが社会的接触を探し求めていることを，病的な行動と捉えるのではなく，むしろ賞賛し，勇気づけるべきではなかろうか。ある人々にとっては，インターネット上での相互作用だけがコントロール可能で，日常生活で数多く経験してきた差別から逃れられる唯一の場所なのかもしれないのである。

そして，われわれはインターネットを大いに利用しているわけではない人々にも注意を払うべきであろう。世界人口の大多数は電話すら持たず，したがってインターネットのことなどまったく知らないわけで，この状況で問題となるのは，インターネット利用を制限する方法を考えることよりも，むしろインターネットへのアクセスをより広範囲に拡大するためにはどうすればよいかを考えることであろう。

インターネット利用に関して，自己報告尺度によらず，実際に客観的な測定を行なった数少ない研究のうちのひとつが，クラウトらによるホームネット研究(Kraut et al., 1998)である。この研究では，インターネットの家庭における利用時間は，平均して週に3時間程度であるとしている。この「週」平均時間は，アメリカの家庭における「1日」あたりのテレビ視聴時間よりも短い。本書は，余暇時間をインターネット利用に費やすこととテレビ視聴に費やすことの利点を比較して議論することを目的としているわけではない。だが，この結果は，インターネット利用や，それによってもたらされるものは何にせよ極悪非道である，といった主張を，いささか懐疑的に捉える必要があることを示している。

自宅におけるインターネット利用は，ギャンブルやサイバーセックスよりも，社会的相互作用を意図したものであることが多い。そういった利用者は，依存症の概念を，単に「対面の相互作用と比べて劣っている（あるいは本質的に機能障害を有している）インターネットを介した相互作用」に基づいていると捉えるだろう。もちろんこれはナンセンスである。電話が丁寧な会話技術をぶちこわしにはしなかったように，インターネットがわれわれを孤独で内気な個人の集う国の民にさせたりしない。イギリスとアメリカの社会では，この50年というもの，社会的ネットワークが弱体化しつつある(Putnam, 2000)。これは，労働力の流動化，晩婚化，国内高速道路網の発達などのさまざまな要因によるものであろうが，少なくともインターネットのせいではないのは確かである。インターネットは家族や友人間の遠距離の関係を維持するのに理想的な技術ではある。本章の後半で，所属の利点について議論するが，インターネットの最善かつもっとも普及した利用法は，この所属の感覚を創り出すことである。この観点から見れば，インターネット「依存症患者」は，「依存症」である（とされている）ことから，むしろ社会的・心理的な恩恵を受けているともいえるだろう。

❸ インターネットの肯定的な側面とアイデンティティ

RL（real life；現実生活）はもうひとつのウィンドウにすぎない。そしてそれは，ぼくにとってベストのウィンドウとはかぎらない。（ダグという大学生が，タークルの「接続された心」でMUDsについて語ったもの）(Turkle, 1995, p.13)

前章で見たように，インターネット上で新たな多重のアイデンティティが創り上げられる事例は比較的よく見られる。しかし，オンライン上のペルソナをいくつも創造することは，そうすることがそこに特有の環境の規範を侵害するものである場合には，否定的な反応のみを導くことになってしまう。たとえば，アナンダテック・フォーラムのようなところでは，複数のペルソナを演じわけることが，「ある1つのオンラインペルソナは，現実社会で肉体を持つ人間1人に関連づけられる」という一般的な前提を侵害することになってしまう。その一方で，MUDsやMOOsでは，オンラインペルソナを創り上げることが期待されている。

複数のペルソナを持つことに対して暗黙あるいは明示的な規範が存在するときでさえも，オンライン・アイデンティティは現実生活のアイデンティティを反映した表象にすぎない，というわけではない。オンライン上での個人のアイデンティティは，文字情報によって構築されている。その文字情報の中で，自分のことを何と，そしてどのように表現するかは自身の選択による。このことによって，その文字情報を見る人々には，現実生活に通常存在するアイデンティティや印象操作のプレッシャーから完全に離れたところにある，新たなアイデンティティを創り上げる機会がもたらされる。タークル (1995) は，インターネット（とくにMUDs）が，複数の断片的なアイデンティティのポストモダン[1]的状況を明確化させていることを論じている。タークルが引用した事例の多くにおいて，MUDsの参加者はオンラインペルソナと現実社会のアイデンティティに強固な結びつきを見いだしている。たとえば，ゴードンというMUDs愛好家について論じる際に，タークルは次のように述べている。

> 1 ▶ タークルによると，この場合のポストモダンは「自我は言語を通じてかたちづくられ…（中略）…個々の人間は複数の部分と断片と欲求関係の集まりである」（タークル, 1995（日暮雅通訳 (1998, p.17) による）とする考え方である。

MUDs上で，ゴードンはたくさんの異なるキャラクターを経験してきたが，

それはすべて何らかの共通点を持っていて，ゴードンが自分自身の中に創り上げようと試みているさまざまな性質を有していた (Turkle,1995；p.190)。

ペルソナ形成における自己発達は，MUDsにおいて多くの人々が経験する共通のテーマであるようだ。

　現実生活でのステュアートは常に，健康上の問題や，内気さや社会的な孤立，経済上の余裕のなさに縛られていた。ガーゴイルMUDsの中では，そうした障害は，少なくとも一時的には気にしないでいられた。理想的な自分を演じているステュアートは，「『自分がそう装っている』ものこそが自分なのだ」という言葉を読んで，それが本当であればいいと心から望んだ (Turkle, 1995, p.196)。

つまり，インターネット利用者の中には，対面の相互作用に存在する制約から解き放たれた空間であるオンライン上の活動によって，「自分自身」になる機会を得る者もいるのである。ある女性MUDs参加者は，ある男性のMUDs仲間とのオンライン上の関係について語る際に，この議論を次のようにうまくまとめている。

　私は別に彼に嘘なんかついてないわよ。でも，私ってオンラインではとっても違う感じなのよね。すごく外向的になって，内気じゃなくなるの。そのほうが，自分らしいって感じるわ (Turkle,1995,p.179)。

おそらく，オンライン上のペルソナを用いることは，シャイネスや対人不安，そして物理的な状況から解放された空間で，自分自身の「コア」を表現し理解するという目的をかなえるものになりうるのである。バージら (Bargh, 2002) は，インターネットが人々に，カール・ロジャーズ[2]が言うところの「真の自己（true self）」を表現する自由を与えている可能性を論じている。ロジャーズ (Rogers, 1951) によれば，セラピーの目標は「真の自己」を発見し，それを日常生活でより多く表現できるようにすることである。一方，われわれが日常の相互作用で表現している自己は「現実自己（actual self）」である。現実自己は，われわれが身につけた社会的ペルソナであり，私たちの真実の姿であるとは限らないが，脆弱性から自己を防衛するために用いられるものである。

2 ▶20世紀半ばの臨床心理学者。それまでの指示的な心理療法とは異なり，治療を受ける側の立場に立ったクライエント中心療法やエンカウンター・グループなどの療法を開発した。

バージら (2002) は，インターネットで起きるさまざまなできごとは「電車の中の他人」現象によく似ていると書いている。インターネットでは，人々は見知らぬ人に自分の人生を好んで開示しようとする。これがなぜ生じるのかといえば，そこには2つの理由がある。1つには，匿名性があるからであり，もう1つは，開示することによる潜在的なコストが減少していることによる。なぜなら，「見知らぬ人」は，自分のごく近くにある社会的サークルの一部分ではない（ゆえに自分が開示したことの跳ね返りを喰らうおそれがない）からである。バージらは，匿名性と開示による社会的コストの低減により，人々はインターネット上でより自由に「真の自己」を表現するという仮説を立て，この仮説を直接検証するための2つの実験を行なった。

- **実験1**　この研究では，次のようなCMC・FtFいずれかの相互作用において，参加者の「真の自己」と「現実自己」に対する反応時間が測定された。参加者は「真の自己」と「現実自己」に関する測定尺度に回答した後に，対面あるいはコンピュータを介した相互作用を行なう。その後，一連の属性に関する質問項目に「はい」か「いいえ」で回答することを求められ，その反応時間が測定された。結果は，対面の相互作用を行なった場合は，より「現実自己」にアクセスしやすく（反応時間が短く）なった一方で，コンピュータを介した相互作用を行なった場合は，より「真の自己」にアクセスしやすく（反応時間が短く）なっていた。

- **実験2**　実験1で得られた効果が，実際の相互作用ではなく「予期された」相互作用によるものである可能性を排除するために，実験2では実際の相互作用を取り除いた（しかし相互作用の予期はもたせた）状況で実験1を追試した。その結果，予期を持たせただけでは，それが対面のものであろうとインターネット上のものであろうと，反応時間に違いは見られなかった。このことから，重要なのは実際に相互作用を行なうことであり，相互作用を行なうことの予期ではないことが示された。

　バージら (2002) は，インターネット上の相互作用に匿名性が存在することによって，人々が「真の自己」を表現する傾向が強められていると結論づけている。しかし，バージらのいう匿名性は，説明責任の減少を通じて識別性が欠如することによるものと，視覚的匿名性によるものの両方を含んでおり，2つの実験でも両者は区別されていない。CMCにおける社会的アイデンティティと自己意識に関する諸研究 (Joinson, 2001a；Matheson and Zanna, 1988；Spears and Lea, 1994) において，識別

性の欠如が孤立と視覚的匿名性に及ぼす影響はまったく異なることが示されている。視覚的匿名性と孤立は両方とも自己の自覚状態を高めるため，バージらの研究（実験1）における「真の自己」への接近可能性がこれらの働きによって高まったという解釈はおそらく適切であろう。その一方で，識別性の欠如すなわち説明責任の減少は，結果に対する恐怖心を感じずに「真の自己」を表現する能力を増大させる。ジョインソン (Joinson, 2001a) は，視覚的匿名性と説明責任の減少の交互作用が，自己開示の増大を（そしておそらく「真の自己」の活性化の増大をも）招いているという知見を得ている。この研究は，インターネットは「真の自己」を表現することを促進させはするが，それはある特定の状況に限られる可能性を示唆している。

④ オンライン・アイデンティティと現実生活

オンライン・アイデンティティを，自分自身の望ましい特性を発展させたり，「真の自己」を表現したりするための道具として捉えるならば，当然「現実生活にとってオンライン・アイデンティティはどのような意味を持っているのか？」という疑問がわき上がってくる。タークルは，オンライン・アイデンティティの成果として，治療となりえたものと逆効果となったものの両方について事例研究を紹介しているが，理想自己に関する社会心理学的研究によると，望ましいアイデンティティを求めることは有益なものとなる可能性がある。

インターネット上での活動と周縁的なアイデンティティ

これまでにも多くの論客たちが，インターネット，とくにロールプレイングゲームは，「アイデンティティ・プロジェクト」に携わる人々にふさわしい「アイデンティティ・ワークショップ」(Bruckman, 1993) の場を提供する可能性があると論じている。マッケナとバージ (McKenna and Bargh, 1998) は，一目ではわからない（吃音や肥満といった目につきやすいものではない）が社会の周縁にある[3]アイデンティティを持つ人たちのニュースグループへの参加に関する研究を行なった。彼らは，ニュースグループへの（読むだけにとどまらない）積極的な参加は，その参加者にとって，社会の周縁にあると思っていたアイデンティティの重要性を増大させ，そのことによって自己受容が高まり，社会からの疎外感や孤独感を減少させると予測した（図5-1参照）。

3 ▶ 社会において，主流（多数）を占める態度や制度的な立場からはずれて，少数的で阻害的な立場へと追いやられること。周縁化（marginalization）と中心化（demargin-

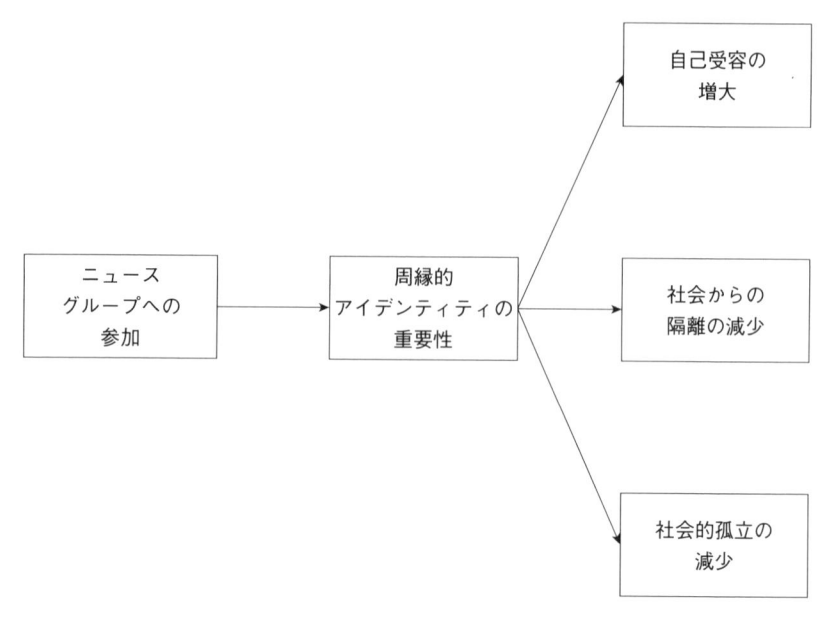

```
┌─────────┐      ┌─────────┐  →  ┌─────────┐
│ニュース │      │ 周縁的  │     │自己受容の│
│グループ │  →  │アイデン │     │  増大   │
│への参加 │      │ティティ │     └─────────┘
└─────────┘      │の重要性 │  →  ┌─────────┐
                 └─────────┘     │社会からの│
                                 │隔離の減少│
                                 └─────────┘
                              →  ┌─────────┐
                                 │社会的孤立│
                                 │ の減少  │
                                 └─────────┘
```

図5-1 アイデンティティの脱「社会的無視」に関するプロセスモデル
出典：マッケナとバージ（1998, p.683）

alisation）は対概念として扱われている。

　マッケナとバージ（1998）の研究1では，社会の周縁にあり存在が隠されたアイデンティティをもつ人々専用のニュースグループの利用者は，社会の主流，あるいは社会の周縁にあるが一目でわかるようなアイデンティティをもつ人専用のニュースグループの利用者よりも，そのニュースグループに対して，より大きな関与（多くのメッセージ送信や他者への応答を行なう）を示すことが明らかになった。この結果は，彼らの解釈によれば，社会の周縁にあり存在が隠されたアイデンティティ（彼らの研究では，同性愛，ドラッグ愛好，SM愛好が取り上げられている）を持つ人々によって形成されたグループは，所属成員にとってより重要性が高いということを示している。それは彼らのアイデンティティが「社会から存在を隠された」状況から脱却できるチャンスが「現実生活」ではめったにないからであるということを示唆している。

　研究1のフォローアップとして行なわれた研究2（McKenna and Bargh, 1998）では，alt.homosexual（同性愛のニュースグループ），alt.sex.bondage（被虐を性的嗜好とするニュースグループ），alt.sex.spanking（加虐を性的嗜好とするニュースグ

ループ）の参加者を対象とした質問紙調査が行なわれている。質問紙は，図5-1に示した各変数，すなわちグループへの関与度，自身のアイデンティティにとってのグループの重要度，自己受容の程度，社会的孤立感を問う項目から構成されている。その結果，発言者としてニュースグループに参加することは，個人のアイデンティティにとってのグループの重要度の増大と関連があることが示された。そして，個人のアイデンティティにとってのグループの重要度は，自己受容の増大と結びついており，家族や友人へのカミングアウトを促し，社会からの隔離感を減少させていた（図5-1参照）。これらの関連はアイデンティティの重要性の程度による仲介効果も見られたが，ニュースグループへの参加の直接効果は有意であった。参加の程度が増すことは，社会的孤立感を低める働きをしていた。研究3では，周縁的な思想的アイデンティティ（スキンヘッドや白人至上主義）に関して同様の調査が行なわれている。ここでも研究2と同じパターンの結果が見いだされ，参加の程度が増すことがアイデンティティの重要度を高め，そのことが自己受容を増大させ，カミングアウトや隔離感の減少を招いていた（ただし，社会的孤立感とは直接の関連が見いだされなかった）。

　これらの研究結果から，マッケナとバージは，バーチャルな集団は現実生活における集団と同じように機能しているように見えるが，インターネットの利点は匿名性が参加を促進するところにあると結論づけている。また彼らは，インターネットでの活動がきっかけでカミングアウトした回答者の比率（研究2で37％，研究3で63％）にもふれ，この結果はこれらの参加者にとってはバーチャルな世界は現実と非常に近い存在であったことを示唆するものであるとしている。

　エイクホーン（Eichhorn, 2001）は，アメリカの男性／女性同性愛者の学生たちが，ある運動のためにインターネットを利用したことを報告している。彼らは，コンピュータ会議には多くの同性愛嫌悪的な投稿が含まれているので，そこにいたるゲートウェイは，同性愛者と異性愛者で分けられるべきだと主張したのである。エイクホーンは，学生をサポートするために構築されたバーチャル環境が，彼らに発言権を提供するだけではなく抵抗をも支援していることを，同じ学生たちが「現実生活」の問題（例：カリキュラムに組み込まれているレズビアンやゲイ，同性愛の問題に関する授業）については意見を言わず沈黙していることと直接比較しながら論じている。インターネットは，アイデンティティの脱「社会的周縁化」環境を提供するのと同様に，そういったアイデンティティへの抵抗勢力をサポートしたり，抵抗組織を作ったりすることもある。時には同じ大学の同じ学部内にそういったグループができたりもする。エイクホーンが示したケースでは，インターネット上での抵抗やキャンペーンは，たとえば手紙を書いたり請願書に署名したりするほど効果的ではない。もちろん，オランダでのグリーン・キャン

ペーン[4]に関するポストメスとブルーンスティング (Postmes and Brunsting, 2002) の研究のように，インターネットを介した集合行動が，より伝統的な抗議行動と同等に捉えられているものもある。

> 4 ▶ オランダで展開された，大手電力供給会社と協力し，気候変動の解決策として太陽光，風力，バイオマスによるグリーン電力を促進するキャンペーン。

可能自己とインターネットアイデンティティ

可能自己の概念 (Markus and Nurius, 1986) は，自己の発達においてインターネットが果たす潜在的な役割について理解するのにも有用である。可能自己は，人々が「こうなる可能性がある」「将来的にこうしたい」と考えている自分自身のあり方のこと (Markus and Nurius, 1986) であり，「なりたい」「なれないこともない」「なってしまうかもしれない」自己のことである。こういった将来的な自己概念を形成することは，個人の自己概念の核の一部をなしている。

可能自己は，高水準の動機づけが効果的に個人化されたものであるということができる。たとえば，親和動機は「結婚する」「長期にわたる関係を構築する」可能自己に置き換えることができよう。しかし，可能自己は社会環境の変化に対して，とくに脆弱でもある。マーカスとナリウス (Markus and Nurius, 1986) は，「潜在的な可能自己の表出は，自己に関して新しい情報や一貫性のない情報がもたらされるような状況に対しては，とくに敏感となるだろう」と述べている (1986, p.956)。

われわれが持つさまざまな一連の可能自己のうち，実際に表出するのはほんの一部分であり，時間にしてもごくわずかである。周囲にある手がかり（例：鏡を見る）は，可能自己を活性化させる（例：肥満になるという可能自己を怖れる）だろう。インターネット利用者について考えてみると，肯定的な経験（例：バーチャル・コミュニティに受け入れられ，オンライン上で友人ができる）は，望ましい可能自己（人気のある社会的に有能な人間）を活性化させることだろう。この可能自己は，個人の現実生活におけるさまざまな経験に文脈を与える（例：私は，今は内気だが，将来は社会的スキルのある人間なるだろう）だけではなく，オンライン上の経験のオフラインでおこったできごとの解釈への転移を促進する可能性がある。そのため，望ましい可能自己がオンライン上で確証されたことのある人々にとっては，そのオンライン上での経験が，オフラインでも可能自己を達成しようとする試みを強化することになるだろう。

自分を偽ることと可能自己

カーティス (Curtis, 1997) は，MUDsにおける個人的な記述の多くが「謎めいているが明らかに力強い」人物像であることを指摘 (p.129) し，バーチャルな世界でのペルソナの発達が，願望を充足するための練習となっていることを示唆している。少なくとも一部の利用者にとっては，インターネットは彼らの望ましい可能自己を作り上げさせ，実践させ，さらには普段は抑圧されている「真の」自己を表出させてくれるところである。別の言い方をすれば，インターネットは人々に「現実生活」における自らのあり方を変えようという気持ちを駆り立てる何かを与えているのかもしれない。もしある人がオンライン上である特定のタイプの個人として振る舞う（あるいは振る舞っていると認知する）ことができるのであれば，このことはオフラインでも同じような状況を作り出そうとする誘因となるだろう。

⑤ メディア選択，印象操作とメタ認知

　ここまでのアイデンティティに関する議論の中では，アイデンティティの追求は，それ自体が本質的に何らかの「行為（activity）」であることが前提とされてきた。しかし，もしインターネット利用者を特定のメディアを戦略的に選択した人々でもあると認識すれば，インターネット，実際にはあらゆるメディアコミュニケーションは，さらに彼らの印象を操作する機会を与えることになる。インターネットのような，いわゆる「線が細い」メディアは，コミュニケーションの形態が限られている。しかしその一方で，それ以外のメディアではなしえないような，新しいアイデンティティを創造し，他者に呈示する自己を操作することができる機会を提供する。

　パトリック・オサリバン (Patrick O'Sullivan, 2000) は，社会的関係におけるコミュニケーションの機能的・戦略的役割の概要を示す印象操作モデルを構築した。オサリバンは，第2章で論じた合理的行為者アプローチと同様に，技術が利用者にもたらした影響が何であるかではなく，利用者が技術を何のために，なぜ使っているかを問うている。彼は，人々が唯一動機づけられているのは，望ましい成果を達成しうるように，自己呈示をどのように操作するか (Schelenker, 1980) ということであると主張している。これは詐称を意味しているわけはないが――ほとんどの自己呈示は「本当の」あなたに出会うためにあるのだから――自分自身を呈示する際に何らかの選択性が存在することを示している。したがって，コミュニケ

ーションをとるためのメディアをどのように選択し，利用するかは，あるコミュニケーションの目標をどこに設定し，そのためにどのような戦略を選択し，そしてどのようにその成果を評価するかにかかっている。ある戦略を選択するにあたって，コミュニケーション主体は2つの重要なことに配慮する必要がある。メディアに付随する象徴的な意味合いや規範（例：感謝の言葉は手書きであるべき）と，メッセージの内容である。

　この自己呈示にもとづくメディアコミュニケーションへの戦略的なアプローチは，手紙や電子メールによるコミュニケーションが選択されやすいという可能性を示唆している。なぜなら，これらのメディアにはいくつかの有利な点があるからである。たとえば，手紙を書いたり電子メールを書いたりする場合，伝達者はタイミングや間隔，相互作用の内容をコントロールすることができるし，自分の感情を表現しようと試みる際に舌足らずになる危険性を避けることもできるだろう。オサリバン（2000）は，自己呈示を行なうことに脅威を感じるような状況では，人々はメディアを媒介したコミュニケーション・チャネルを好むことも指摘している。

印象形成とインターネット

　インターネット・コミュニケーションは，とくに相互作用を開始する前には，一見したところ印象形成に適しているようには見えない。だが，他者が相互作用を始めた当初に第一印象を形成できるような，いくつもの手がかりが利用可能である。電子メールアドレスは通常は個人の出身国に関する情報を，ことによると彼らの職業や雇用主，そして名前に関する情報さえもたらしてくれる。個人的な利用者がどのISPを選択するかということも，印象形成に用いられる。とくに，ISPがAOLやFreeserveのように「初心者」向けのものならばなおさらである。ハンコックとダンハム（Hancock and Dunham, 2001）は，CMCとFtFを介して形成される第一印象の幅と強さについて検証している。彼らの研究では，比較的短い相互作用を行なった後のパートナーに対する印象は，FtFよりもCMCの場合のほうで範囲が狭く，あまり包括的ではないことが示されている。しかし，CMC条件の参加者は，FtF条件に比べて相互作用のパートナーに対する評価が極端であった。このことは，CMCで形成される限られた印象は，対面場面で形成される包括的な印象よりも強いものであることを示唆している。彼らは，印象形成に通常よく用いられる属性（例：よく笑う人，床をじっと見つめているような人）の多くが欠落していても，パラ言語，すなわちあらゆる叙述的なツールやコミュニケーション・スタイルが印象形成に有用な情報を提供していると結論づけている。印象がオンラインで強くなりがちであるという知見は，CMCと親和の増大（た

とえば Walther, 1996) やコミュニケーション相手の理想化 (McKenna et al., 2002) の関連性を示す研究結果と一貫している。

つまり，利用者によるニックネーム選択は，そこに選択の自由があるならば，注意深く行なわれ，油断なく守られており，さらにインターネット上での他者への印象形成のために用いられていると予測することができるだろう。

ベシャー＝イスラエル (Bechar-Israeli, 1998) は，インターネット利用者（この場合はIRC）が選ぶニックネームは，その人物がどのように認知されるかという点において重要であると述べている。もっとも一般的なニックネームのタイプは，自己に関連のあるもの（例：内気クン，セクシー女など：35％）であり，それに続いてさまざまな植物や動物（例：チューリップ，虎など：10％），技術関連語（例：ペンティアム，アイクシーなど：9％），言葉遊び（例：BeaMeUp[5]：8％），そして自分のアイデンティティに言及するかアイデンティティを消すことを意図したもの（例：私，名無し：6％）が続く。ベシャー＝イスラエルは，ニックネームがIRCにおいて特別な機能を果たしていると述べている。すなわち，ニックネームがあることで，人々はアイデンティティの遊戯に入り込むことができる。そのうえ，彼らは同じニックネームをずっと使い続ける傾向があるので，持続性も同時にもたらされる。

[5] ▶ 訳者の推測では「キラキラと輝くもの（Beamy Up）」と「私を元気にして（Be Me Up）」が引っかけられた「言葉遊び」だと思われる（ただし詳細は不明である）。

6 対人相互作用

ここまで見てきたように，インターネットを含め，社会的相互作用を行なうメディアを選択することは，人々に自己呈示の目標に基づいた戦略的な選択の機会を与える。しかし，これはメディアが対人関係に独立した影響をもつ可能性をも示しているというわけではない。

■ メディアコミュニケーションの利点

コミュニケーションの手段としてインターネットを用いることは，利用者に多くの恩恵をもたらす。もっとも明らかな利点は，インターネット以外のコミュニケーション技術も，その多くが共有していることであるが，時間と場所を超えたやりとりが可能であることである。また，メディアコミュニケーションでは，メッセージを作成したり返事を出したりするのに時間をかけることができるので，

自己呈示を向上させ，リアルタイムで行なう印象操作に際する認知的負担を減らすことができる。

すでにここまでで見てきたように，メディアの範囲もまた，コミュニケーション技術を選択する際に人々が戦略的に振る舞う機会を与える。たとえば，相互作用を電子メールから電話にシフトさせることは，コミュニケーション・チャネルの「豊かさ」を変化させるだけではない。声によるコミュニケーションは文字主体のコミュニケーションよりも一般的に「個人的」であると認識されるという象徴的な意味合いも伝達することになる。そのため，あるメディアから別のメディアに相互作用が移った場合は，その効果は，それぞれの技術がもつ象徴的な意味合いや特有のアフォーダンスに基づくと同時に，参加者が定めた戦略的な目標に基づいたものとなる。つまり，戦略的な観点から見れば，インターネットとそれが持つ多彩なコミュニケーション形式は，相互作用にある種の付加価値を与えるものであるといえる。

オンライン上の相互作用に対する戦略的なアプローチは，利益を最大化するメディアを選択する上での価値ある洞察を供給している。しかしながら，その一方で，メディアコミュニケーションがコミュニケーション行動に直接的な影響を与えていることを示す多くの論拠が，実験室研究によって示されている。

メディアコミュニケーションに関する初期の研究は，視覚的手がかりの欠如が，そこで生じうる接触の社会性を減少させるという理論に基づいていた。したがって，CMC研究における初期の前提のひとつは，CMCは単純な情報を伝達するのには適しているが，社会志向的な情報を運ぶのにはふさわしくないメディアであるために，課題志向型になりがちであるというものであった。たとえば，ヒルツとテュロフ (Hiltz and Turoff, 1978) は，CMCによる集団コミュニケーションのうち社会情緒的な内容を含んでいたのは14％（対面集団では33％）だったことを報告している。ライスとラヴ (Rice and Love, 1987) は，CMCでやりとりされた2,347文を対象とした研究を行ない，肯定的な社会志向的メッセージは28％，否定的な社会志向的メッセージは4％だったが，71％は課題志向的メッセージであるとしている。そのため，CMCに（どちらかといえば）高い水準の社会情緒的内容が存在することは，初期のCMC理論家たちにとってはパラドックスにほかならなかった。このパラドックスは，CMCは本質的に「非社会」的なものであるという考えから生じたものである。

■■ 超個人的相互作用と社会的情報処理

実験室研究から得られた知見には課題志向的なものが多い一方で，オンライン上では社会的情報のやりとりが存在している，というパラドックスを統合する試

みのひとつとして，ワルサー (Walther) の社会的情報処理モデル（第2章の議論を参照）がある。CMCが社会志向的な情報の伝達を遅延させるという議論を支持する論拠はいくつか存在する。だが，社会的情報処理モデルは，CMCは「失わせる」場であるという考えに，いまだに固執しているということによって批判されている。ワルサーは，たとえ時間の限られたCMCであっても，社会性において対面コミュニケーションに匹敵しうるという可能性を論じている。ワルサー (1995) は，社会的情報処理モデルに基づいて，CMC集団よりも対面集団において社会的行動がより多く生じるが，その差は時間経過とともに小さくなると予測して研究を行なった。ワルサーの研究では，対面あるいはCMCで議論を行なうそれぞれの人の行動をコーディングする人物をおいた。この人物は「関係性コミュニケーション」に関する質問紙（議論の「社会性」に関する全体的印象を問う）を用いて，すべての議論を評定した。CMC集団と対面集団は，3つの異なる事例に関する3つの別々の問題について議論を行ない，時間経過に基づく社会的コミュニケーションの比較が行なわれた。その結果，すべての時間単位において，CMC集団における課題志向的側面は対面集団よりも有意に「低く」，より社会志向的であると評定された。つまり，たった今出会ったばかりのバーチャル集団でさえも，同等の状況におかれた対面集団よりもしばしば社会的になりうるのである。

インターネットにおける過度な社会的行動

上記したように，ワルサー (1995) は，CMC集団がFtF集団よりも一貫して情緒的であると評定されたことを示した。実際，インターネットのさまざまな領域，たとえばチャット (Reid, 1991)，ユーズネット (Parks and Floyd, 1996)，MUDsやMOOsといった多人数参加型で文字ベースのバーチャル・リアリティ・システム (Utz, 2000)，そしてオンライン・コミュニティ (Rheingold, 1993) 内で，親密な関係やロマンスが生じた例は枚挙にいとまがない。これらの関係の中には同棲や結婚といった形態に到達するような真剣なものもある (Parks and Flloyd, 1996)。ヘレン・ペトリー (Helen Petrie, 1999) は，ラブレターがオンライン上に，たとえば次にあげるようなルネッサンスを作り出していることを報告している。「君がそこにいるとわかること，君のそばにいるときの至上の喜びを心に刻み込むことは，私にとって暗闇に火を灯すものだ」（男性が女性に送ったもの）。

事実，電子メール (Petrie, 1999) と家庭でのコンピュータ利用 (Kraut et al., 1998) の主要な利用目的は社会的相互作用なのだが，初期の理論家たちによれば，コミュニケーション・メディアはそれを阻むようなものであるはずだった。しかし，圧倒的な数の事例研究や実験的研究が，コンピュータ利用が社会的関係を形成する

ことを示してきた。今やコンピュータ利用が社会的関係を生むかどうかを云々するよりも，CMCは高度に社会的であるかどうか，あるいはどのような文脈においてCMCは高度に社会的になるかといったことのほうが妥当な疑問であろう。さらには，これらの疑問が，CMCは課題志向的であるとした初期の研究とどのように両立していくのかが問題となってくるだろう。

　最初の点について考えてみよう。視覚的に匿名状態のCMC集団の社会的志向性はFtF集団よりも高いというワルサー (1995) の知見は，過去にも何度も示されてきたことである。たとえば，チルコートとディワイン (Chilcoat and DeWine, 1985) は，お互いを見ることができない参加者たちは，態度の類似性を相互に高く評定し，社会的魅力，肉体的魅力についても同様の傾向があった (Walther et al., 1999も参照)。

　ワルサー (Walther, 1994) は，この結果の解釈のひとつとして，長期的にコミュニケーションを行なうCMC集団が将来的な相互作用を予期した場合は，将来再び会うことを予期していない対面集団よりも，高い水準の社会的コミュニケーションを行なうのではないかと考えた。再会を予期しない集団では，将来会うことを予期した集団よりも社会的コミュニケーションの水準が低いことがわかっている (Walther, 1994)。このことから，その場限りの実験集団を用いた初期の研究で社会的コミュニケーションの水準が低かった理由を解釈することが可能であろう。そのうえ，初期の研究では，そのほとんどでは時間制限が課されていたために，社会的情報がやりとりされるための十分な時間がなく，その結果CMCにおける社会志向的コミュニケーションに関する評定値が低くなったのかもしれない。

　つまり，ワルサーの解釈によれば，CMC集団が高水準の親和性を示すためには，将来的な相互作用を予期する（初めから社交的にふるまいそうな場合）か，ある程度の時間を経てから対面する（当初は課題志向的である場合）必要がある。ワルサーは非人間的な相互作用を促進しそうなCMC環境（例：時間制限あり，将来的な相互作用の予期なし）と，対人相互作用を促進するようなCMC環境（例：時間制限なし，将来の相互作用の予期あり）をはっきりと区別している。ワルサーは次のように論じている。「CMCの中には，同等水準のFtFによる相互作用で得られるものを上回る水準の感情や情動が生じる例がいくつもある」(Walther, 1996, p.17)。彼はこのような現象を「超個人的コミュニケーション」と命名した。すなわちこれは「われわれがFtFによる同等水準の相互作用で経験するよりも社会的に望ましい」コミュニケーションを指している。

　ワルサー (1996) によれば，超個人的な相互作用は4つの主要因から創り出される。1つ目は，オンライン・コミュニケーションを行なう人の多くは社会的カテゴリーを共有しているために，自分と会話の相手との間の類似性が高いと認知し

やすいことである。われわれは類似した他者を好みやすいので，オンラインでコミュニケーションを行なう人々は，コミュニケーションの相手を好きになりやすい傾向があるだろう。

　2つ目の要因は，メッセージ送信者は非常に効果的な自己呈示を行なうことができるということである。すなわち，非言語的行動からウソがばれてしまうことを心配しなくてよいので，対面で可能な範囲よりも，より肯定的な自己呈示を行なうことができるのである。ワルサーは「ウエストのことなんて，考えただけで身震いするわ」というフレーズを引き合いに出している。これは，限りある心的資源が視覚的手がかりと外見のコントロールに割り当てなければならない状況から解放されることによって，メッセージの作成により多くの資源を割けることを意味している。ワルサーは，より多くの資源で作成されたメッセージによって，より肯定的な印象が受け手に伝達されると主張している。

　またワルサーは，外見に関する懸念からの解放が，内的な自己への注目を高めることと結びついていることも示唆している。このことは，CMCで送信されるメッセージは個人的な感情や考えに基づく内容をより多く含み，送信者が自己の理想像により一層接近する可能性がある（そのことによって自己呈示もうまくいく）ことを意味している。

　超個人的コミュニケーションの第3の要因は，CMCの形式である。ワルサーは，非同期的なコミュニケーション（例：電子メール）が超個人的な相互作用を促しやすいと述べている。その理由は，①コミュニケーション主体は，同時進行する他者の発言に邪魔されることなく，CMCに専念できる，②メッセージを作成したり編集したりするのにより多くの時間を割ける，③社会的メッセージと課題関連メッセージを混在させることができる，④迅速に答えなければならないということで認知的資源を使い果たす必要がないので，メッセージにより多くの注意を払える，の4つである。

　ワルサーがあげた最後の要因は，社会的相互作用を通してこれらの効果を増幅させるフィードバック・ループである。自己成就的予言（self-fulfilling prophecy）と行動的確証（behavioral confirmation）作用をふまえると，これは次のようなプロセスであるといえる。コミュニケーションの主体は，相互作用が進行するにつれて自分の第一印象を確証しようとするために，膨張した肯定的な印象がどんどん増幅していく。そして次にパートナーから伝えられる肯定的な印象に応えるようとする。この繰り返しである（Walther, 1996）。

　ワルサーの超個人的コミュニケーションの理論は，視覚的匿名性と非同期的コミュニケーションに依拠したものである。実際，ワルサー（Walther, 1999a）は，PCにビデオカメラを接続しようとする風潮に警告を発しており，視覚的手がかりは

CMCで形成される社会的印象の質を落とすと主張している。たとえば，ワルサーら (1999) は，長期にわたるCMC集団が，お互いの写真を見た場合は，魅力が低下し，親近感が減少することを報告している。超個人的CMCにかかわる要因の1つは，自己開示，すなわち自分自身について個人的な事実を話す傾向である。

自己開示とCMC

　CMCに関する実験的研究や事例研究が短期間の間に急速に増えたことは，CMCとインターネット上における高水準の自己開示という特徴的な行動と関連が深い。ラインゴールド (Rheingold, 1993) は，サイバースペースでは，そのさまざまな制約ゆえに，あるいは制約があるにもかかわらず，新しくかつ重要な関係が形成されうると主張している。さらに彼は「メディアは，人々がしばしばスクリーンやペンネームを介さない状況でしたいと思うよりも，はるかに詳しく自分たちをさらけ出してしまうような場になるだろう」とも述べている。同様に，ウォレス (Wallace, 1999) は，「コンピュータを前にするとより多くの自己開示をするという傾向は，インターネット上で生じている事象の重要な構成要素になっている」と述べている。コンピュータを利用するさまざまに異なる状況で，自己開示についての多くの研究が行なわれている。たとえば医学分野では，精神分析的なインタビューの際には，コンピュータを前にした場合のほうが，対面の診察場面よりも率直な開示が行なわれる程度が増大することが示されている (Ferriter, 1993; Greist et al., 1973)。ロビンソンとウェストは，性感染症クリニックを訪れた患者は，医師に対するよりもコンピュータに対してのほうが，性的パートナーのことや以前の診察経験，症状などについてより多くのことを話すことを報告している (Robinson and West, 1992)。

　医療場面に限らないインターネット上の行動についての研究でも，同様の知見が見いだされている。パークスとフロイド (Parks and Floyd, 1996) は，インターネット利用者によって形成される関係に関する次のような研究を行なっている。彼らは参加者に対し，インターネット上の関係における自己開示水準を報告することを求めた（例：「私はふだんこの人に私が感じるままのことを伝えている」「私はこの人に親密さを示すことや私の個人的なことを話したことは一度もない」）。その結果，人々は現実生活の関係よりもインターネット上の関係において，有意に多くの自己開示を行なっていることがわかった。マッケナら (McKenna et al., 2002) とバージら (Bargh et al., 2002) の研究で，インターネット上では「真実の」自己が表現されやすくなることが示されている。そこで表現される中には，通常は社会的に受け入れ難いような自己に関する情報の開示も含まれているのだろう。同様にマッケナとバージ (1998) は，「インターネット上でのカミングアウト」研究に

よって，オンライン・ニュースグループへの参加が人々に「長い間秘密にしていた自己の一部の開示」という恩恵をもたらすことを示している (p.682)。

WWW上でも，自己開示がありとあらゆる場所で行なわれている。たとえば，ロッソン (Rosson, 1999) は，インターネット利用者によって「ウェブ・ストーリーベース」というところに投稿された133個のストーリーを分析している。全体的に見て，81のストーリーが何らかの個人的情報を含んでいた。ロッソンは「利用者たちは，こんな公共のフォーラムで，実に楽しげに自分の生活を事細かにさらけだしていて，中には『秘め事』に属するようなものさえある」と結んでいる (p.8)。紙と鉛筆で行なう筆記調査との比較では，電子調査は筆記調査と比べると社会的望ましさが低く，自己に関する情報の開示が行なわれやすいことが示されている (Joinson, 1999；Kiesler and Sproull, 1986；Weisband and Kiesler, 1996)。ワイスバンドとキースラーは，コンピュータ上での自己開示に関するメタ分析を行ない，コンピュータ利用が自己開示に及ぼす効果は，デリケートな内容の情報を収集する場合にもっとも高くなることを示している。

ジョインソンは，インターネットと自己開示に関する一連の研究を行なっている (Joinson, 2001a)。研究1では，対面と同期的CMCによるディスカッション記録を内容分析した結果を用いて自己開示水準を測定した。研究2では，CMC条件を視覚的匿名性がある場合とビデオによる画像も提供される場合の2つに設定した。研究1では，効果に関する予測どおり，対面状況よりもCMCシステムを用いて討論を行なう場合に自己開示が有意に多かった。

研究2では，CMCプログラムを利用した参加者間のディスカッション中にビデオによる相互接続システムを組み込んだ。結果，自己開示水準は対面の場合とほぼ同等になった。一方で，ビデオによる相互接続システムなしのCMCの場合は，対面の場合よりも有意に自己開示水準が高かった。

これら2つの研究は，視覚的匿名性を保持したCMCが高水準の自己開示を引き出すことを実証的に確認するものである。これらの研究結果はまた，インターネット上の相互作用によって自己開示を促進できるだけではなく，効果的に設計することも可能であるということを示している（たとえば，ジョインソン (2001a) の研究3は，ビデオによる相互接続システムや説明責任を生じさせるような手がかりを用いて，自己開示を行なわせている）。また，これらの研究で得られた知見，すなわち「超個人的」コミュニケーションが，参加者が出会いを予期していない短時間の同期的ディスカッション中にも生じうるということは，ワルサーの超個人的モデルに疑問を投げかけるものである。少なくとも，ワルサーのモデルに適合しない状況での超個人的な相互作用も説明することができるように，モデルを改訂することが必要であることを示唆している。

電子商取引（eコマース）の領域では，消費者による開示を（マーケティング目的で）促進するためのインターネットの潜在的可能性と，開示や信用，そしてブランド・ロイヤリティへの結びつきを検討するために，さらなる研究が必要とされている。システムの設計や，システムが与える文脈や手がかりは，消費者が自分の情報を開示しようとする意思に大きな影響を与える可能性があるという知見が，多くの先行研究から一貫して得られている。たとえば，ムーン (Moon, 2000) は，スタンド・アローンの（ネットワークに接続されていない）コンピュータを用いたデータ収集を行ない，自己開示の相補性法則を検討している。彼女の研究では，コンピュータが自分自身に関する情報を開示した場合（例：「私ことコンピュータは時どき操作方法をよく知らない人に利用されています。するとシステムが破壊されてしまう羽目になります。ところで，あなたを怒らせることはなんでしょうか？」）に，参加者はそれに対して同じような方法で返報し，結果的に広く深い開示が行なわれることが見いだされている。ジョインソン (2001b) は，インターネット調査でこの効果を応用できるかどうかを検証した予備的研究で，参加者を「実験者が開示を行なう」条件か「実験者が開示を行なわない」条件のいずれかに割り当てた。開示条件の場合は，参加者は実験者に関する情報が掲載されたウェブページを閲覧するが，非開示条件では実験手続きがすべて終了するまで実験者に関する情報は与えられない。全参加者は，6つの個人的な質問（自由記述形式）に回答した。参加者の回答は，自己開示の広さ（語数）と深さ（弱みの部分まで率直に自己を開示している程度）について分析された。この予備的研究では，自己開示の深さに関しては相補的自己開示の効果は見られなかったが，開示の広さに関しては効果をもっていた。すなわち，実験者の自己開示を受けた後に質問に回答した参加者は，自己開示を受けずにすぐ質問に回答した参加者よりも，多くの自己開示を行なっていた。

オリヴェロとルント (Olivero and Lunt, 2001) は，営利団体に対して自己に関する情報を開示する意思があるかどうかについての研究を行なった。この研究では，組織の信用性の水準（開示に対する金銭的報酬が提示されるかどうか）と質問の押しつけがましさの水準とが操作されている。実験者らは，非常に押しつけがましい質問に対して回答する場合に，信用の水準が参加者の開示意思と関連をもっていること，その信用の効果はデータ・マイニングやプライバシーに対する懸念によって調節されていることを見いだした。

同様の文脈で，ブキャナンら (Buchanan et al., 2001) は，インターネットが自己開示に及ぼす「脱抑制」効果は，慎重を期するような問題（この場合はたとえばドラッグの使用）に関するデータを研究者が収集することを可能にする一方で，プライバシーに対する強い懸念を残すと主張している。インターネットが自己開示

を促進する一方で，プライバシーに対する懸念を増大させるというのは逆説的に思えるかもしれないが，これらの効果が文脈依存かつ意図的なものであることは疑いようがない。このことが何を意味しているかというと，インターネットは，自己開示，あるいは説明責任やプライバシーに対する懸念に普遍的な影響を与えるわけではないということである。むしろ，インターネットでの自己開示は，相互作用の本質や受信者，相互作用のプロセスやダイナミクス，そしてその中で故意に設けられた説明責任に関する手がかり（あるいはそういった手がかりの減少）によって高められ，より適切なものとなっていくのである。おそらく「自然な状態」のインターネットは，説明責任への懸念を減少させ，私的な自己への気づきを増すことで自己開示を促進する。だが，これらの効果は普遍的なものではないし，当然のものだと思うべきでもない。

自己開示は心理学研究のためにデータ収集を行なう際に大きな役割を果たすから重要だというわけではなく，関係における信頼や親密性の発展と密接に関連しているゆえに重要なのである。

7 インターネット上の恋愛関係

ここまでに見てきたように，インターネット，より限定された言い方をするならCMCは，社会的情報や関係の情報を伝達する能力があるというだけではなく，実際のところそれを促進する可能性がある。そのうえ，その技術が提供されたことと利用者の自己呈示の問題が組み合わされることによって，「超個人的」相互作用が生まれ，自己開示が増大する。

これらのアイディアが，インターネット上での恋愛関係の発展にとって，そしてその関係が現実生活に移行するかどうかを予測する際に，重要な意味をもっていることは明らかである。

■■ 恋愛関係を形成し，発展させるためにインターネットを利用する

恋愛的な愛着におけるインターネットの利用方法は，次のようなさまざまな形式を取りうる。

◉インターネットが可能にする関係の類型
  1．ネット恋愛　これらのケースでは，人々は偶然あるいは意図的にインターネット上で出会い，チャットや電子メール，電話，そして最終的には（多くのケースのうちある程度の割合で）直接顔を合わせることを通じて関係

を発展させる。そこには連続性があるらしく，公開型の場からプライベートな場（例：チャットサイトから電子メール）へ，そして電話によるコンタクトを経由して，最終的な到達点としては顔を合わせることになる (Parks and Floyd, 1996)。

2. **すでに存在する関係の維持** 多くの遠距離恋愛関係において，インターネットは対面状況で始まった関係を維持するためのメディアとなる。これらのケースでインターネットが利用される目的は，すでに存在する関係を維持することであり，顔を合わせることや手紙，電話なども（インターネット利用から発展するのではなく）同時並行で含まれることが多い。このカテゴリーには，お互い近くに住んでいたり，同棲していたりするのだが，日中の会話にインターネット（主に電子メールとインスタント・メッセンジャー）を利用しているカップルも含まれる。

3. **サイバー不倫** サイバー不倫とは，オンライン上で出会う人々とインターネットを通じて関係を進展させるのに，決して（少なくとも関係の当初は）対面では会おうとしない場合のことである。彼らは「現実生活」ではちゃんとパートナーがいることが多く，インターネットの利用は逃避や気晴らしである。オンラインでの偶然の相互作用から図らずも関係を進展させてしまうケースもある。これらのケースの中には，対人関係の進展はほとんど見られず，ただサイバーセックスのみを相互作用の主要な目標とするものもある。

インターネットを「越えて」発展した恋愛関係の数を見積もることはかなり難しいが，MUDsとユーズネット参加者を対象とした研究結果がいくつかある。パークスとフロイド (Parks and Floyd, 1996) の調査では，彼らが収集したサンプルの60％以上が，インターネットを利用して関係を形成したと回答している。ウッツ (Utz, 2000) によると，103名のMUDs利用者を対象とした研究の中で，73.6％がMUDs利用者仲間と関係を形成しており，またそのうち24.5％が恋愛関係となり，また76.7％がMUDs上での友情をオフラインでの友情に発展させたと回答している。マッケナら (2002) は，オンライン上の関係形成がどの程度普及しているかを直接測定してはいないが，インターネット上で初めて出会った関係がその後どのように変化したかを報告している。調査対象とした568名のユーズネット参加者のうち，63％が電話で会話するような関係になったことがあり，56％が写真を交換したことがあり，54％が手紙を送ったことがあり，そして同じく54％が対面で会ったことがある（平均8組程度）と答えている。アメリカ・オンライン社（AOL）は，AOLのウェブサイト「出会い」コーナーがきっかけで1万組ものカ

ップルが結婚したと推定している。しかし，プロポーズがインターネット，それ以外のメディア，あるいは対面状況それぞれで，どの程度の割合で行なわれたかについては不明である。

インターネットとオンライン上の魅力

あらゆる恋愛関係の発展において，人々を恋人同士にする最初の段階では，魅力が主要な役割を果たすと推測するのが妥当である。身体的な魅力の役割は，関係が長期のものに移行するにつれて重要性が低くなる (Buss, 1988)。だが，2人の人間が最初につきあうかどうかを決める際には，重要な要因であろう。

よって，一度も会ったことがなかったり，写真を見たこともなかったりする人に魅力を感じることができるという考え方が，見た目優先の西洋世界において，疑いの眼差しで迎えられるのも致し方がないことではある。しかしながら，同時に，なじみ深い諺にはこうある。「本を表紙で判断するな」だし，「人は見かけによらぬもの」なのである。進化心理学者デヴィッド・バス (David Buss, 1988) は，異性から魅力的だと判断される男女の10種類の行動を指摘している。身体的な魅力は確かに目立つが，バスのあげたもののうち半分以上の属性（ユーモアセンス，共感，上品さ，援助の申し出，一緒に時を過ごすために努力を惜しまないこと）は，文字によって容易に伝達される。

インターネット上の魅力が相対的に容易に生じるという社会心理学的な理由は，他にも存在する。

- **類似性** 互いに類似した者同士が関係を形成しやすく，そうやって形成された関係は長続きする傾向がある。インターネット上にある出会いの場所の多くは，興味・関心を共有する人が集うところにあり，そこで会う人々は類似した関心を共有していることが多い。もし仮に彼らが「盆栽」愛好家であるという関心を共有していなかったとしても，インターネット利用者であるということ自体が，共有アイデンティティを提供する。社会的アイデンティティを共有することには，内集団成員への好意度を増す働きがある。
- **自己呈示** これまでに見てきたように，インターネットは自己呈示を戦略的に行なうことを可能にする。それは長所を最大化し，弱点を最小化する (Walther, 1996)。関係が進展するにつれて，人々の正確な自己呈示を行なうことに対する動機づけは高まる (Swann, 1983)。もし人々がオンライン上で「真の」自己を呈示しやすい (McKenna et al., 2002) のなら，このことは関係をぎくしゃくさせずに発展させることにつながるだろう。
- **自己開示と相補性** 自己開示は，関係を前進させ，信頼を育むような関係の

発展において重要な役割を果たす (Derlega et al., 1993；Laurenceau et al., 1998)。もしインターネット利用が自己開示を増大させるなら（前節参照），オンライン上の関係は現実生活のそれよりも進展のスピードが速い (McKenna, et al., 2002) と考えられる。オンラインでの自己開示の増大は，開示の相補的サイクルを導き，親密性と信頼を強める働きをする。

- 理想化　オンラインで会話する相手は理想化されやすい傾向があり，より高い水準の好意をもたらす (McKenna et al., 2002)。このことが安定性を低くする (McKenna et al., 2002, 研究2) ことを示す論拠はほとんどない。

◉インターネットを利用した関係の発展

　インターネット上の関係は，公共の舞台における初対面からプライベートな領域（例：電子メールやAOLメッセンジャー）へ，そして電話，対面へという類似したパターンをたどる傾向がある (Parks and Floyd, 1996)。もちろん，すべての関係がこの道筋をたどるわけではなく，それぞれの段階で多くが脱落していく。さまざまなメディアを通って関係が徐々に移行していくことは信用や関係性の正当性，コミットメントと関連する。これらは少なくとも部分的には，異なるメディアによって伝達される象徴的な意味から生じるものである。

　ベーカー (Baker, 2000) は，オンライン上の関係に関する2つの事例研究の概要を次のようにまとめている。1組は最終的には結婚にいたり，もう片方は失敗に終わった。多くの点で，彼らの関係の進展は著しく類似している。

カップルA

　ブレイクとネヴァは2人ともアメリカに住んでいた。彼らはオンライン・フォーラムで出会った。公共のサイトで出会った後に，電子メール，続いて電話，そして写真の交換を経て対面で出会うまでにいたった。いったん電話で話をし始めると，彼らの会話は急速に親密なものになった。彼らはホテルで会い，出会って数時間後には親密な関係になっていた。これが彼らの最後の出会いだった。関係はしばらく続いたが，結局成功にはいたらなかった。

カップルB

　マークがクレアと出会ったのは，彼女のプロフィールが彼の興味と合っているという理由で電子メールを送ったのがきっかけだった。コミュニケーション開始当初は2人とも既婚者だった。彼らは電子メール，そしてその後はインスタント・メッセンジャーで定期的（少なくとも日に1回）にやりとりをした。しばらく後にクレアはマークのもとを訪れたが，彼らの関係はプラトニックな

ままであった。彼女がアメリカに戻った後，彼らのコミュニケーションはより親密になり，性的空想やテレフォン・セックス，そしてサイバーセックスを含むようになった。最初に対面で出会ってから数か月後に彼らは再会し，今度は「絆が深められた」(Baker, 2000, p.240)。3度目の訪問の後，クレアは試しに英国に引っ越してみることにした。マークとクレアは現在結婚している。

　ベーカー(2000)は，カップルA，Bの類似点と相違点について次のように論じている。2つのカップルには多くの共通点（例：みな結婚経験者であり，高学歴で，年齢は40代，遠距離恋愛）があるが，関係の発展パターンははっきりと異なっている。彼女は，オンライン上の関係の成否には2つの重要な理由があることを示唆している。第1の理由は「共通の価値観」と「身体的魅力の相対的な重要性」である。カップルAは政治信条が正反対（片方はリベラル，もう片方は保守）である一方，カップルBは価値体系を共有しており，そのうちいくつかは電子メールのやりとりの中でも出てきた。ベーカー(2000, p.242)は次のように述べている。「互いの価値観における重要な次元を早いうちに深い水準まで共有し，葛藤が生じた場合にはそれを解決しておくことが，後の現実生活で直面するちょっとした問題を埋め合わせてくれることだろう」

　ベーカーが見いだした2つ目の大きな要因は，コミットメント，リスクと資源である。どちらのカップルも定期的に対面で会うだけの余裕はなかったが，カップルBのクレアは離婚後いくらかの余裕ができた。カップルAのブレイクは求婚した頃失業中で，努力したにもかかわらずネヴァの近所に仕事を見つけることができなかった。

● **チャットから承諾へ：心理学とサイバーセックス**
　ドリング(Doring, 2000)によれば，サイバーセックスは「参加者が性的に動機づけられた，すなわち性的刺激と満足を求めるコンピュータ媒介型の対人相互作用」である(p.864)。この用語は多種多様なインターネット上の行動（たとえばポルノ画像の入手）を示すものとして用いられてきたが，対人関係にもとづく定義は，基本的に人間と機械の相互作用である「1人エッチ（solo sex）」とサイバーセックスを区別している点で，より適切なものである。サイバーセックスにおいて，参加者はサイバーセクシャルな出会いを進展させるべく，うまく自分の行動をコントロールし，調整する必要がある。

1．**バーチャル・リアリティベースのサイバーセックス**　三次元のバーチャル・リアリティ空間での異性との出会いのこと。これを実現するためには

現在の技術がかなり発達する必要がある（例：フルボディースーツとデータヘルメット）。可能だとしても商業利用はしばらく先になるものと思われる。代替のものとしては「テレディルドニクス[5]」があるが，これはリモコン操作可能な「大人のオモチャ」である。

> [5] ▶ ネットを経由して遠隔地間で情報を伝達し，端末を使ってセックスをしようとする試み。バーチャル・セックスと同義。テッド・ネルソンによって最初に定義された。

2．ビデオベースのサイバーセックス　ウェブカメラ，時には文字やオーディオを使ったテレビ会議空間での異性との出会い。参加者はたいてい全裸で，ビデオの前に自分の身体をさらし，時にはカメラの前で自慰行為をする場合もある。
3．文字ベースのサイバーセックス　リアルタイム（チャット）メッセージを交換することによる異性との出会い。ドリングは文字ベースのサイバーセックスを主に「タイニーセックス」と「ホットチャット」の2種類に分けている。

タイニーセックスはMUDs内で行なうサイバーセックスである。MUDsでは，動作と話し言葉の両方が使え，小道具も使えるし，参加者やその居場所についての情報もわかる。たとえばドリング (2000, pp.865-7) は，ラムダMOO内にあるタイニーセックスでの出会いのきっかけについて，次のような例をあげている。[　] 内が参加者の動作を示している。

　あなたは「Blue_Guest」としてログインしています。
　［女性専用ご乱行部屋に行く］

「女性専用ご乱行」部屋：部屋に入ってまずあなたが気づくのは，この部屋にはいくつかの制限事項があることと，天井から鎖がつり下がっていることです。あなたはそう遠くない以前に，ここでセックスが行なわれていたことに，そのほのかな残り香から感づきます。実際，あなたの耳には錯乱状態に陥ったかのような悦楽の叫び声も入ってくることでしょう。あなたは絹のシーツがかけられた四柱ベッドに気がつきます。南側の壁には「男性入室禁止!!!!」と書いてあります。この部屋で利用できるものやコマンドに関して知りたいときは「help here」とタイプしてください。「官能の小休止」部屋への出口は西，「セックス」部屋への出口は北西にあります。

Faustine, Autumn, hippie_girl が部屋にいます。
Blue_Guestさんが到着しました。

Autumn「ハーイ，Blue！」
[「あら，ハーイ！」と言う]
あなた「あら，ハーイ！」
Autumnがあなたに笑いかける
[Autumnに笑いかける]
Blue_GuestはAutumnに笑いかけています
[Autumnを見る]
Autumnさんについて
　身長約5.5フィート（167.5センチ）で秋の落ち葉によく似た色で肩にかかるくらいの長さのストレートヘア。黒と茶色のチェックのスカートに黒のセーターを着ている。セーターのサイズがちょっと大きすぎるので，ずっと片方の肩が出ている。彼女は裸足で，左の足首にケルト風模様のタトゥーを入れている。口角には常に軽い笑みがたたえられている。
[Autumnに「あら，いいタトゥーね」と言う]
hippie_girlはFaustineを優しく抱きしめ，彼女の参加を受け入れる
あなた「あら，いいタトゥーね」
Autumnはニコッと笑って左足を優雅に伸ばし，あなたのお尻を蹴る
[笑う]
あなたは笑いながら倒れ込む
hippie_girlはくすくす笑う
[青いドレスと靴を脱ぐ]
Blue_Guestは青いドレスと靴を脱ぐ
[ベッドに座る]
あなたはベッドに敷かれた絹のシーツの端をつまんで下に落とし，布地があなたの肌を優しく撫でるのを感じる
　Autumnはあなたに続いてベッドに来る

　ホットチャットは，チャット環境を利用したサイバーセックスの場である。MUDsとは違って，チャット環境はサイバーセックスのための手段（小道具）をほとんど提供しないし，人々は互いのハンドルしか知り得ない（ただしYahoo!のように利用者が他者のプロフィールにアクセスできるサービスもある）。したがって，チャットでのサイバーセックスは，あらゆる種類の（たと

えば「僕たちは無人島にいるんだ」といったような）共有幻想に基づくことができるし，たとえば「私はオフィスにひとりきりなの。あなたとチャットしてるとヤリたくなっちゃう」といったような参加者の現実に基づくこともできる。ドリングは「しかし全般的に見て，チャット時のバーチャルな自己呈示はMUDsにおけるそれよりもよほど現実的だ」と述べている (p.866)。たとえば，ドリングのあげた以下の例 (pp.866-7) では，バーチャルと現実が交錯している。

> ウルリケは灯りを消す。
> ジュリアンはTシャツを脱ぐ
> ジュリアン：素敵だ
> ジュリアン：(キスする)
> ウルリケ：(笑)
> ウルリケ：あなたの温かい身体に寄り添うわ
> ジュリアン：君に寄り添って，胸を愛撫するよ
> ウルリケは自分が何をすべきか自問する
> ウルリケは今は何もしないことに決め，愛撫されるに任せる
> ジュリアン：とても優しく，指先だけでね
> ウルリケは自分の乳首が固くなっているのを感じる
> ウルリケはジュリアンの太ももを強く抱きしめる
> ジュリアンは胸にキスをし，乳首を口に含んで愛撫する
> ウルリケの胸は高鳴る
> ジュリアン：……僕の手が君の子猫ちゃん（pussy）を愛撫しているんだよ
> ウルリケ：もう濡れちゃってるわ
> ジュリアンは片手でタイプするべきだろうかと考える
> ウルリケ：大丈夫よ
> ウルリケ：（もし私の許しが必要ならね）
> ジュリアンは彼女を横たえる
> ジュリアン：じゃあ君の足を僕の腰の上に持ちあげるよ
> ウルリケは自分の足を彼の腰の上に差し上げる
> ジュリアンは片手を下に動かす

前章で議論したように，サイバーセックスの否定的な側面は，それが依存症や虐待といった形を取ることにある。しかし，フェミニストの研究者たちの研究では，サイバーセックスは，家父長制社会によって押しつけられてきた性的表現の規範や，そもそもそういった表現が欠乏していた状況から女性を解放するものと

して取り上げられている (Doring, 2000 ; Levine, 1998)。たとえば，女性にとってのサイバーセックスは，「セックス以上の（現実生活では封じられている）もの」，「セックスよりすばらしい（性行為の最終目標として「挿入」が必要ない）もの」，そして「セックスとは異なる（羞恥や罪の意識を持たずに「お試し」自由な）もの」を意味することができるという議論が行なわれている。

オンライン上の人間関係の予知

ドリーズ (Drees, 2001) は，現在進行中の研究プロジェクトの分析の中で，彼女の研究のサンプルとなった「インターネット恋愛」カップル20組のうち同棲や結婚にいたったのは1組であると報告している。マッケナら (2002) は，インターネット上の関係の安定性は現実生活のそれと同水準であることを報告している。出会った当初のパートナーに対する好意が増大するのと同じように，インターネット上の相互作用は魅力を高め続け，それは顔を合わせた後も持続する。たとえば，ディエッツ＝ウーラーとビショップ＝クラーク (Dietz-Uhler and Bishop-Clark, 2001) は，コンピュータ会議に引き続いて行なわれる対面ディスカッションの質について検討を行なっている。彼らの研究によれば，ある話題についてまずオンラインで，続いてその後対面で議論を行なった参加者は，対面のみの参加者と比較すると，後の対面ディスカッションをより楽しいものであると回答した。つまり，最初にインターネット上で出会うことがきっかけで，後の対面相互作用が充実する可能性があることになる。

インターネット利用で既存の関係を強める

●オンライン不倫

通常，不倫というのは，浮気をされるほうより浮気をするほうにのみ利益をもたらすものだと見られている。ペルソナは現実生活のアイデンティティを補うものだという考え方をふまえて，サイバーセックスが現状の現実生活の関係を改善するために利用されている可能性を主張する研究がいくつかある。マヒュー (Maheu, 2001) は，1997年から selfhelpmagazine.com というウェブサイトを通じてオンライン不倫に関する調査データを収集してきた。2001年11月までに2,838件の回答が寄せられている。これらの回答のうち，「サイバーな情事はこれまでの関係にとって常に脅威である」としているのは半数以下（1,370件）である。「ネット上での情事で個人的にもっとも重要な関係をより強いものにできていますか」という質問には，50％（1,434件）が「はい」もしくは「ときどき」と答えており，それに対して「いいえ」という回答は，相対的にはかなり少数（35.5％，1,010件）である。最後の質問で「ネット上での情事が好きですか」と尋ねたと

ころ，過半数（61.3％）がそうだと答えている。

　なぜこのような結果となったのだろう？　まず，サイバーセックスは（いわゆるサイバー上の関係とは反対に）情緒的なコミットメントが含まれない。性的な嫉妬に関する研究では，少なくとも女性の場合，パートナーによる情緒的コミットメントのほうが，肉体的な浮気よりも本質的な問題となる（男性の場合はパターンが逆）とされている。一方，男性の場合は，サイバーセックスのバーチャルな本質が，「自分以外の遺伝子は増殖してはならない」という進化的規則による性的嫉妬を消し去ってしまう。

　第2に，多くのカップルにとって，性的空想や欲望を表現し，それを満たすことは，暗黙の社会的規範や統制，潜在的なばつの悪さがあるゆえに抑制されている。解放的で自己決定権が大きいというサイバーセックスの本質は，現実生活でいうならベッドルームの秘め事のようなものだと考えることができる。サイバー空間上でのカミングアウトが現実生活でのそれに結びつくことが マッケナとバージ (1998) によって指摘されている。同様に，サイバーセックス中に自分の要求や欲望，空想を言語的に表現したいという欲求は，現実生活でもそうしたいという意志を強めることに結びつくだろう。

◉信憑性／書き言葉のコミュニケーション

　サイバーセックスが関係を強める機会を提供するのなら，本来インターネット・コミュニケーションは既存の関係をも強化し，進展させるものだと考えるのは筋が通った話である。たとえば，遠距離恋愛のカップルは，コミュニケーションの多くを手紙や電話，電子メールを通じて行なうので，悩みが少ないという知見がある。実際のところ，対面接触を制約している妨害要因（すなわち遠距離でなかなか会えないこと）を取り除き，自分たちの考えや感情を文章にぶつける機会を与えることで，カップルが互いを思う感情は高まるのだろう。

　スティーヴンス (Stevens, 1996) は，人間性心理学の立場からこう論じている。

> 　ある関係において間主観性[6]がうまく機能するためには，よい**コミュニケーション**が必要不可欠である。人間性心理学者にとって，このことは，パートナーたちには現在進行していることに関する互いの感情や考えを共有できる能力が必要であることを意味している。(p.359, 強調は引用元から)

　　　6 ▶絶対不変のものとして存在するのではなく，複数の個人の主観の間に立ち現われた相互作用の過程としての客観性。

　これまでにさまざまなところで述べてきたように，インターネット上の相互作

用（そして多くのメディアコミュニケーション）は，まさにこの種の「よいコミュニケーション」を促進する。人間性心理学的な立場からすると，コミュニケーションの信憑性は，ある程度は参加者同士の鏡像的な性質に基づいている。重ねて言うが，もしCMCが自己に対する注目を促進するものならば，この鏡像的な性質は強化される可能性が高い。最後に，間主観性が相互作用内に存在するためには，カップルが共同の価値（joint meaning）を発展させることが必要である。この共同の価値は，オンライン相互作用に必要な共有規範の発展 (Postmes et al., 2000) や折衝 (Doring, 2000) と似ていなくもない。

第 6 章
共有とネットサーフィン：オンライン・コミュニケーションとウェブ・ブラウジングの利点

1 バーチャル・コミュニティ：オンラインに「属する」ことの利点

「現実的」な，あるいは有意義なコミュニティがサイバースペース上で形成されるかどうかという問題は，1章の1節分どころか，1冊全体を使って論じるに値するくらいの価値ある話題である。「バーチャル・コミュニティ」という概念については，蜃気楼のようなもの，すなわちコミュニティらしい印象を与えるがリアリティのない疑似コミュニティであるとみなされ，さまざまな評論が行なわれてきた。しかし，コミュニティの成員にとっては，バーチャル・コミュニティは十分に現実的である。彼らにとって，社会的ネットワークとしての「リアリティ」だの，コミュニティだの，いわんや蜃気楼だのという表現は的はずれなのである。たとえば，ラインゴールド (Rheingold, 2000) は次のように論じている。「ネット上の友人の葬式で，その人の友人や家族の前に立った時のことを考えれば，『あらゆるオンライン上の関係は非現実的である』という非難に共感することは難しいだろう」(p.327)。

もちろん，すべてのバーチャル・コミュニティが，ラインゴールドの描写したWELL (Whole Earth 'Lectronic Link) コミュニティ[1]のように，緊密で親密な紐帯を発展させるわけではない。しかし，バーチャル・コミュニティの普及は，多くのインターネット利用者にとって，それらがたしかに重要な社会的・心理的機能を果たしていることを示唆している。ピュー財団「インターネットとアメリカ人の生活」プロジェクトは，電話調査の結果から，インターネット利用者の84%が，オンライン・グループにある情報に接触したり，そこから情報を獲得したりするために使っていると報告している。これらの情報接触の多くは，地域的な紐帯を弱めるよりも，むしろ深めているように思われる。インターネット利用

者の26％が地元の集団と連絡を取るためにインターネットを利用している。さらに，集団に加入するためにインターネットを利用したと答えた利用者のうち40％は，「すでに所属している集団に，より深く関与する」ために使っていたのである。現実社会において社会参加の水準がどんどん低くなっている傾向（Putnam, 2000）を考えると，調査結果は，インターネットはこの傾向を逆転させる可能性を秘めていることを示唆している。

> 1 ▶ 1985年，サンフランシスコを中心とするベイエリアで開始された，オンライン・コミュニティ・サービス。バーチャル・コミュニティの嚆矢とされている。

ホリガンたちによれば，

> ピュー財団「インターネットとアメリカ人の生活」プロジェクトによる調査で明らかになった知見によって，アメリカにおけるインターネットとコミュニティ生活には，肯定的な関係性が生じていることが示されている。人々が組織に参加するためにインターネットを利用することは，必ずしも市民参加の復興であるとは言えないが，新しい連合活動を刺激していることは明らかである。
> （Horrigan et al., 2001, p.10）

コミュニティ・メンバーシップと地域コミュニティとの結びつきを増すこのようなインターネット利用のパターンは，第4章で述べたクラウトら（Kraut et al., 2002）によるホームネット研究の追跡調査でも見られている。クラウトらの研究2では，インターネット利用がコミュニティへの高い関与と関連し，さらに地域の社会的サークルへの参加者の増加と関連することが見いだされている。彼らは，これらの社会的ネットワークにおける紐帯は「弱い」ものであることに注意するよう述べている。だが，たとえ弱い紐帯であったとしても，インターネット利用者にとっては多大な利益をもたらすだろう。

❷ 弱い紐帯の強さとバーチャル・コミュニティ

1998年，私は電子的コミュニケーションを行なう参加者の自己意識を，実験的に操作する研究計画を立てていた。私的自己意識を高めるための適切なアイディア（通常は鏡を用いて行なわれる）はあったのだが，低めるためにはどうしたらよいものかと途方に暮れていた。結局，私はパーソナリティ・社会心理学会（Society for Personality and Social Psychology；SPSP）の会員メーリングリスト

に質問を投稿した。24時間以内に私はたくさんの異なる回答を受け取り，そのうちの1つは実験にぴったりのものだった。

SPSPメーリングリストでのこのような著者の経験は，オンラインで質問をしたことのある非常に多くの人々が，よく経験しているものである。学術的なメーリングリストなので，内容は非常に事務的なものである。そのため著者は，メンバーの多くがこのメーリングリストのことをコミュニティと考えているかどうか，疑わしいと思っていた。しかし，緩い社会的ネットワークとして，メーリングリストはきわめて有用であることが証明された。本書を執筆している時点（2001年10月）で，ブリティッシュ・テレコムは，英国内で運営しているプロバイダの広告キャンペーンを行なっている。広告の中で，人々はとてつもなく広いスタジアム（インターネットを象徴しているものと思われる）の真ん中に立ち，質問をしている。もちろん，彼らはすぐに答を得る。

グラノヴェッター (Granovetter. 1982) は，「弱い紐帯の強さ」理論を提唱した。グラノヴェッターによれば，強い紐帯では類似した人々と結ばれる傾向があるので，全員が同じような情報に接するようになりがちである。しかし，弱い紐帯は，自分と異なる傾向を持ち，異なる（優れている可能性のある）情報資源に接する機会や，さらに多くの人々に近づく機会を与えてくれるので有益である。

コンスタントら (Constant et al., 1997) は，巨大な組織（タンデム・コンピュータ）内部での弱い紐帯の有益性を検証している。6週間の間に，82名の社員が電子メールで質問を流し，返信は公開されるとした。コンスタントらは，質問のほぼ半数が返信によって解決されており，返信によって得られた価値の平均額は11.30ドルであったと報告している。質問をした人々は，情報提供者をほとんど知らなかった。情報提供者のうち，81%がまったく知らない人，10%が「かろうじて面識がある」程度だった。

「弱い紐帯の強さ」に関するいくつかの予測と一致して，情報提供者は情報探索者よりも情報資源に接する回数が多い傾向にあった。たとえば，情報提供者のうち31%が本社勤務だったのに比べ，情報探索者の場合はその割合が14%であった。また，管理職は情報提供者のうち12%だったのに比べ，情報探索者ではわずか2%であった。そのうえ「紐帯の多様性は，情報提供者の持つ情報資源と同様に，探索者の問題が解決されるかどうかに一役買っている」(Constant et al., 1997, p.318) のである。

コンスタントらは，弱い紐帯の強さとは，時間や場所，組織内の階層や部署を越えて情報を結びつけることのできる能力の中にあり，単により多数の人々に情報への接触を与えることによるものではないと結論づけている。さらに彼らは，

返信を公開することが情報提供者の向社会的行動を増加させているとも記している。

3 オンライン上の情緒的サポート

　技術的なアドバイスをもらう話から情緒的サポートに話を移すと，インターネット上で構築される弱い／強い紐帯の性質がより重要になってくる。先ほど例にあげたブリティッシュ・テレコムの広告では，幼い子どもを連れた女性がスタジアムの中央に立っており，自分以外にも新米ママとして「悲鳴をあげている」人はいないかと質問する。そして彼女は，スタジアムにいる大半の人々が一斉に立ち上がるのを目の当たりにする。

　オンライン上の情緒的なサポートに関する議論は，既存のオンライン・コミュニティ内で発生するものに焦点が当てられる傾向がある。たとえば，ラインゴールド (1993；2000) は，WELLのあるメンバーが生命に関わる疾病の診断を受けた後に，WELL内に情緒的なサポートを探し，それを受けることができたという多くの事例について論じている。いくつかの例では，オンライン・サポートが現実生活におけるソーシャル・サポートやその他のサポートにもつながっていた。情緒的ソーシャル・サポートが必要とされるときに，オンライン上で構築された関係を利用することは，おそらくもっとも期待されていなかったバーチャル・コミュニティの成果のひとつだろう。期待されていなかったオンライン上のソーシャル・サポートのさらなる実例としては，サポートを必要としていたり，それを与えようと考えている以外にはほとんど何の共通点も持たない人々が，共感やアドバイス，サポートを与える目的に特化したコミュニティや環境を生み出したことである。

● オンライン上でのソーシャル・サポート：その内容

　ここまでに見てきたように，インターネットは技術的問題の解決策を探す人々にとってかけがえのない「情報の架け橋」を提供することができる。同様に，特別な問題をかかえた集団専用のオンライン・グループは，似たような情報資源を人々に対して提供するだろう。たとえば，ラインゴールドは，親たちが子どもたちに関して話し合い，アドバイスをやりとりするWELLの子育てフォーラムについて記述している。オンラインと対面のサポート・グループに関する研究で，ダヴィットソンら (Davidson et al., 2000) は，オンライン上での情報提供について，次のような例をあげている。

彼らがあなたの母親を「2型糖尿病」と呼ぶのは，血糖値が最初の1時間で212，次の1時間で183だったからだ。食後2時間後で，血糖値の水準は頭打ちになるはずだ。彼女の水準は食後2時間で大体120だったから，彼女はおそらく2型糖尿病だ。BG（血糖値）は3時間後には11まで落ちたから，あなたのお母さんは私と同じように怠け者の内臓の持ち主なんじゃないかな (p.210)。

しかし，オンライン上のソーシャル・サポートは，このような情報資源の提供とは別に，重要な働きをすることもある。すなわち，共感の提供である (Preece, 1999)。ジェニー・プリースはこのように述べている。

　数か月にわたって医療サポート・グループを黙って読んだあげく，同じような質問が何度も何度も別の人々たちによって尋ねられていることがはっきりしてきた。それらの質問は，言い回しが若干違うときや，付加的情報を含んでいる場合も時折あったが，ほとんどまったく同じということもあった。これらの質問はグループの新規参加者によってなされ，古株によって回答が行なわれることが多かった。私がびっくりしたのは，コミュニティの寛大さだった。誰かが質問者に以前のやりとりを参照せよと言うこともごくたまにあったが，とげとげしい返事が投稿されたことはなかったし，不満を示すようなものもほとんどなかった。

プリースは，彼女自身の最初のリアクションは「なぜここにはFAQがないのか？」ということだったと述べている。しかし，やがて彼女はもっと重要なことが起こっていることに気がついた。人々はただ単に事実に基づく情報を探しているのではなく，問題に苦しんでいる自分自身を確認し，同じように苦しんでいる人々とコミュニケーションしているのである。「『共感』，すなわち他者と一体になる能力は，心理療法に欠かせない構成要素である」とプリースは述べている。プリースは，オンライン・サポート・グループにおける共感の役割を検証するために，前十字靱帯（ACL）を負傷した運動選手のコミュニティを対象とした研究を行なった。投稿の44.8%が共感的な内容であった一方で，質問と回答は17.4%だった。さらに32%が個人的な体験談で，共感的でない，あるいは思いやりのない発言はまったくなかった。彼女は，オンライン・サポートの利用を理解する際に，きわめて重要なのは共感であると示唆している。オンライン上のソーシャル・サポートの心理的プロセスは本章の後半で述べる。

　より早い時期にオンライン上のソーシャル・サポート・グループに関する研究を行なったのがアンドリュー・ウィンツェルバーグ (Andrew Winzelberg, 1997) である。

ウィンツェルバーグは，3か月間にわたってインターネット上の摂食障害のサポート・グループに投稿された306件のメッセージを分析した。彼は，メッセージの大半が医師の通常の勤務時間帯外に投稿されていたことに注目し，通常のサポート源が利用できない場合にその利用が増加している可能性を示唆している。

　ウィンツェルバーグは，メッセージの内容分析も行ない，それらを6つの主なカテゴリーに分類している。もっとも一般的なメッセージのタイプは個人的開示（31％）で，ついで情報提供（23％），情緒的サポートの提供（16％），情報の要求と，サポートあるいは開示（それぞれ7.5％，4％）が続く。このことは，電子的なソーシャル・サポートは共感的コミュニケーションと情報的コミュニケーションの組み合わせであるというプリースの知見と，明らかに一致している。ウィンツェルバーグは，提供された情報の多くが医学的に正確で妥当なものであったとも述べており，「不正確で医学的・心理学的ケアの基準を逸脱している」と判断されたのは投稿の12％であった (p.405)。

　電子的サポート・グループで正当性と権威を確立することに関する問題が，ガレガーら (Galegher et al., 1998) によって研究されている。彼らは，電子的サポート・グループは，メディアの性質（すなわち匿名性）によって，いくつもの表現上のチャレンジに直面すると述べている。そのような困難のひとつは，参加者が援助やサポートを正しいと判断する正当性を確立することである。ガレガーらは，対面グループの場合は，通常，ある人物がサポートを受けるに値する妥当な成員とみなされるためには，会合に参加し，集団規範に従いさえすればよいと述べている。一方，電子的サポート・グループ（ESG）の場合は，単に「顔を出す」だけでは，コミットメントを明確に示したり，正当性を確立したりする方法としては十分であるとはいえないとしている。同様にガレガーは，サポートの正当な享受者が，逆に情報やサポートの提供者になる場合には，彼らは「これまで貢献してきた」ことを手がかりにして権威を確立しようとするようになる，と述べている。ガレガーらは，ESGの成員がどのようにして正当性と権威を確立しようとしているかを検証するために，ユーズネットから3週間にわたって収集された，3つのサポート・グループと3つの趣味グループのメッセージを比較した。

　サポート・グループと趣味のグループは多くの修辞的な特徴を共有している（例：読者に比べてアクティブな投稿者は少数であること，顔文字や省略形，引用が多用されることなど）が，いくつかの重要な相違点も存在する。メッセージの長さの平均値は趣味のグループよりもサポート・グループのほうが長く，成員のコミットメントがより大きいことを示唆している。Q&Aスレッドの多くは個人的経験に基づくものであり，短い個人的な体験談が含まれていることも示されている。

投稿者はさまざまな方法で正当性を創り上げる。グループにふさわしいメッセージを投稿し，彼らの話を「聞かせる」ために見栄えのいい見出しを使う。ガレガーら (1998) によれば，投稿者はしばしば自分たちがその電子的グループの一員であることや，誰かに質問したり回答したりする前にどのくらいROM（投稿せずに読んでいること）していたかに言及する。投稿者は実に頻繁に会員資格に関して言及しており，質問をする時には80％のケースでふれられていた。人々はしばしば，ある特別な問題（例：うつ病）に関するグループの会員資格を，自分の診断や処方箋，あるいは症状に関する情報を紹介することによって知らしめる。正当性を確立する必要性をもっとも強く感じるのは，新規利用者である。ガレガーらは，ある新規利用者が自分の正当性を確立しようと模索している次のような例を示している。彼は，その電子的グループの一員であること，関節炎（AS）の問題に関するグループの会員となる資格があることを述べ，その後に薬剤に関する質問を詳しく述べている。

　　こんにちは。私はここを数か月ROMしていたものです。私はASであると診断され，5月以来抗炎症薬を服用してきました。私はみなさんがこれらの薬を飲んだときに，潰瘍以外のどんな副作用があったかを知りたいんです。現在，私はローディン（Lodine）を1日に1,200mg服用しています。瞼が腫れぼったくなったのがこの薬と関係あるのかどうか知りたいんです。あと，他に何かよく起きる副作用はありますか？ (1998, p.513)

　ガレガーらが研究したサポート・グループでは，80件の質問には返答がなかった。これらの質問はみな，上記したタイプの正当化情報をほとんど持たず，大体は複雑なデータベースから情報を探す代わりとして，単に情報を要求しただけのものであった。趣味のグループでは，正当性を探し求めるこのような行動はほとんど目立たなかった。

　情報投稿者にとって，権威の伝達を追求すること，少なくとも何らかのいざこざが起こらないようにすることは，正当性を確立するよりも重要なことのように思われる。ガレガーらは，質問に答える人々が，意見が疑わしいものであった場合にも反論されないように，すなわち権威を確立するために，多くの技法を使っていることを明らかにした。多くの投稿者は回答の中に警告（例：「これは愚見です」や「YMMV：あなたの場合は効果が異なるかもしれません（Your mileage may vary）」を含めている。これらの警告は，主に答えがその人自身の個人的経験にもとづいたものである場合に用いられていた。投稿者は，回答の科学的な，あるいは事実に基づく権威を確立させようとするために，（たとえば研

究や専門組織を）引用したり，自分たちの専門分野に言及したりする傾向があった。もし回答にこれらの権威を示す「道しるべ」が足りず，個人的な経験にも基づいていなければ，回答につづくメッセージの中で，権威に対する疑問が投げかけられるだろう。

ガレガーら (1998) は，電子的ソーシャル・サポート・グループにおいて正当性と権威が確立される過程は，メンバーシップの面からコミュニティやグループのアイデンティティを強化する働きがあると論じている。さらにガレガーらは，ESGにおける会員資格は，自分たちは「1人じゃないんだ」ということを成員に自覚させるという，重要な機能を提供しているようである，とも述べている。「私は1人じゃない」というフレーズがどの程度出てくるか，ログテキストを検索すると，サポート・グループでは39名が用いていたのに対して，趣味のグループでは3名だった。「私はこのグループにとても感謝しています……いつも言えないけど，すごく私にとって重要な存在なんです……ほんとに最悪って時はいつもログインして，ああ，私は1人じゃないんだ，ってことを思い出すんです」(alt.support.depression（抑うつ症状を示す人のサポートニュースグループ）；Galegher et al., 1998, p.521）。

オンライン・サポートを求めているのは誰？

サポート源として，対面のサポート・グループや家族，現実生活の友人よりもインターネットを選ぶのはどのようなタイプの人なのか，ということに関する実証的研究は比較的少なかった。ダヴィットソンら (2000) は，現実生活のサポート・グループと比較してオンライン・サポート・グループがどの程度普及しているかを調査している。彼らが研究対象とした都市では，アルコール依存症のサポート・グループがもっとも普及しており（あまりにも多くて影響力が強すぎるので，全体的な普及状況を分析する際には取り除かれている），続いてAIDS，ガン（もっとも多数なのは乳ガンのサポート・グループ，最少は肺ガン），そして拒食症のサポート・グループがあった。高血圧や偏頭痛のサポート・グループはなかった。インターネット上のサポート・グループは，おおざっぱに言えば同じようなパターンのものだったが，いくつかの特筆に値する例外もあった。アルコール依存症のサポート・グループの場合，インターネットに基盤を置くものが比較的少ない。一方で，インターネット上にサポート・グループが設置された疾病の上位3つは多発性硬化症，慢性疲労症候群，そして乳ガンであった。

ダヴィットソンら (2000) は，サポート・グループとスティグマにとくに関心をもって分析を行なった。病気に対してスティグマを感じ，気恥ずかしさを覚えることは，通常は人付き合いを減らす方向に働くという議論がある。これを検証するために，研究者たちは多くの医療専門家にさまざまな診断の「社会的負担」

（その病気がどの程度醜く，気恥ずかしく，人目を引き，また不名誉なものか）を評定してもらった。その結果，オンライン上のものであっても対面であっても，ソーシャル・サポート・グループの数と病気による社会的負担，とくに特定の疾病や治療に伴う気恥ずかしさとの間には正の相関があることが見いだされた。

　クリスティン・マイケルソン (Kristin Mickelson, 1997) は，学習障害を持つ子供の親のうち，オンラインのサポート・グループに参加している人たちと，対面のサポート・グループに参加している人たちについて，その動機づけと社会的ネットワークの存在について研究している。2つのグループは人口統計学的な違いも含めて多くの点で異なっているので，結果に見られる差を解釈するにあたっては，そのことを考慮する必要がある。「電子的でない」親たちと比べて，インターネットを利用している親たちは，子どもの症状に関連するスティグマをより多く感じており，視野が広く，自分たちの親や知り合いからのサポートに対する期待が低い。この全般的なパターンは，4か月後のフォローアップ・インタビューでも明らかになっている。マイケルソンは，ソーシャル・サポートの不足に関する認知とインターネット上のサポート・グループへの参加の関連は，解釈が難しいとしている。「現実の」ソーシャル・サポートが不足している場合，親たちはインターネットを頼りにすることができるが，そのインターネットが「現実生活」のサポート源からの隔離を招く可能性があるからである。

　重要だと思われるのは，それがバーチャルなものであろうと，現実生活の中にあるものであろうと，人々がサポート源を持っていることである。サポート・グループのもつ利点の多く（すべてではない）は，オンライン上で実現可能であるだけではなく，強められる可能性もある。

オンラインのソーシャル・サポートの心理的プロセスと利点

　多くの人々にとって，さまざまな理由によって伝統的なサポート源が利用できない場合がある。友人や家族が遠く離れたところにいるかもしれないし，専門家の援助が利用できない場合もあるだろう。たとえ地域でソーシャル・サポートが利用できるとしても，他者に負担をかけたくないという気持ちがあったり，理解してくれるのはほんの少数の同じ苦しみをもつ人々だけだという信念があったり，何らかのレッテルを貼られてしまうような問題や，あまり他に例のなさそうな問題だったりすると，人々は必要なサポートを探索することをためらってしまう。自助に関する書籍が多く（全米で毎年2,000冊以上が）出版されていることは，何らかの精神的・肉体的問題に直面した人々によるサポートの需要があることを証明している。書籍による自助は，多くの問題の解決に有効である (Marrs, 1995)。オンラインのソーシャル・サポート・グループがそれと同様に有益であるとする

確たる証拠はないが，そうであるはずと信じられる，説得力のある多くの理由がある。

● **同じボートに乗っているという利益**

　オンライン上のソーシャル・サポートに関する未公刊の研究の中で，カミングスら (Cummings et al., 1998) は，サポート・グループの投稿者に関する調査を行なった。そこでは，投稿者の53%が，グループに参加することの利点は「私は1人ではないんだ，という感覚」であると回答している。不幸によって仲間の大切さがわかることには，多くの心理的な理由がある。もっとも重要なのは社会的比較である。社会的比較とは，自分自身と他者を比べる過程のことである。一般的にわれわれは，自分と，自分よりよい他者と比較（上方比較）するか，悪い他者と比較（下方比較）することができる。自助の文脈内では，これら2つの比較が，2つの独立した機能を果たす。下方社会的比較によって，自分よりもっと困っている他者がいることが明らかになり，個人のムードと自尊心を向上させる (Gibbons, 1986；Wills, 1987)。一方，上方比較は行動指針を与えてくれる可能性がある (Wills, 1992；Wood, 1989)。オンライン・サポート・グループの大きさも，自分たちより困っている比較対象を見つけ出す可能性を，確実に増大させる。

● **ソーシャル・サポートと情報の架け橋**

　弱い紐帯が，技術的アドバイスを受けることに役立つのと同じように，オンライン上のソーシャル・サポート・ネットワークは，現実生活では利用不可能な多くの専門的な知識源への「情報の架け橋」を提供してくれる。弱い紐帯は，問題に対する解決策を生み出す際に，とくに有効である。子育てフォーラムに夜泣きに関する質問をすれば，「現実生活」での地域的なサポート・ネットワークで得られるよりも，ずっと多様なアドバイスが提供されるだろう。

　もちろん，ソーシャル・サポートの文脈内であれば，問題解決のための情報は，おそらく常に社会的要素をも含んでいるだろう。

● **開示のもつ肉体的・精神的利益**

　インターネット上で展開される多くのソーシャル・サポートは，ユーズネット上で電子的にたくさん集まっている。だが，それ以外の領域でもソーシャル・サポートが発生している例はいくつもある。たとえば，ソーシャル・サポートを目的としていないウェブログ者たちやコミュニティの成員たちの中でも，ソーシャル・サポートが行なわれている。

　たとえば，ストーンとペネベーカー (Stone and Pennebaker, 2002) は，ダイアナ妃死

亡直後のAOLのチャットルームでの会話を分析している。その死後1週間でダイアナ妃の死に関する大量の会話がされた（その時やりとりされた話題のうちの48.5％に達していた）が，次の1週間では，その割合は6％以下になった。4週間以内に，ダイアナ妃に関する議論はほとんどなくなった。ストーンとペネベーカーはこのパターンを，緊急フェーズ（すべての人がコンスタントにそのことについて話す状況）から抑制フェーズ（話題そのものは念頭にあるが，議論は封じられた状況）に移行する集合的コーピングモデルを支持するものであると解釈している。

情緒的な感情やトラウマを開示することは，開示者の健康に著しい効果を与えうる。ペネベーカーら (1988) は，トラウマについて書く条件（4日間にわたって，トラウマ経験や強い衝撃を受けた経験について文章を書く）に割り当てられた実験参加者は，そうでない条件のグループよりも，免疫系が活性化したことを見いだしている。このような開示を行なうことは，医療機関への訪問回数の減少や，感情状態の改善という心理的メリットとも関連があった。すべての人々が自己開示から同様のメリットを享受できるとは限らないが，中にはうまく処理できるトラウマもあるために，全体的な効果は著しく強い (Pennebaker et al.,2001)。自分の抱える問題について話すためにインターネットを利用する（ウェブログを公表する）ことは，健康や心理に予想しなかったメリットをもたらすだろう。

●匿名性

アルコール依存症更生会（Alcoholics Anonymous；AA）が，匿名 (Anonymous) であって顕名 (Alcoholics Identifiable) でないことにはもっともな理由がある。匿名で参加することのメリットはAAでは当然のことであるが，オンライン上のサポート・グループにとっても同様にメリットとなる。ダヴィットソンら (2000) は，ソーシャル・サポートを探す行動は，その人の疾病がもたらす社会的負担と関連することを見いだしている。つまり，ソーシャル・サポートは対人的機能を提供するのである。

職業的な観点から，アジー・バラック (Azy Barak, 2001) は，オンライン・コミュニケーションにおける匿名性とその脱抑制効果をオンライン・カウンセリングの充実のために用いることができると論じている。バラック (2001) は，「ネットでサポートが受けられ，話を聞いてもらえる」ヘブライ語によるサイトSAHARを構築した。SAHARは「ヘルパー」との1対1チャットや掲示板，電子メールによるサポートを含むさまざまなサポート環境を提供している。また「救援」機能も提供しており，バラック (2001) によれば，運用開始後1年以内に，20名以上の人が自殺衝動から救われている。さらにバラックは，SAHARは匿名性をもって

第6章●共有とネットサーフィン：オンライン・コミュニケーションとウェブ・ブラウジングの利点

いるがゆえに，若者や内気で対人不安を持つ人々，そして社会的地位の高い人々によって盛んに利用されているようだと述べている。

●接近可能性

オンライン・サポートの利点のひとつは，1日24時間，いつでも利用可能であることである。たとえば，SAHAR (Barak, 2001) の1対1チャット機能は1日のうち数時間しか提供されていないが，緊急サービスは事実上24時間いつでも利用できる。ウィンツェルバーグ (1997) は，ソーシャル・サポート・サイトの投稿の多くは，専門的サポート源も非専門的サポート源も利用できなさそうな就業時間外（例：夜遅くや早朝）に行なわれていると指摘している。

❹ インターネットとQOL

ここまでで見てきたように，インターネットは，自己，社会的相互作用，そしてちょっとした病気を持っていてソーシャル・サポートを探している人々にメリットをもたらすことができる。このメリットを，インターネット利用者の全般的なQOL（生活の質；クオリティ・オブ・ライフ）の向上につなげることができるかどうかが問題となる。QOLを定量化することは困難だが，経験的には，個人が社会的環境から受け取る利益であるとみなすことができる。インターネットの利用方法の中には，明らかにQOLを向上させるものがいくつもある。たとえば，前章で述べたスタンフォード大学の研究 (Nie and Erbring, 2000) は，インターネット利用によって社会的接触が減少することを示唆している。だが，インターネットの利用は通勤時に交通渋滞の中で過ごす時間の減少と関連があり，また，週に5時間以上インターネットを利用する人々のうち25％が，店で買い物する時間が減ったと報告している（このことはある程度QOLの問題と関わりがあるだろう）。

ピュー財団「インターネットとアメリカ人の生活」プロジェクトは，より曖昧さの少ないデータを呈示している。すでに見たように，インターネット利用者はインターネット非利用者よりも，家族や友人との社会的接触が多い傾向がある (Howard et al., 2001)。ハワードらは，平均的な利用者と，日常的にインターネットを利用する経験豊かなインターネット利用者では，インターネットの見方が異なることを報告している。経験豊富な利用者は，趣味について知識を得たり，新しいことを学んだり，個人的会計を管理したり，健康管理に関する情報を入手したり，買い物の方法を改善することを通じて，インターネットが個人的生活に影響を及

ぼしていると答える傾向がある。ハワードたちは次のように結論づけている。

　多くのアメリカ人はインターネットへの接続を通じて，相当の利益を得ていると報告している。ほぼ半数以上のインターネット利用者が，インターネットは家族と友人との結びつきを深めたと言っている。彼らのうち4分の3は，インターネット利用が新しいことを学ぶ能力を高めたと言っている。また，半数は，インターネットは趣味を追求するのに役立つとしており，35％は健康管理に関する情報を簡単に入手する方法を得たと言っている。そして，34％が楽に買い物できるようになったと，26％がインターネットによって家計の管理が改善されたと言っている (2001, p.20)。

　インターネット利用の男女比較について，別のピュー財団の報告書 (Pew Internet and American Life Project, 2000a) は，2,400万人のアメリカ人が，音信不通だった友人や家族を探し出すためにインターネットを利用したことがあると報告している。1,600万人が，電子メールを利用し始めてから家族に関してより多くのことを知ったと言っており，5,400万人が，インターネットによって自分の家族の歴史や家系を調べたことがあるという。社会的なつながりを増すための電子メール利用は，とくに女性の場合に顕著である。女性の場合は，60％が電子メールは家族との結びつきを向上させたとしており（男性の場合は51％），71％が電子メールは友人とのきずなを深めたとしている（男性の場合は61％）。女性は，サポート機構としてインターネットを利用する傾向も強く，50％がいさかいや心配事に関することを親族に話すために電子メールを利用するとしており，男性の場合はその割合は34％である。電子メール利用者の半数以上（54％）は，家族や友人たちとの専用メーリングリストを利用している。電子メールの利用は，利用者の51％で友人との，そして40％で家族との距離を近づけている。

　レイニーとコウト (Rainie and Kohut, 2000) は，電子メールは「孤立対策」であると主張している。彼らは「電子メールの利用は社会的連結性をより深いものにしているようだ (p.20)」と述べている。そして，利用者が経験を積めば積むほど，電子メールによって家族や友人との社会的きずなが強まったと報告する傾向がある。このような社会的接触の増加は，「現実生活」における接触を損なったりはしないようである。インターネット利用者（新規の場合も経験者も）は「昨日誰かに電話をしたり，誰かを訪問したりした」という頻度が非利用者よりも高い（表6-1参照）。

　同様の結果パターンが，ピュー財団によるアメリカの10代の若者を対象としたインターネット研究でも見いだされている (Lenhart et al., 2001)。レンハートらによ

表6-1 インターネット利用者と非利用者の社会的つながり

下記について「はい」と答えた割合（％）	非利用者	インターネット新規利用者（6か月未満）	経験豊富なインターネット利用者（3年以上）
助けが必要なときに頼れる人がたくさんいる	38	43	51
昨日誰かのところを訪問した	61	71	70
昨日単に話をするだけのために誰かに電話をかけた	58	61	62

出典：Pew Internet and American Lifeの2000年3月調査；レイニーとコウト（2000）

れば，10代のインターネット利用者のほぼ半数（48％）が，友人との関係が向上したと報告している。この回答は，利用量の増加とともに増えており，利用頻度の高い利用者の60％が，インターネットは友情を「いくらか」「かなり」向上させたと報告している。

「現実生活」の家族や友人との社会的きずなを強めるためのインターネットの利用は，新しい社会的きずなを築くことに関するインターネットの可能性を失わせるものではない。レンハートら（2001）によれば，10代前半のインターネット利用者の37％が「インターネットは新しい友人を作るのに役立っている」と考えている（10代後半の場合は29％）。

インターネットが肯定的な成果と結びつくパターンは，ホームネット研究の追加調査（Kraut et al., 2002）によっても支持されている。この研究については第4章で詳しく述べているが，要約すると，最初のホームネット参加者を追跡調査した結果（Kraut et al.,2002, 研究1）と，コンピュータとテレビの新規購入者の比較研究（Kraut et al.,2002, 研究2）の両方で，インターネット利用は肯定的な結果（例：孤独感の減少）と結びついており，社会的充足感を増している。

シャルロットのホームページ：ある女性の話

QOLと社会的相互作用を強化するインターネットの利用は，「シャルロット」という名の1人の利用者に関する綿密な事例研究において，とくに顕著である。シャルロット（ペンネーム）は，白人の中流階級の30代女性である。シャルロットの夫は，彼女が未婚男性と連絡を取っていることに気づき，力ずくで彼女を家から追い出した。彼らはまもなく離婚した。

シャルロットのインターネット利用に見るあるユニークな側面は，彼女は自分のオンライン上での活動を詳しく日記につけていたことである。ビッグス（Biggs, 2000）はICQチャットソフトを使って2時間にわたって2回，そして電子メールで1回シャルロットにインタビューし，それを通して鍵となる2つのテーマを特定

した。それは，彼女の自己との関係と，他者との関係である。

◉自己との関係

　ビッグスによると，シャルロットのインターネット利用は彼女をより内省的にし，彼女自身の「声」と自律性の感覚を発見させるような働きをした。彼女は，本物の自分とは違うような振る舞いをし，「幸運なんだと自分に言い聞かせる」（すなわち，すべてがうまくいっていると自分自身を納得させる）のではなく，より自己主張が強くなった，と述べている。オンライン・アイデンティティに関する実験の場合よりも，シャルロットはオンライン上で「100％自分自身」であり，かえって現実生活では自分自身でないところがあった。彼女自身の言葉を借りれば (Biggs, 2000, p.659)，「それ（インターネット）は，私が新しい自分自身を創るきっかけでした。インターネットが私の人生を救ってくれたと考えることがしばしばあります。インターネットはたしかに私を妄想の世界から救い出し，存在感を与えてくれたのです。」ということなのである。

◉他者との関係

　オンライン上でのシャルロットの他者との関係は，彼女のアイデンティティ発達に対して，自己との関係と同様に重要な役割を果たしていた。彼女は，オフラインでの男性とのつながりが不足していて，それはある程度彼女の生い立ち，あるいは肥満のせいだと考えていた。ビッグスによれば，インターネットは，彼女が他者と相互作用する際に，彼女自身であり続けられる安全地帯を提供しているのである。彼女がオンライン上で得た異なる自分自身を見せる能力と，さまざまな人々とさまざまな新しいやり方で結びつく機会が得られたことの間には，明らかなつながりが存在していた。オンライン上でのシャルロットのパーソナリティを好んで集まってきた人々との関係からフィードバックを受けたことは，彼女のアイデンティティの発展をよい方向に強化した。
　シャルロットは，オンライン上で多くの男性と恋愛関係に陥り，そのうちの何人かとは電話をしたり対面で会ったりする仲となった。他のメディアを通じた交際経験とは違い，「対面で会った人物がオンラインでは偽りの自己呈示をしていたという気がしたことは一度もなかった」のである (Biggs, 2000, p.660)。
　ビッグスは，シャルロットが記述した過程には，心理療法が目指していることと多くの類似点があるとしている。彼女は，以前は意識的に認識していなかった自分自身のいくつかの側面を他者に明かすために，インターネットを利用した。さらにビッグスは，文章を通じて彼女自身を表現するという課題は，彼女の理解や経験を具体化しているが，これはセラピストがクライアントに直接課題

第6章●共有とネットサーフィン：オンライン・コミュニケーションとウェブ・ブラウジングの利点

(direct tasks) をさせる療法と同じであると述べている。たとえば，日記をつけることは個人の成長経験を導くことが知られている (McLennan et al., 1998 ; Stone, 1998)。

シャルロットがインターネット上で経験したことは，彼女にとって単なる自己理解の練習ではなかった。それは，彼女を困難な人間関係から救い出すこととなり，オンライン上での経験をオフラインでの生活に一般化させるきっかけともなった。「ウェブ上でも，それ以外のところでも，彼女が他人の声を発見するきっかけとなった」(Biggs, 2000, p.661) のである。

❺ ウェブ・ブラウジングに動機づけられることの肯定的な側面

われわれがこれまでに見てきたように，オンライン上のソーシャル・サポートと親密で共感的なコミュニケーションは，人に多くのメリットをもたらす可能性がある。

同じことがWWW上での情報探索についても言える。健康に関係したWWW調査のほとんどは利用可能な情報の質に注目しているが，中には，どのようなタイプの健康情報を検索しているかや，検索を行なう理由などといった，利用者の行動を検証したものもある。

フォックスとレイニー (Fox and Rainie, 2000) は，インターネットにおける利用者の健康管理情報に関する経験を調べたピュー財団「インターネットとアメリカ人の生活」調査について報告している。アメリカに在住する全インターネット利用者の55%が，健康情報にアクセスするためにインターネットに接続したことがあるという結果が示されている。このオンライン上での健康探索行動は男性 (46%) より女性 (63%) で多く行なわれている。調査対象者がオンラインで発見した情報は有益なものでもあったようである。健康情報を探すためにインターネットに接続した人々のうち41%が，医者に行くかどうか，どんな治療を行なうかといったその後の決定に影響したと言っている。また，48%がインターネット上で見つけた健康に関するアドバイスが，自分たちの健康管理法を改善する際に役立ったとしている。

フォックスとレイニー (2000) は，オンライン上の健康情報の一番の魅力は便利であること，そして匿名性と莫大な量の情報が利用可能であることだとしている。全般的に見ると，91%の「健康探索者」が体調不良に関する情報をオンラインで調べており，26%が精神疾患に関する情報を得ている。また，16%はオンライン上で「デリケートな話題に関する情報を獲得」したと答えている。この傾向は40代以下の人々で強く，そのような情報を得た割合は23%と多くなっている。他者

表6-2 ガンの部位によるWWWと電話のヘルプライン利用率

	ガンの部位					
	乳ガン	肺ガン	結腸・直腸ガン	前立腺ガン	非ホジキンリンパ腫	睾丸ガン
WWW利用率（％）	24.20	21.30	15.60	10.70	12.80	11.60
電話利用率（全問合せ中％）	27.60	7.20	7.60	6.50	<1	1.90
電話利用率（6部位内％）	53.49	13.95	14.73	12.60	1.55	3.68
罹患率（全ガン中％）	15.60	15.10	13.00	8.40	3.50	0.70
罹患率（6部位内％）	27.71	26.82	23.09	14.92	6.22	1.24
女性罹患率（6部位内％）	27.72	9.73	11.03	0	2.79	0
男性罹患率（6部位内％）	0	17.11	12.16	14.93	3.36	1.17

出典：ジョインソンとバンヤード（2002）

のために健康情報の検索を行なうのは，通常はその人が医者を訪ねた後（すなわち診断後）である。しかし，情報探索を自分自身のために利用する場合，アクセスの割合は医者を訪問する前と後のほぼ半々に分かれている。また，得られた情報は，医者にかかるかどうかという決定とは無関係である。

ジョインソンとバンヤード（Joinson and Banyard, 2002）によるガンに関するウェブサイトの研究でも，健康情報を探索する際とよく似たパターンが見いだされている。この研究で，著者らはガンに関するウェブサイトへのアクセス率（ヒット）を調査し，ガン電話相談に初めて相談してくる率と，英国民の統計的なガン罹患率との比較を行なった。ウェブサイトのヒットは，電話による問い合わせよりも，人口に対する罹患率に沿うものとなっていることが明らかになった。また，気恥ずかしくスティグマになりかねないガン（睾丸ガンと肺ガン）においては，電話相談や人口罹患率と比べて，ウェブへのヒット率が飛び抜けて高かった（表6-2参照）。

ジョインソンとバンヤードは，インターネット上での健康情報探索の多くは，診断後に行なわれているようだ，と結論づけている。睾丸ガンのヒット率が高いことは，予防や自己診断を行なうための手続きに対する好奇心や関心も駆り立てていた可能性を示唆している。

インターネット上でのファン精神:「安全な」環境の根拠

　見てしまうと自分の心が傷つくかもしれない情報を探す際に，WWW が相対的に「安全な」環境を提供するという見解は，オンライン上のスポーツファンの行動に関する研究によって実証的に支持されている。ある特定のスポーツチームのファンであるということは，心理的に重要である。ファンとしての自尊心や楽観主義は，そのチームの成績によって影響を受ける (Hirt et al., 1992)。チームの調子がいいときは，ファンはチームへの忠誠を公言する（このことを「栄光浴 (basking in reflected glory；BIRGing」という）。一方で，チームが不調だと，チームを敬遠する行動を取る傾向がある（このことを「失敗の投影の拒絶 (cutting off reflected failure；CORFing)」という）。印象操作テクニックによく見られるように，BIRGing と CORFing が「内なる観衆」に見いだされることを示す論拠がいくつかある。

　このようなファン精神は，自己高揚情報の探索（チームの勝利後に行なわれる）と自己防衛的行動（チームの敗戦後に行なわれる）に対するインターネットの効果を研究する機会を与えてくれる。ウェブ上の行動に関する初期の研究のひとつで，著者 (Joinson, 2000a) は，1994〜1995年シーズンに，サッカーに関するウェブサイトの試合前後のヒット数を測定した。勝利後にチームの情報にアクセスすることで，WWW が BIRG の機会を提供することと，WWW は対人安全性が比較的高いので CORF の必要性が減少することが予測された。図6-1に示したように，測定が行なわれたのが試合前か試合後かと，勝敗の交互作用が有意な効果

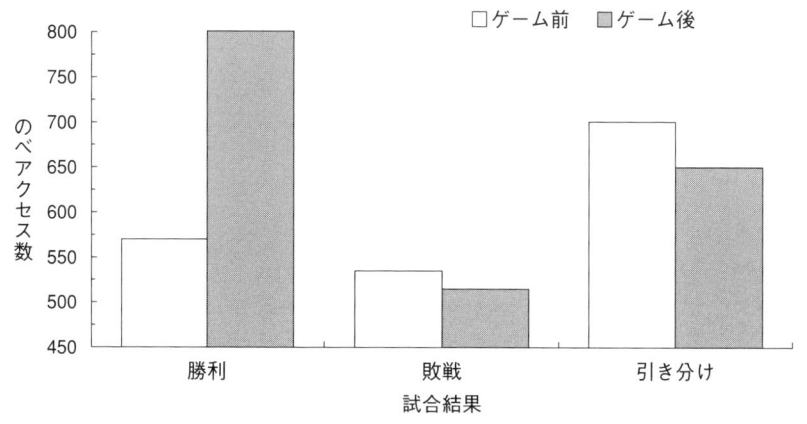

図6-1　サッカーファンとコンピュータ媒介型栄光浴
出典：ジョインソン（2001a）

をもつという結果であった。

この効果の概念はエンド (End, 2001) によって再現された。エンドはスポーツファンのウェブサイトと掲示板への投稿に関する研究を行なった。ファンたちは自らのページから好調なチームのページにリンクを張ることでBIRGingを行なっていたが，それと同程度の人数のファンが不調のチームにもリンクを張っていた。このことは，CORFingが生じていないことを示唆している。掲示板への投稿の分析結果からも，同様のパターンが見いだされた。全般的には，不調のチームより好調なチームの掲示板の投稿数のほうが多かった。だが，投稿者を見ると，自分たちが好調なチームのサポーターだと名乗る人よりも，不調なチームのサポーターだと名乗る人のほうが多いようだった。

エンド (2001) とジョインソン (2000a) の研究はともに，WWWの閲覧は，自己に関連した目標のために行なわれている一方で，打ち負かされたことについてある種の自己呈示をしなければいけないという必要性も減らすと指摘している。病気に関する情報を探すことの社会心理学的な意味は，ファンが自分の応援しているチームの情報を探索することの意味とはまったく異なることは明らかである。だが，スポーツファンに関する研究は，人々が自尊心にとって潜在的に脅威となるような情報をインターネットで探索し，さらにはそのような場にすすんで関わっていく可能性があることを，確かに示唆している。この効果に関してはいくつもの解釈（例：匿名性，ソーシャル・サポート，反対派を糾弾するような投稿をする，BIRGになる機会を減らす）が存在するが，将来的に探求する価値のある，魅力的な効果である。

❻ 肯定的なインターネット利用の応用と意味

この章全体を通して，インターネットの肯定的な利益に関する議論は，インターネットを利用することそのものか，社会的相互作用や情報探索への参加をとおして得られる肯定的な成果に注目する傾向があった。しかし，日常的なインターネット利用がもたらすこれらの利益と同じものを，より組織的な介入，たとえば心理療法や組織内での有益なインターネット利用に活かすこともできる。

これらの事例は本書の最終章で詳しく議論するが，ここではいくつかの重要な点について概要を示しておくことにしよう。治療的な観点から見ると，インターネットは臨床的な介入に理想的な環境を提供するように思われる。人々がオンラインではすすんで心を打ち明けるように見え，インターネット利用によって私的自己意識が高められるということは，セラピストがオンライン・セラピーを積極

的に行なう価値があることを示唆している。オンライン・カウンセリングやセラピーの現場で，書くことを通して自分の感情を表現するよう求めることは，それ自体が利用者に対して治療的な効果をもつ可能性がある。オンライン・セラピーの成果に対する評価は，増加のきざしはあるものの，かなり不足している。だが，初期のいくつかのデータは，オンライン介入は，対面介入以上ではないにせよ，少なくとも同じくらいは成功できる，という見解を支持している。さらに，私的自己意識は自己調整と結びついているので，より行動コントロールを高め，態度－行動の一貫性を保つようになることとも関連している。つまり，潜在的に不健康な，あるいは有害な行動を変化させることを狙った介入の場合，インターネットはより伝統的な手法よりも，実際にうまく機能するだろう。

　類似したパターンが組織内でも生じている。たとえば，チームのミーティングやブレーンストーミングは，創出されるアイディアの数（時には質）を減らす傾向がある (Furnham, 2000)。しかし，オンラインミーティングは，社会的手抜きが生じる可能性を減らし，それと同時に説明責任に対する懸念を減らすことで，ブレーンストーミングの質を向上させる (Furnham, 2000)。重要なのは，これまでと同様に，人をインターネット上での行動に駆り立てる過程を理解し，適切な道具や状況を設計することによって，肯定的な行動が促進されうるということである。同様に，悪いデザインは，以前の章で述べたように，より否定的な結果を導く可能性がある。そして，これも明らかにするべきことだが，インターネット利用による否定的な結果に関わる心理的過程の多くは，肯定的な成果を確実なものにする際にも必須のものなのである。その意味では，インターネットを肯定的な成果と否定的な結果に分割することは，両者の結びつきを明らかにすることに役立つのはたしかだが，無意味なことである。ここで認識すべき重要な点は，インターネット利用の「否定的な」側面を減らすためのステップの多くは，より「肯定的な」側面をも損なうだろうということである。たとえば，社員のコンピュータに監視ソフトを組み込むことは，たとえばポルノ素材へのアクセスを減らしたりはするだろう。しかし，そのことはまた，組織内でのあらゆるインターネット行動に対する説明責任やプライバシーに関する懸念を増してしまうことにつながる可能性もある。そして，もしこのことが，たとえばオンライン上で作業を行なっているチーム内での社会的情報の交換を阻害するならば，チームはオンライン作業に必要な関係的スキルを発達させることができなくなるだろう (Warkentin and Beranek, 1999)。サーモン (Salmon, 2000) は，教育的な状況においては，学習を促進する相互作用の前提として，社会的相互作用が必要であるとしている。一見したところ無駄に見える社会的相互作用をなくしてしまっても，集団作業の生産性がそれまで以上に向上することは決してないだろう。

第7章
インターネット行動を理解するためのフレームワーク

　心理学の他の領域と同じように，サイバー心理学もその研究において多くの他の専門領域の研究を援用している。大ざっぱに言って「サイバー心理学」の範疇に入る研究は，少し例をあげれば，コンピュータ・サイエンス，言語学，人類学，社会学，経済・経営学，コミュニケーション／メディア論などの研究や概念を利用している。たとえば，最近編集された心理学とインターネットに関する2冊の本 (Gackenbach, 1998 ; Kiesler, 1997) には，社会学，コミュニケーション論，経営政策論，情報科学，教育人類学，コンピュータ・サイエンス，HCI（人間とコンピュータの相互作用），臨床心理学，社会心理学，論文作法，保健学など，さまざまな学部に属する著者が寄稿している。サイバー心理学研究をかくもエキサイティングなものにしているのは，この新興分野の学際的な性格であるといえる。また，これらの関連する学問分野のさまざまに異なる方法論や認識論を包含したフレームワークを開発することは，他に類のない挑戦しがいのある仕事である。まずは手始めに，インターネット心理学を理解するフレームワークを発展させる際には避けて通れない重要な議題となる，一連の基本的事項を概説することにしよう。

1 インターネット利用者の特徴

インターネットの戦略的利用

　インターネットの戦略的利用は，CMCに関するほとんどの記事において看過されてきた事柄である。利用者の戦略は，通常はメディアの選択の際に適用される。たとえば，長ったらしい会話に付き合いたくない者は電子メールや文字メッセージを選択するといったようなことである。イギリスの大手携帯電話会社ボーダフォンは，2001年に，会話を「短くて，それでいて魅惑的な」ものにしたい時

には文字メッセージが最高である，と絶賛する一連の広告を打ち，実際にそれは戦略的利用者の心を引きつけている。

しかし，インターネット利用の戦略的な側面がメディア選択という域を越えて広がっていることを認識する必要もある。インターネット利用者も自分たちが選んだメディアならば意欲的に利用する。すなわち，メディア選択のもつ戦略的な側面とはまったく別に，利用者の動機や，またある程度はパーソナリティや性別のようなより安定した特性も，メディア選択と利用法に影響している。

メディアの戦略的利用，とくにオサリバン（O'Sullivan, 2000）の研究については，すでに第5章で論じた。もう一度要点を繰り返すと，オサリバンの議論は，個人が自己呈示や印象操作を必要とするかどうかが，メディア選択に影響を及ぼすというものである。自己呈示や印象操作の必要性によって，人々はたとえば拒絶された時の衝撃を和らげるために戦略的に行動することになる。オサリバンは，実験参加者に自己呈示をあまりしたくない（例：「相手が不快に思うだろう」ことを告白する）状況と，積極的にしたい（例：「相手が自分のことをいっそう良く思う」ようなことを打ち明ける）状況を想定させ，それぞれの相互作用を行なう場合に好ましいコミュニケーション・メディアは，電話・留守番電話（へのメッセージ録音）・手紙・電子メール・対面のうち何であるかを尋ねた。またオサリバンは，コミュニケーションの内容が（上記のように）自分に関するものか，それとも相手に関するものかも操作した。予想どおり，人々が良い知らせよりも悪い知らせの時，そして相手よりも自分に関する話題の時に，有意にメディアを利用するチャネルを好むことが明らかになった。また，「告白」（自分にとって都合の悪い話をする）条件で，他のどんな条件下よりも有意にメディアコミュニケーションが好まれていた。

オサリバンの研究は，自己の否定的な側面を打ち明ける場合にメディアコミュニケーションが好まれるという，メディアのもつ戦略性のある側面を明らかにしている。メディアコミュニケーションは，自己呈示をより大きくコントロールできるので，こういう状況では好まれるのであろう。

第1章でアメリカでの電話利用法について議論した。フィッシャー（Fischer, 1992）によれば，初期の電話利用者の多くは，恋愛期間中を除けばほとんど電話を使わなかったという。この傾向はSMSの文字メッセージでも同様のようである。カルウィンとフォークナー（Culwin and Faulkner, 2001）は，SMSを使っている565人の学生を対象とする調査を行なった。その結果，かなりの割合の学生（女性35.6%，男性17.3%）が，誰かをデートに誘い出す手段としてSMSを選択することがわかった。電話を好んで利用する者は，女性55.4%，男性で74%であった。なお，対面の選好性についてはデータがなかった。このことは，利用者がメディ

アを戦略的に選択していることを示していると言えるだろう。自己呈示や，おそらく性役割懸念が優先するような状況では，少ない帯域幅で使える（したがって手がかりが少なく，印象操作能力は増すことになる）メディアが好んで用いられるのである。また，電話の使われ方もメディア利用の戦略的な局面を反映している。ブラウンとペリー (Brown and Perry, 2000) は，大部分の電話には電源を切るスイッチがない（携帯電話では少し事情が異なるが）ことに注目している。このことが実際上「ベルが鳴ったら電話に出なければならない」というルールをつくることになったという。しかし，電話に出たくないことも多いので，自動的に電話を取らなくてもいいようにするための別な技術（発信者番号通知サービス，留守番電話など）も使われるようになった。彼らの論点の面白い点は，電話はひとつのルール（「ベルが鳴ったら電話に出る」）に従う行動だけを認めるように設計されているのだということである。つまり設計が「逸脱した」行動（「ベルが鳴ったら誰からの電話か調べる」）を原則的に認めていない（先ほど述べたような技術はこのオプションを利用者が選択できるように開発されているが）ことを意味している。したがって，利用者が順応すれば，電話は非同期式装置（お互いの留守番電話で話し合う）にもなり得る。ブラウンとペリーは，コミュニケーション技術を設計する際にはこういう暗黙のルールを理解したうえで，そのルールに違反することができる自由を利用者に与える必要があると結論づけている。ベルが鳴っても出なくてもよい電話の例は，メディアによる相互作用を操作する際に，われわれがいかに戦略的に振る舞えるかということも例証している。着信の選別や留守番電話の発展は，時として「より豊かな」手がかりを提供してくれるリアルタイムの電話よりも，非同期的な相互作用が好まれる場合があることも示唆している。

　戦略的メディア選択には印象操作以外にも別な要因が存在する。メディアの選択はメッセージの伝達以上の働きをし，それはメッセージそのものの一部でもある (McLuhan, 1964)。メディアと結びついた記号的な意味とは，人はただメディア・チャネルを選択することだけで，何らかの意味を暗示することができるということである。だから，戦略的なインターネット利用者ならば，相手との間に信頼が存在することを伝えたいと思えば，もっぱら電子メールだけを使い続けるのではなく電話に切り替えるであろう。それはなぜかと言えば，そのメディアがもつ，信頼性のレベルを伝達する能力うんぬんというよりも，むしろそのメディアを選択したこと自体が利用者の意図を物語っているからである。

　戦略的メディア利用に対するオサリバンのアプローチは，親密な関係における印象操作の目標を理解することに大いに貢献する。一方で，その注目範囲は，インターネットによる相互作用と行動に関するあらゆることを理解するためには少

し狭すぎるとも考えられる。親密な関係における印象操作は，たとえ多くの相互作用において非常に重要なものであったとしても，戦略的メディア利用に関連するたかだかひとつの要素にすぎない。しかしながら，多くの場合，人はただ内なる観衆に向かって演技するだけであろうし，そこには自己呈示的な要請が存在する。そのうえ，戦略には相互作用の結果へのある程度の期待が含意されている。人は相互作用による成果を期待してメディアを選択するのかもしれないが，選択したメディアを利用することによる成果も期待しているのかもしれない。ここで認識しておくべき重要なことは，利用者はメディアの選択において，あるいはもっと具体的に言えば，たとえば訪問するウェブサイトの選択といった場合において，戦略的に行動できるということである。インターネット行動が何らかの形で目標に左右されているかもしれないという考え方をすれば，注目すべき点はメディアの影響から利用者の影響に転ずることになる。

■■ インターネット利用者の特性

　インターネット利用者の特性とインターネット・サービスの利用に関する実証的研究は非常に少ない。例外としては，インターネット・サービス利用における性差に関する研究がある。一例として，ピュー財団「インターネットとアメリカ人の生活」プロジェクト (2000a) では，女性のインターネット利用法が，とくに電子メールについて，男性と有意に異なることが報告されている。たとえば，家族や友人とのコミュニケーションのために電子メールが有用であると考えている割合は，女性のほうが男性よりも多い（女性：家族70％，友人71％，男性：家族51％，友人61％）。また，女性は男性より電子メールを受け取ることを期待する傾向が有意に高く（女性78％，男性62％），遠方の家族や友人とのコミュニケーションに電子メールをより多く利用していた（女性：家族53％，友人73％，男性：家族43％，友人65％）。

　インターネット関連の他の活動でも違いが見られる。女性は男性よりもオンライン上で健康／医療情報（女性61％，男性47％），求職情報（女性41％，男性35％）を探索する傾向があり，また，オンラインゲームを楽しんだり（女性37％，男性32％），宗教的／精神的情報を探す（女性23％，男性19％）割合も大きかった。

　一方で，男性が女性より高い傾向を示すものは，ニュースサイトを見る（男性66％，女性53％），金融情報（男性52％，女性35％）や株式情報（男性16％，女性9％）を得る，製品情報を探す（男性80％，女性67％），ネット・オークションに参加する（男性19％，女性11％），趣味や興味に関する情報を探す（男性80％，女性71％）などである。

しかし，インスタント・メッセージ送信やチャットルームや娯楽のためのウェブページ閲覧のような活動は，男性と女性が同じくらい利用しているようである。

ホームネット・プロジェクトによる知見も，インターネット利用法において性差が見られるという主張を支持している (Boneva, et al., 2001)。ボネヴァ (Boneva) は，人間関係維持における伝統的な女性の役割が，電子メールの場合にも同じように及んでいることを見いだしている。家族や友人と話したり電子メールを利用することに費やす1日あたりの時間は，女性のほうが男性より有意に長かった（ただし，これらは自己報告測度によるものである）。またインターネットの社交的利用法（とくに「家族や友人との絆を保ち」「世界中から新しい話し相手を見つける」ことができるソフトウェア）についても，女性は男性よりも有意に有用かつ面白いものと評定している。

ボネヴァら (2001) は，女性の電子メール利用法が男性のそれと異なっているのは，人間関係の構築のしかたが男女で異なることに起因すると結論づけている。男性にとっては，多くの人間関係は協同活動（例：スポーツ・イベントに参加する）を通じて維持されるものであるから，電子メール利用では代替がきかない。しかし女性の人間関係は個人的かつ情緒的な親密性とコミュニケーションを通じて維持されている。このことで，電子メールが近くの友人とのコミュニケーションに使われる場合には，男女差が見られないという結果も説明できるだろう。すなわち，この場合には男性は協調のための道具として（すなわち，会合の段取りをつけるために）電子メールを利用していたのである。性差が現れるのは，遠く離れた友人とのコミュニケーションに電子メールを利用する場合であった。つまり，男性にとっては，距離を隔ててしまうと道具的サポート（具体的な資源やそれに関する情報を提供するようなサポート）を提供しあえるような人間関係がまったく維持できないので，コミュニケーションは不必要とみなされるのである。反対に女性の場合は，表現手段を用いた人間関係の維持にとって，距離はほとんどあるいはまったく障害にならないのである。ボネヴァらは，女性のほうが激しいコミュニケーションの「噴出」を好む傾向が強く，それに比べて男性はよりゆっくりしたペースでのコミュニケーションを好むとも述べている。それゆえ女性は男性よりもインスタント・メッセンジャーに引きつけられるだろうとの仮説が立てられた。

したがって，インターネット利用者の特性のうち，少なくとも性別（とそれに関連した役割）は，インターネット利用の量と類型およびインターネット利用から得られる満足度に影響を及ぼすであろうことは明らかである。おそらくこの場合，インターネット利用はかなり自己強化的である。女性は個人的関係のためにより多く電子メールを利用し，そしてそういう関係からより多くの満足感を得て

いると報告している。

　性別がインターネット・コミュニケーションの内容と形式にも関係しているということも明らかにされている (Herring, 1993 ; Savicki, et al., 1999)。さらに，このインターネット利用者の特性は，彼らのインターネット経験にフィードバックされ，そしてまた彼ら自身のインターネット利用に関する動機と経験に再帰的に循環する確率が高い。

　まだあまり研究されていないが，推測レベルではかなりの指摘がある利用者の側面は，パーソナリティと，それが利用者の選択したインターネット活動の類型にもつ意味である。ハンバーガーとベン=アーチ (Hamburger and Ben-Artzi, 2000) は，利用者のアイゼンク多面的人格目録（EPI）得点を踏まえたインターネット活動の分析を行なった。まず彼らはインターネット活動，インターネット・サービスを次の主要3タイプに類型化した。「社交」（例：チャット，ディスカッション・グループ，出会い探し），「情報」（例：仕事・勉強関連の情報探索），「娯楽」（例：性的な内容を含むウェブサイトやランダムなネットサーフィン）である。ハンバーガーとベン=アーチは，72人の心理学科の学生に各自のインターネット活動レベルを10件法で評定させ，さらにEPIに回答させた。その結果，外向性得点が男性では娯楽サービス利用と正の相関を，女性では社交サービス利用と負の相関を持っていることがわかった。また，神経症傾向得点が女性では社交サービス利用と正の相関を，男性では情報サービス利用と負の相関を持っていた。

　したがって，外向的な男性は娯楽や性的刺激を求めるネットサーフィンに惹きつけられやすい（他の研究でも同様に外向性と興奮を求める行動との関連が指摘されている）。同様に，外向性は集団内の脱抑制的コミュニケーションと関連していた (Smolensky et al., 1990)。一方，ハンバーガーとベン=アーチ (2000) によれば，内向的で神経症的傾向が強い女性は，チャットやディスカッション・グループ，出会いサービスの利用に惹かれている。ハンバーガーとベン=アーチは，これは，女性のほうが男性よりも自己意識が強い傾向があることや，心理的苦痛に適応しやすいことによるものかもしれないと述べている。したがって，女性はオンライン・サポートを求める傾向が強いだろう。たしかに，女性のほうがいくぶん男性よりもオンライン・サポートを求める傾向が強いが，しかし男性も女性と同じくらい広くオンライン・サポートを利用しているとする十分な論拠も存在する (Michelson, 1997)。また，スヴィッカートら (Swickert et al., 2002) は，神経症的傾向とインターネット利用に，ごく弱いものではあるが関連を見いだしており，神経症傾向尺度の得点が高い（神経症の傾向が強い）ことと「技術的」なインターネット利用（チャットルーム，掲示板，ウェブページの作成，MUDs 参加を含む）や「情報交換」（電子メールやウェブ利用）との間に負の相関関係が見られている。

インターネット利用の特定のパターンと関連しているパーソナリティには，他にシャイネスや対人不安がある。シャイネスや対人不安は自己呈示が失敗するかもしれないという個人の予期に深く根ざしている。だから，インターネットは対人不安の強い人々に対して自己呈示をより注意深く操作できる理想的な機会を提供することだろう。また，自己呈示の操作は，チャットやIRCのような同期的メディアよりも，電子メールのような非同期的メディアを利用したほうが容易にできるだろうと思われる。
　内気な人は，内気でない人と比較して，対人接触の際にインターネットがとくに有用であると考えていることを示唆する論拠がいくつか存在する。たとえば，シャーロットとクリスト (Scharlott and Christ, 1995) は，「マッチメーカー」という初期の電子的デートシステムの利用者に関する研究を行なっている。その結果，内気な利用者と内気でない利用者には有意な違いがあることがわかった。すなわち，内気な利用者は，内気でない利用者と比べると，このシステムを利用して「自分のパーソナリティの新しい側面を探り，匿名で脅かされるものがない環境で空想を追い求めている」ことを認める傾向にあった (p.199)。また，容姿に関する自己評価とマッチメーカーシステムで恋愛関係をスタートさせる確率には関連がないこともわかった。対照的に，テレビデートシステムの利用者はパートナーになれそうな人を選ぶ際の第一の基準として容姿を用いるという (Woll and Cozby, 1987)。したがってシャーロットとクリストは，「マッチメーカーのようなCMCシステムは，ある種の人々，とくに性役割やシャイネス，あるいは容姿による抑制心からそういう行動を取りにくかった人々が出会い，関係を結ぶのに役立ち得る」と結論づけている (p.203)。
　さらにまた，利用者のパーソナリティはインターネット利用と交互作用があるようにも思われる。クラウトら (Kraut, et al., 2002) は，外向的な人は内向的な人よりもインターネット利用から恩恵を受けていること（「富める者はさらに富む」仮説）を見いだしている。シェファードとエデルマン (Shepherd and Edelmann, 2001) による社会恐怖とインターネット利用に関する議論でも同様の懸念が示されている。彼らによれば，社会恐怖傾向の強い人は，インターネットが社会的相互作用にとって安全で快適な環境を提供してくれるので，インターネットに引きつけられるだろうという。それは転じて彼らを過剰なインターネット利用の危険にさらすことになり，社会的孤立感を増大させ，実世界の相互作用を損なうことにつながる。

◼◼ インターネット利用と動機

　行動を決定するとされる動機は多く，今なおその数は増えつつある。インター

ネット利用者の行動に影響を及ぼす可能性のあるすべての動機を検討するだけの紙幅はないので，いくつかを選んで考察しよう。

◉自己高揚，自己防衛，自尊心

自己高揚とは，自分自身を肯定的に呈示し，また肯定的に見るという，自尊心の肯定的な感覚を求める欲求のことをいう。たとえば，マクドゥーガル(McDougall, 1933)は，自己尊重(self-regard)の欲求は「基本動機」であるとした。オルポート(Allport, 1937)は，自尊心は人間存在の主要な目的であると主張した。カプラン(Kaplan, 1975)は，自尊心への動機は「普遍的にかつ特異的に」すべてに優先するものであると述べている(p.16)。人が自尊心を向上，維持することができる方法は防衛と高揚の2つであるといわれてきた(Baumeister et al., 1989)。自己防衛をしている人は「自分の良い点ではなく，自分の弱点を最小化することに注意を注いでいる」(Schlenker, et al., 1990, p.856)。一方，自己高揚は「自分のスキルや才能に他者の注意を引きつけたいと思っている」人々と関連がある(Wood, et al., 1994, p.713)。このような大胆で自己高揚的な人の考え方は，高い自尊心と密接に関連している(Baumeister et al., 1989)。より慎重で自己防衛的な人は，自尊心が低い傾向がある(Arkin, 1981 ; Baumeister et al., 1989)。

肯定的な自己尊重への欲求は，社会的アイデンティティ理論の文脈で集団行動を理解する際に重要であるとされている(Hogg and Abrams, 1993)ばかりでなく，社会的知覚における一連のバイアスとも関連がある。

インターネット利用者にとって，自己高揚動機はインターネット・サービスとそのサービスを利用する行動に明らかに関係している（例：下方比較を行なうためにソーシャル・サポート掲示板を読むなど)。自己防衛動機は対人不安傾向の強い人や内気な人，そして自尊心の低い人によるインターネット利用と関係している可能性がある。ジョインソン(Joinson, 2002)の予備調査データはこれを裏づけている。つまり，低自尊心のインターネット利用者は，否定的なフィードバックが返ってくる可能性が高いとき，あるいは私生活に関する詳細な開示への欲求が強い場合に，対面よりも電子メールを選択する傾向がある。

◉自己査定と不確実性の低下

トローペ(Trope, 1979)は，自己に関する情報はそれが診断的である場合に探索されると述べている。診断的というのは，ある領域において不確実性を減少させるかどうか，また自己査定の正確さを増すかどうかということである。ホッグとマリーン(Hogg and Mullin, 1999)は，この動機を社会的アイデンティティ理論に敷衍して，自己に関する感覚の不確実性を減少させたいという欲求は集団行動におい

て非常に強い動機であると論じた。

　時として，自己査定動機と自己高揚動機は対立するかもしれない。たとえば，自己への潜在的な脅威（例：病気）についての不確実性を減少させたいと願うことは，もし脅威（病気）が確証されてしまった場合には，おそらく自尊心を脅かすものになってしまうだろう。インターネットはこのジレンマをいくぶん和らげる可能性がある。というのも，多くの場合，インターネットは不確実性を減少させる情報を探索するのに「安全」な環境を提供するからである。

◉親　和

　人は仲間を求めるよう動機づけられている。それは親和欲求と呼ばれているものである。人は親和的な関係から多くの報酬を得る。親和的な関係の中には，他者から精神的な刺激を受けて得られる喜び，褒められることによる自尊心，社会的比較の機会，自己をよりよく知ることができる機会，そしてサポート源や共感などが含まれる（Hogg and Abrams, 1993）。親和を求めることの副次的な動機は，おそらくはインターネット利用者の行動——加入する集団の類型やその集団にすすんで関与するレベル——も決定するだろう。

◉意　味

　意味の追求は，自己実現や実存的不安（existential angst）を含む，人間のさまざまな形の動機づけと関連してきた。確実性と意味の消失は，ポストモダン的条件と関係している（Gergen, 1992）。バウマイスター（Baumeister, 1991）は，このようなポストモダン的状況の中で意味や価値を追究することは，われわれを現代の道徳相対主義の状態に導くと論じている。自己理解への欲求はほとんど一般的な文脈で議論されてきておらず，自己啓発書を買うとかニューエイジ・カルト集団の一員になるという形で紹介されている。こういうさまざまなカルトに誘い込む際のインターネットの役割は，しばしば大衆紙に書かれてきた（「天国の門（Heaven's Gate）」[1]のウェブサイト検索の目撃者）が，意味や自己認識を追求するために人々がインターネットを利用することは無視されてきた。とはいえ，これがインターネット利用の動機であるということはいくつかの事例研究が示すところである（Biggs, 2000 ; Turkle, 1995）。

> 1 ▶マーシャル・アップルホワイトをリーダーとするカルト宗教集団。1997年3月26日，米カリフォルニア州サンディエゴ郊外のランチョ・サンタフェで，信者39人が集団自殺した。ヘール・ボップ彗星の接近とともに宇宙船が迎えにくると信じ，旅立ちのために自殺したという。彼らはホームページ制作会社を経営し，自らのホームページ「ヘブンズゲート（天国の門）」で教義を説き，ニュースグループ，チャットや電子メールを利用して広く信者の勧誘を行なっていた。

● 効力感

　ここで最後に論じる動機はコントロール感（すなわち効力感，たとえばBandura, 1977）に関するものである。自己効力感は自尊心を増大させる傾向がある (Gecas and Schwalbe, 1983)。多くの理論家は，MUDsに参加することによって，日常生活では得がたい，そこに特有のコントロール感を得ることができると論じている（たとえばCurtiss, 1997 ; Turkle, 1995）。オンライン上で得られる支配感覚はインターネット依存症に関係している（たとえばMorahan-Martin, 2001）。一方で，とくにチャネル選択に関していうと，病的でないインターネット利用を促すものでもあるだろう。

● 結論——利用者の役割

　このようにして，利用者のさまざまな側面が，メディアの選択やメディア利用の目標，そしてそのメディアから得られる満足感に影響を及ぼすことは明らかである。このメディア利用の中には戦略的なものもあるかもしれない。たとえば，自分の容姿について自尊心が低い利用者は，写真やビデオよりも文字ベースのデートサービスやチャットのほうを好むだろう。なぜなら，自らの抑圧を認識しているからである。しかし，戦略的利用はこういったものにとどまらない。家族や友人と連絡を取りたいが長ったらしい会話につきあわされるのは嫌だという場合もよくあるだろう。このような場合には，電話よりも電子メールを利用したいと思うだろう。さらに，オサリバンが指摘しているように，メディア選択には，そのメディアに関連した象徴的な意味と同様に，相互作用やそれによって起こり得るフィードバックに対する予期も影響している。

　つまるところ，ある個人の自己関連的な動機が相互作用の形式と内容を決めるだろう。異なる自己関連的目標を実現するためには異なる社会的比較対象が用いられるのと同じように，サイバー空間に自己関連目標が移されたのだと考えてよいだろう。

❷ メディアの効果

　かつて心理学は，「環境のない」実験室研究を支持して，物理的環境を無視する傾向があった。この傾向はブルンスウィック (Brunswik, 1956) によって指摘されたもので，彼は「心理学は，歴史的かつ体系的に生体と環境の関連を科学するものであることを忘れ，単に生体の科学になってしまった」と述べている (p.6)。しかしながら，行動に対する物理的環境の役割は環境心理学という新しい専門領域

でうまく記述されている（たとえばBell et al., 1996）。かのウィンストン・チャーチル（Winston Churchill）による1943年の議会演説での言が，くしくも環境心理学の基本的前提を総括している：「われわれが建築物を造るというのはすなわち，建築物がわれわれを造ることである」と述べている。

日常生活で技術を利用することが多くなってきたので，社会的行動を単に仲介する場合だけでなく，その行動を形成する際における技術の役割を理解するために，心理学の必要性が増してきた。これに関する大胆な議論がキプニス（Kipnis, 1997）によって行なわれている。彼は，社会心理学は心理状態に依存していることにより，その存在を認めさせることが困難であることから，「絶え間ない異議申し立てと交代要求」にさらされやすくなっていると述べている (p.6)。キプニスは「技術はわれわれの住む世界を定義し，新奇な選択や経験をもたらすが，その一方で別な領域での選択を制限するものでもある」と論じている。彼は便宜的に技術を次のように分類している。

- **職人的技術** 職人的技術は，人が何らかの成果を得ようと思えば，依然としてスキルや努力を必要とするものである。たとえば，35ミリカメラによる撮影や生の素材から料理することなどである。その活動のために技術は不可欠だが，その技術を使う人間が独自のスキルを発揮する必要がある。
- **機械化技術** キプニスによれば，このレベルの技術では，スキルは人より機械に移っている。たとえば，「シャッターを押すだけ」のカメラや電子レンジ調理などである。よい成果を得るために消費者が必要とするスキルは少なくなっている。
- **自動化技術** このレベルになると，現実に機械（ロボットやコンピュータなど）が行動に責任を持つようになる。キプニスによれば，テレビやパッケージソフトを使った計算や統計がその例であるという（利用者には少なくともプログラミングに関するかなりのスキルが必要であるが）。

キプニスは，さまざまなレベルの技術を利用することが，よい結果が得られた時の個人，あるいは技術やツールへの原因帰属（例：自分で料理を作ったか，電子レンジの中に入れただけなのか）や，その結果から人が得る満足感の程度や種類に影響してくるという。たとえば，自力でおいしい料理をつくれば，それは料理の腕前に原因帰属され，料理をした人は自分のスキルに満足感を覚えるであろう。また，おいしい電子レンジ調理食品はその技術のもつ性能（つまり，その製品を生産したメーカー）に原因帰属され，満足感は，包装紙に穴を開けたりうまく電子レンジを使いこなせたりする自分自身のスキルからではなく，時間を節約

できたことから得られるだろう。

キプニスが示した議論は，心理的結果を決定する際の技術の重要性を示している。インターネット利用の話に戻ると，選択されたツールの影響を，行動やその利用者に対してさまざまな効果をもたらすものとみなすことができるかもしれない。これらを分類するひとつの方法は，使っているツールに特有な効果と，ツールとインターネットそのものの双方が持つ全体的／象徴的な効果に分けることである。さらなる分類法は，利用者が予測・期待していた効果と，利用中に新たに生じる効果に分けることである。

インターネット利用上の個別の効果と全体的な効果

インターネット利用が利用者に与える効果を概念化するひとつの方法は，それらが使っているツールに特有なものか，それとも全体的なものか（すなわち，インターネット利用そのものに当てはまるものか，それとも文化的な背景を持つものか）を考慮することである。たとえば，ツールに特有な側面には次のようなものがあるだろう。

- そのツールが供給する匿名性の程度と種類
- 相互作用が同期的か非同期的か
- 文字ベースか音声方式か，それともビデオ方式か
- ソフトウェアが自動引用や顔文字をサポートしているか

本書でずっと議論してきたように，利用されるツールに特有なこれらの側面は利用者の行動（例：彼らが持つ選択肢，彼らが起こす行動）に直接的な影響を及ぼすばかりでなく，利用者の心理状態（例：自己意識や社会的アイデンティティの顕現性）にも影響を及ぼす。

また，インターネット利用は，利用者にもっと全体的な結果ももたらす。その1つは，多数のインターネット・サービスの累積的な利用に基づくものである。今まで見てきたように，インターネット利用の経験や利用量の増加は，肯定的結果（例：遠隔地の家族とのコミュニケーション）と否定的結果（例：利用者の精神的健康の損傷）の両方に関係している。また，累積的な利用はさまざまなインターネット・サービス利用や，さまざまなレベルでの言語的順応につながる (Herring, 1999 ; Utz, 2000)。

インターネットの全体的な効果をもっと文化的なレベルに根ざすものと考えることもできる。さまざまなメディアはさまざまな象徴的意味を伝える (Sitkin et al., 1992)。たとえば，ある種のメディアは親しみが持てて感じがいいので，ある種の

相互作用に向いているとみなされることがある。そうなると，たとえばハガキで人に葬儀の案内をするのは不適切であるとみなされるだろう。しかしながら，この象徴的な意味合いはもちろん絶え間ない変化の渦中にある。現在では，努力と気配りを伝えるのに好適なものは手書き文をおいて他にないと考えられているが，印刷技術がない時代には，書き言葉による伝達は口頭による伝令よりもかなり信頼性に劣るものだった。

■■ インターネット利用の予測効果と創発効果

2番目の分類は，こういう特有の効果や全体的な効果が，利用者によって期待（すなわち予測）されていたのか，それともツールを使った他者との相互作用を通じて出現したのかということである。

多くの場合，インターネット利用の結果は利用者が期待していたものであろう。実際，その期待こそが，そもそもメディアを選択する際の一要因だったかもしれない。たとえば，内気な，あるいは対人不安の高い人々が実生活での抑圧感を克服・回避するという明確な意図を持ってインターネットを利用するという報告は非常に多い。同様に，インターネット恋愛における視覚的匿名性が，自分の容姿を懸念したり，あるいは見かけだけに基づいた第一印象に「妨害」されないで「人と知り合いに」なりたいという理由から，戦略的に用いられることもあるかもしれない。たとえば，ベーカーの研究 (Baker, 2000) の中で，オンライン上の人間関係を形成しているインターネット利用者の1人が，あまりに早く写真を見せてくれと頼むことはどちらかというと浅はかな気がすると述べている。人が何らかの行動や心理的結果を期待あるいは予測してインターネット利用を選択する例は，他の文献でも数多く紹介されている（たとえば Turkle, 1995）。もちろん，新規利用者の場合はこれらの成果の多くを期待することはないだろう。この場合は結果に関する2つ目の分類，すなわち「創発」を考える必要があろう。

創発的な結果とは，利用者が期待あるいは予期していなかった心理的・行動的結果のことである。重要なのは，それらは利用者が現に行なっているウェブサイトや他の利用者との相互作用の結果として創発する，すなわちその所産であるということである。大部分のCMC研究は，このような創発的な結果に注目してきた。たとえば，利用者の自己意識や社会的親和性，社会的アイデンティティの変化，超個人的相互作用，好意の膨張，などである。また，意識変化に関する創発的結果（例：フロー経験[2]や時間経過の知覚が変化する体験）や累積的な創発的結果（例：アイデンティティ，コミュニケーションのパターン，精神的健康の変化など）もあるだろう。すでに触れたように，利用者がオンライン上での生活体験を重ねるにつれて，これらの創発的な結果を期待（予測）できるようになる。

サイバースペースがより没入的な体験（例：VR）になればなるほど，意識変化に関する創発効果はますます増えるだろう。しかし，開示や書き言葉によるメリットはいくらか失われるかもしれない。

> 2 ▶ある行為に全人的に没入している時に感じる包括的感覚のこと。熱中している時の忘我の状態の感覚。

予測効果と創発効果を結びつける

　結果の中には予測可能でありつつ創発的な側面を持つものもあるので，これら2つの効果を識別することは困難である。たとえば，掲示板でソーシャル・サポートを求めている人物を考えよう。この利用者は匿名性を期待してソーシャル・サポートを求める道を選んだのかもしれない。しかしながら，この同じ匿名性が，自己意識レベルの高まりと，それを原因にした自己開示度の増加や，集団成員との社会的アイデンティティの共有感を高めることなどの，多くの予測しなかった効果をもたらすことがあり得るのである。このことから，（たとえば共有，共感，帰属のプロセスを通じた）精神的健康の増進や，対象となる集団の成員らしさに基づいた社会的アイデンティティ関連行動といったような2次的な創発効果が存在することがわかるだろう。3次レベルの創発効果は，人がこのオンライン体験を実生活でのサポートやアイデンティティの問題を処理するために利用する際に見られるだろう (McKenna and Bargh, 1998)。これらの創発効果のレベルについて，表7-1にその概要を示す。

　これらの効果には，初めから期待されているものもあるかもしれないが（例：もっと「所属感」を感じるかもしれない），おおむね創発効果は期待されていない。そして重要なのは，これらの結果は相互作用を通じて獲得され，また相互作用中に表明されるということである。こうした観念に特有なのは，相互作用の多くの側面（例：勢力や規範）は，利用者が必要とした場合に必要なものが選定できるようあらかじめセットされているものではなく，相互作用のプロセスを通じて社会的に構成されるものであるとする考え方である (Postmes et al., 2000)。

表7-1　創発効果と技術利用

レベル	定　義
1	オンライン上で，心理状態や行動が一時的に変化する
2	レベル1の変化に基づき，より高次の心理状態や行動の変化が生じる—「現実生活」にいくらかの効果や影響が出る
3	レベル2の効果が「現実生活」における行動やアイデンティティ，健康状態や心理状態に転移する

多くの場合，利用者は自分が選んだメディアツールが心理的影響力を持つことを期待するであろう。しかし場合によれば，とくに比較的経験の浅い利用者にとっては，その効果は思いがけないものとなるだろう。利用者は経験を通じて，心理的影響力の効果をコントロールし，かつ予測することができるようになり，その結果としてより戦略的に，あるいは動機的にインターネット利用を選択するようになるのである。

　動機的な利用者と創発的技術の交互作用を考えるこうした基本的アプローチによって，インターネット利用における多くの厄介な事象を説明することができる。たとえば，多くのインターネット利用者は，尊敬している人物や重要な人物に対するものであるにもかかわらず，メディアの特性としてよそよそしく感じられるような電子メールを送ることを（電話や他の手段よりも）好むだろう。これには多くの理由が考えられるが，たとえば電子メールはメッセージの編集や見直しに時間をかけられるということがある。たとえば電話などではこれは不可能である。またインターネットには，依然として形式張らない規範や平等の規範のようなものが存在するので，それが「よそよそしい」電子メールを社会的により受け入れやすくしている。したがって，他のメディアと比較して電子メールが彼らにとっての利益を最大化するものである場合には，戦略的で動機的な利用者が電子メール利用を選択することはあり得ることであろう。

　しかしたとえば，その重要な人物が非常に友好的で愛想のある返事をよこしたとしよう。まずは，利用者は同じやり方（例：ファーストネーム利用に切り替える）で応答するだろう。次に，相互作用が進むにつれて，技術決定論的アプローチから予測されるような創発特性が現れるのを期待するだろう（例：自己開示レベルが進み，好意が増すなど）。しかし初期の基本的な戦略的決定がなければ，このプロセスは起こらないだろう。もちろん実験室レベルでは，人がとりわけ戦略的にふるまう様子を目にすることは少ないと思われる。とはいえオサリバンは，状況（例：拒絶が予想される場合）によっては，人はメディアを戦略的に選択することを示している。

　戦略的で動機的な利用者による予測効果と創発効果アプローチ(the strategic and motivated user, expected and emergent effects approach ; SMEE) が提示するフレームワークの概念は，図7-1のようになる。

　図7-1に示されているように，インターネット利用のさまざまな予測効果と創発効果は，心理的なものと行動的なものに分類することができる。このアプローチは，インターネット上の行動の影響が心理状態の変化によって媒介されると考える傾向のある他のモデルとは，明らかに異なる（とはいえ，このモデルでもメディアの要素と心理状態の変化による行動へのこの交互作用を認めてはいる

第7章 ● インターネット行動を理解するためのフレームワーク

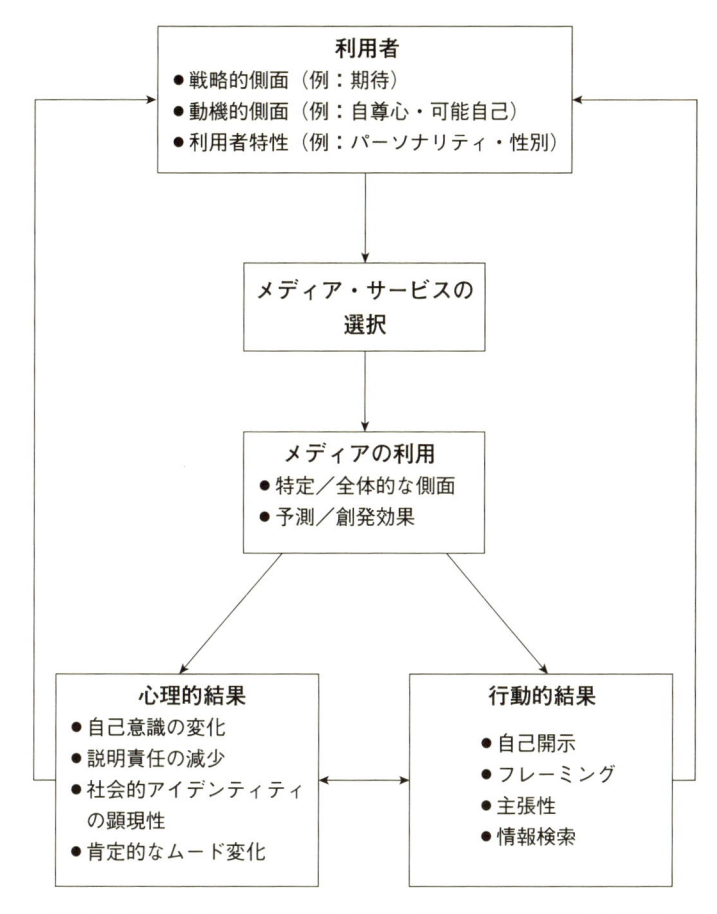

```
          ┌─────────────────────────────┐
          │        利用者                │
          │ ● 戦略的側面（例：期待）      │
          │ ● 動機的側面（例：自尊心・可能自己） │
          │ ● 利用者特性（例：パーソナリティ・性別） │
          └─────────────────────────────┘
                      │
                      ▼
          ┌─────────────────────────────┐
          │    メディア・サービスの選択   │
          └─────────────────────────────┘
                      │
                      ▼
          ┌─────────────────────────────┐
          │      メディアの利用          │
          │ ● 特定／全体的な側面         │
          │ ● 予測／創発効果             │
          └─────────────────────────────┘
                   ↙      ↘
   ┌─────────────────────┐   ┌─────────────────────┐
   │    心理的結果        │   │    行動的結果        │
   │ ● 自己意識の変化     │◀─▶│ ● 自己開示           │
   │ ● 説明責任の減少     │   │ ● フレーミング       │
   │ ● 社会的アイデンティティ│   │ ● 主張性             │
   │   の顕現性           │   │ ● 情報検索           │
   │ ● 肯定的なムード変化 │   │                     │
   └─────────────────────┘   └─────────────────────┘
```

図7-1 戦略的・動機的利用者－予測・創発効果（SMEE）の枠組み

が）。行動は，ある条件では，メディア利用と，それを通じて成立する相互作用からの直接的な影響を受けるものと見なされている。この議論は，部分的には，ギブソン（Gibson）の環境アフォーダンスを通じた直接認知の概念（Gibson, 1979）に由来している。これをインターネット行動に適用して，ツールの設計，たとえばアフォーダンスや有用性は，必ずしも心理状態に変化がなくても行動に直接作用しうるという議論がなされている。しかし，行動上のこれらの変化が利用者の心理状態に影響し，結果として生じる行動に影響するということもありうる。

多くの場合，メディアが持つ特定の要素は，行動に直接的な効果を持つことと，心理状態を介して間接的な効果を持つことの両方があるだろう。たとえば，文字

だけのコミュニケーションは，対人態度を伝えるための言語をアレンジ（例：パラ言語や顔文字の利用）するように要求することによって，人の行動に直接影響を与えるだろう。しかし，今までに見てきたように，書くという行為はまた利用者の心理状態にも多くの影響を与えるだろう。そこには，日記をつけるのと同じプロセスを介した自己注目の変化，さらに言えば心理療法的な効果も含まれている。このような心理状態の変化は，利用者にフィードバックされると同時に，個人の行動に対しても影響を与えるであろう。

メディアの効果と利用者との相互作用

このモデルの最後の要素は，予測効果・創発効果と利用者との間のフィードバック・ループである。メディア選択への利用者の影響力や期待される成果，予測の効果や相互作用の発展は「1回限り」のものではなく，目標や戦略，動機づけにおける変化（そしてそれらの相対的重要性の変化）という循環プロセスを含むものである，ということである。このモデルにしたがえば，利用者とツールは媒介的な相互作用プロセスを通じて無限に結びついていることになる。

フィードバック・ループは，心理学においてはごくありふれた概念である（たとえばCarver and Scheier, 1981）。ほとんどの場合，このフィードバック・ループは何らかの（たとえば，行動と理想的基準の間の）バランスを回復することや，行動の規制や制御を狙いとしている。

SMEEにおけるフィードバック・ループの目的は，利用者と彼らのオンライン行動の間に明白な継続的連携を提供することである。すなわち，インターネット利用が利用者に与える影響は，1回限りのできごとではなく継続されるものと見なされる。それはつまり，利用者のオンライン上の行為が，彼らのオンラインや実生活上での特徴にフィードバックされ，そしてまたそれがメディアを介した行動にフィードバックされるという継続的プロセスである。この相互作用のパターンは2つの主要な命題を明らかにしている。第1に，ペルソナ利用を通じてであろうと，「本当の人格」などどこにもないというポストモダン的概念（たとえばTurkle, 1995）を通じてであろうと，オンライン生活とオフライン生活を人為的に分けることは不可能である。オフライン世界とオンライン世界は，継続中の相互作用プロセスを通じて複雑に結びついている。第2の命題は，インターネット利用と利用者の特徴が長期にわたって相互作用した場合，それはそれぞれの利用者に別々の結果をもたらすということである。先にあげた，インターネット利用が内向的な人と外向的な人に別々の効果をもたらすとするクラウトら (Kraut et al, 2002) による研究は，この主張を裏づけるものである。同様に，自己開示のもたらす健康的・心理的メリットに関する研究では，そこに明確な個人差が見いだ

されている (Pennebaker et al., 2001)。インターネット利用が人々に普遍的な影響（例：私的自己意識の増大）をもたらすという仮定も，実験室実験で自己意識の操作に応じて異なる個人差（例：セルフ・モニタリング）が見いだされている (Webb et al., 1998) ことにより反駁される。このことは，たとえばチャットルームなどを利用した時の普遍的な効果は，必然的に利用者の個人差と交互作用を持つことを示唆している。このことは，メディア効果そのものの研究に意味がないとするものではなく，個人差を考慮することによって研究内容が豊かになるということを示すものである。

3 SMEE の意味と応用

他のモデルとの関連

これまでに概説したフレームワークは，サイバー心理学に対するいくつもの異なるアプローチをお互いに結びつけるのに役立つものである。第1には，技術決定論とメディア利用（と選択）の戦略的視点の区別である。多くのメディア利用への戦略的アプローチが持つ欠点のひとつは，メディア選択行動を重視しすぎることである。オサリバン (2000) が示したモデルは，相互作用を目標と照合するフィードバック・システムを含むことによってこの問題の解決にいくらか役立っている。しかし，このモデルもなお単一の相互作用を前提とした目標に基づいたものである。

技術決定論モデルもまた，メディアの普遍的効果の研究において（戦略的アプローチと同様に）利用者を無視しているとの批判を免れられない。また多くの場合，メディアのごくわずかな側面（例：視覚的匿名性）しか考慮されていない。CMC に対する SIDE アプローチは，技術決定論（例：匿名性）効果と文脈依存性（例：集団顕現性）効果の両方を結びつけることによって，精巧なものとなっている。しかし，CMC と SIDE を扱った研究の圧倒的大多数は，SIDE の戦略的側面ではなく「認知的」な側面に焦点を合わせてきた。SIDE の認知的側面に照らして考えれば，視覚的匿名性は（識別可能性の欠如とは逆に），ある特定の文脈では，社会的アイデンティティの顕現性を高め，それによって集団規範への固執を増大させる。一方，SIDE の戦略的側面は，強い外集団が存在する場合の識別可能性とそれに付随する自己呈示への懸念の役割を説明しており，また，制裁の可能性があってもあえて集団規範を表現するような場合に，共存する集団成員が果たし得る支援的役割も説明している（たとえば Reicher and Levine, 1994）。

SIDE の持つこれら2つの側面の関係はまだ十分には解明されていない。だが，スピアーズら (Spears et al., 2001) は，これらの関係は，SIDE の戦略的側面が自己認識に流れ込む (Spears, 1995) ことによって，ダイナミックに作用するものであると述べている。SMEE のフレームワークは，この意味で，SIDE に依拠する発展途上の研究に同調するものである。SMEE においては，利用者の戦略的（かつ動機的な）側面は，単にメディア選択に1回限りの効果を及ぼすのではなく，メディアが行動や心理状態に及ぼす効果に影響を与え続け，その後にそれが利用者にフィードバックされ，相互作用するものと考える。このプロセスがメディア効果と利用者の間で循環し始めるのは，（ウェブサイトという形をとろうと CMC であろうと）他者との相互作用を通じてだけである。よって，SIDE の戦略的自己呈示的側面と認知的側面が互いに与え合う影響は，ある程度 SMEE における利用者とメディア効果の相互影響に似ているとみなすことができよう。

　ワルサー (Walther, 1996) が構築した超個人的モデルも SMEE と一致した点が多いが，SMEE はワルサーのモデルがはらむいくつかの矛盾に答えるのにも役立っている。一般的に，超個人的相互作用も SMEE の3つの重要な要素を含んでいる。それは，自己を戦略的に（少なくとも肯定的に）呈示する利用者，メディアの効果（例：類似性），相互作用過程に起因する効果（例：自己成就的予言，行動的確証）である。しかしながら，超個人的な相互作用は，自己意識と自己呈示の増大のような，一見矛盾する要素も含んでおり，それらがどのような交互作用を持つのかを示す方策はない。またモデルは，非同期的な CMC の特徴（利用者は自己高揚的なメッセージを巧みに作るだけの時間がある）に大いに依存している。しかし，短時間の同期的な二者関係においては，高レベルの自己開示 (Joinson, 2001a) や対話相手の理想化 (McKenna et al., 2002) が生じることが，実験的に明らかにされている。このことから，ワルサーのモデルの少なくともいくつかの要素（例：認知的負荷，非同期的ディスカッション）は，実験的研究では支持されない可能性が出てくる。しかし，メディアの効果は相互作用そのもののプロセスの中で促進され，いくつかの点においてはその根拠となるという，超個人的な相互作用モデルの全体的な主題も，SMEE のフレームワークで議論されている。SMEE のフレームワークは，この考え方を，1対1の相互作用を越えて媒介された行動それ自体にまで敷衍している。

　ここで示した SMEE のフレームワークは，技術決定論（メディアの効果）と戦略的メディア選択モデルがどのように統合されうるかを説明するのに重要な役割を果たす。このフレームワークは，インターネット利用について個性記述的手法を取ることにより，インターネット利用が心理状態と行動欲求の双方に与える影響を，利用者，メディア，進行中の相互作用という3つの重要な要素から理解

する必要があることを示唆している。ここで提示される議論は次のようなものである。すなわち，さまざまな技術決定論モデルによって記述されているメディアの心理的・行動的な効果は，①メディア（と他者）との相互作用のプロセスを通じて出現し，②利用者にフィードバックされ，それが自己定義と動機づけや戦略の変化をもたらし，最終的には後のオンライン／オフライン上の行動につながるのである。

したがって，たとえば，自己意識の操作は，セルフ・モニタリングのようなパーソナリティ次第で，個々の人物にまるで違った影響を与えることになる。それならば，私的自己意識の増大をもたらすようなメディア利用が，一人ひとりの人間にそれぞれ異なる影響を及ぼすと仮定することができよう。このことは，おそらくは，セルフ・モニタリングのレベルに応じた相互作用の目標の変化を生じさせることにもなるだろう。

フィードバック・サイクルが進行することの重要性は，自尊心についても同じことがいえる。自尊心が低く否定的な自己観を持つ人にとっては，自己意識が増大することは，自己の否定的な面の顕現性が増大することによる有害な効果をもたらす可能性がある。しかし，これは部分的には否定性やメディア利用の本質によって決定されていると仮定することができよう。シャイネスは低自尊心の一因であろうが，インターネット利用は「内気でない」可能自己を支援する役割を果たすであろう。インターネット利用について個性記述的手法を採用するだけで，このような効果を明確に描き，また確認することができるのである。

SMEE アプローチで提示されるフレームワークは，前章までに見てきたようなさまざまなインターネット現象に適用することができる。少なくとも，このフレームワークはこの分野に関する多くの問題を提起することは確かである。

■■ インターネット依存症と SMEE

SMEE によれば，インターネット利用は心理的報酬であり，戦略的に選択されるものであると見なされる。IAD のモデルの多くは，技術決定論アプローチに基づいて，依存症の原因となるいくつかのメディアの要素を提案している。たとえばヤング (Young, 1997) は，インターネットは匿名性，利便性，逃避性があるために常習癖がつきやすいと述べている。たしかにこういったインターネットの側面は多くの利用者の心を惹きつけるものである。だが，インターネット利用の結果（それが依存症であろうと，孤独感の増加であろうと）をメディアの持つ特徴のせいにするのはあまりに議論を単純化しすぎており，受け入れがたいものである。SMEE フレームワークは，IAD におけるすべての考察において，利用者とメディアの両者，そしてこの両者の交互作用を考慮する必要があることを示し

ている。インターネット依存症（あるいは少なくとも過剰なインターネット利用）に関するさまざまな事例研究から，高レベルのインターネット利用は以前から存在している心理的問題（たとえば，慢性的な対人不安，社会的孤立など），社会的問題（たとえば，身体障害，吃音，肥満，夫婦間の問題など）と関係している傾向があることは明らかである。その意味で，過剰なインターネット利用は逃避の道を提供しているといえる。しかし多くの場合，過剰なインターネット利用は，ある種の人々にレッテルを貼ったり遠ざけたりする社会の中で，心理的・社会的な報酬が得られるメディアが利用できるためにおこる，必然的な行為と見なすことができるだろう。インターネット依存症の研究者は，過剰なインターネット利用が当該利用者の経験した既存の問題と結びついていることを認識してはいる（たとえばDavis, 2001）。だが，インターネット利用から利用者にフィードバックが生じ，それらの効果（と個人特性との交互作用）に基づく特定の行動を強化する，というループが形成される際の，利用者とその利用者のメディア利用（とその利用の効果）の交互作用に関する明確な考察はほとんどない。SMEEが提示したフレームワークは，利用者の諸側面と彼らのメディア選択がどのような交互作用を経て過剰なインターネット利用を生みだすのかを概念化する体系を提供する。

脱抑制的なコミュニケーション

　SMEEフレームワークによれば，インターネット上で生じる脱抑制的コミュニケーションのすべてが，CMCが公的自己意識や私的自己意識に及ぼす効果によって生じるわけではない。まずは利用者や利用者の特性，動機，戦略から分析を始める必要がある。自己開示を例にあげれば，利用者は（対人的な意味で）比較的安全な環境で自己開示する機会を積極的に求めているがゆえに，インターネットを利用してコミュニケーションしたり，ウェブサイトに投稿したりすることを選択するだろう。彼らは自己呈示の操作が可能であることや否定的なフィードバックを恐れているという理由からオンライン上の自己開示を選択するかもしれない (O' Sullivan, 2000)。あるいは，人との親和や所属，ソーシャル・サポートや自己高揚を求めてネットワークに接続するのかもしれない。その理由が何であれ，人がなぜオンライン上でより自己開示をするのかを完全に理解するためには，最初にインターネットを選択したこと自体が，何らかの形で彼らの気持ちがあらかじめ自己開示に傾いていたために動機づけられたものであった可能性を考慮する必要がある。

　一度インターネットで相互作用をしてみれば，匿名性が説明責任に対する懸念を減少させるために，対面よりもたやすく自己開示ができることに誰もが気づく

であろう。したがって，その相互作用の効果として，自己に関する情報をすすんで公表したいと思う個人の意思が生じるだろうことが予想される。しかし，SMEEによれば，相互作用プロセスから現れる創発効果もまた存在することが予測される。視覚的に匿名であることや物理的に孤立していることで，利用者の私的自己意識はより高まるかもしれない。書くという行為，そしてそれと関連した自分自身の情動や感情に集中したいという欲求が，この影響力をさらに強めるであろう。さらにその後，自己定義や自己理解といったレベルでも創発効果が現れるであろう。そこでは，自己開示という行為が利用者にフィードバックされ，自分自身に対する見方（および戦略，動機など）に変化を生じさせるであろう。このようにして，オフラインの個人とオンラインの相互作用を結ぶサイクルが成立するのである。

したがって，SMEEフレームワークによれば，自己開示の高まりは，インターネットあるいはCMCの普遍的な効果ではなく，むしろ利用者とツール，そして相互作用のプロセス自体の間に存在する持続的な相互作用の結果である。さらに例をあげるならば，しばしば引き合いに出されてきたオンライン上の心理学的実験の利点は，自己開示の増大と社会的望ましさの低減の結果である (Buchanan, 2001)。しかし著者が一連の研究で示したように，たとえば視覚的匿名性をなくしたり説明責任に関する手がかりを与えたりすることによって，この効果を除去することが可能であるし（Joinson, 2001a, 研究2と研究3），またウェブ調査に自己開示を「組み込む」ことも可能である (Joinson, 2001b)。ちょうど，伝統的な心理学研究が，実験手続きや装置を工夫することを通じて実験参加者の匿名性を確保することに大変な苦労をしているのと同じプロセスが，オンライン上の心理学研究でも必要である。同じような文脈で，電子商取引においても，ウェブサイトに対する顧客の自己開示を促したり (Moon, 2000)，信頼性と自己開示を結びつけたり (Olivero and Lunt, 2001) する方法にかなり関心が高まっている。しかしながら，多くの商用ウェブサイトに仕込まれているアカウント確認のためのデザイン（たとえば，登録フォーム，クッキー，プロファイリングなど）は，とくに利用者が経験を重ねてくると，「オンラインではオフラインよりも自己開示が行なわれやすい」という傾向を弱めてしまうかもしれない。もしある利用者がほかならぬ匿名性を求めて電子商取引サイトを訪れるとしたら，この「ここは匿名性が確保されているはずだ」という信念に水をさすような設計によって顧客が失われるということにもなりかねない。つまるところ，インターネット上での自己開示の高まりは，すべてのオンラインサービスにもともと備わった権利であるというわけではない。よい設計によって促進され，悪い設計で妨害されるようなものなのである。

■■ インターネット利用と精神的健康

　SMEE フレームワークは，インターネットが利用者の精神的健康に与える影響について検討する場合は，利用者と潜在的なメディア効果の両方を考慮することが必要であることを示唆している。この方法は，ホームネット研究の対象となったサンプルの追跡調査とも一致している (Kraut et al., 2002)。この調査は，インターネット利用が，外向的な人には恩恵をもたらすが，内向的な人にとっては有害になりかねないことを定量的に示している。バージら (Bargh et al., 2002) は，これを「個人とインターネットの交互作用」とみなしている。彼らは，あらゆるメディアの影響力は，利用者のインターネット利用に関する個人的な目的とパーソナリティ，そしておそらくは社交的スキルのレベルに依存するとしている。個人とインターネットの交互作用アプローチとSMEEが異なる点は，SMEEは「個人」がメディア選択に関与する際のパターンを示していることであり，それは次にさまざまなレベルや種類のメディア効果を介して利用者にフィードバックされる（また行動に直接的な影響力を持つこともある）。またSMEEは，メディア利用が，利用者の特性との交互作用をとおして自己イメージ，効力感，社会的孤立感，そして精神的健康に広範かつ根元的な変化をもたらす可能性にも道を開いている。

第8章
過去に学び，明日を展望する

　本書の執筆時点（2001年後半～2002年初頭）で，多くのドットコム企業でバブルがはじけ，世間の耳目を集めるような破綻事例も出ている（例：http://www.boo.com/）。また，次の大きな破綻を噂したり予想したりするための専用サイトもある（例：http://www.fuckedcompany.com/）。最近の新聞記事（たとえばイギリスの日刊紙「ガーディアン」）で対面状況への「ポストモダン的」回帰が論じられている。さらに，2001年3月4日付の「サンデー・タイムズ」紙は，「創造性を高める」ために金曜日を「電子メールを使わない」日と定めている企業があると報じている。イギリスでは，インターネットにアクセスする人の数が調査開始以降初めて減少しており，さまざまなeユニバーシティ（サイバースペースで大学教育を行なうこと）を構想したベンチャー企業が，かなり厳しい結果に追い込まれているようである。

❶ インターネットはコミュニケーションに関するものであり，コンテンツに関するものではない

　インターネットは本当に「情報スーパーハイウェイ」なのだろうか？　インターネットというものは，本質的には情報を受動的に獲得する場であるとする見方が，政府の政策やプロバイダの広告宣伝，そしてインターネット行動の説明に用いられる専門用語を決定してきたところがある。たとえばイギリスでは，大部分のプロバイダ（ブリティッシュ・テレコムやAOLが中心）の広告は，情報へのアクセスによって得られるメリットを訴えているところが特徴的である。AOLなどは，情報満載のウェブページで作られた，インターネットを擬したと思われる女性の姿を使っている。インターネットへのアクセスを拡大しようとする試みが，コミュニティセンターのようなところではなく，図書館に設置されているコンピュータで目につくということは，インターネットは社会技術ではなく情報技

術を基本的な前提としていることを，雄弁に物語っている。インターネットを「サーフィン」するとか「ブラウズ」するとかという用語は，それが社会的関与や受動性のレベルにおいてテレビのチャンネル・サーフィンと類似していることを示唆している (Johnson, 1997)。ジョンソンはまた，WWWツールの技術的発展の大部分は，ハイパーテキストによるリンクではなく，コンテンツの供給や意匠（フレーム表示，表，フラッシュ[1]など）に集中してきたと述べている。ハイパーテキストによるリンクは，初期バージョンのHTMLから事実上何も変わっていない。スプロールとファラジ (Sproull and Faraj, 1997) は，インターネット利用者を表現する時に用いられるメタファーは，われわれが発展させてきたツール（やポリシー）の種類を広く含意していると論じている。スプロールとファラジは，インターネット利用者を情報処理装置とみなす一般的な考え方を，彼らが実際に社会的存在として活動している証拠と比較対照している。インターネット利用者を情報処理装置と仮定するならば，インターネット利用の結果としてもたらされるのは個人的な知識獲得である。そうするとインターネットにかかわる費用は必然的に，コンテンツへのアクセスにかかる料金から発生するということになる。これに対して，インターネット利用者を社会的な存在として見るならば，インターネット利用の結果はなんらかの集団へ参加することであり，費用はコンテンツの利用料金ではなく，参加した集団の会費から発生する。ラインゴールド (Rheingold, 2000) は，「社会的ウェブ」に関する議論の中で同じ結論に達している。つまり，社会的ウェブでは，ウェブツールは情報とのつながりではなく，社会的な結びつきを創り出すために開発されるのである。

> [1] ▶ マクロメディア社によって開発された，Webブラウザ上で動画や音声を再生することを可能にするプラグインシステム。

インターネットを社会技術であると考えると，コンテンツに対する課金で利益を上げている企業がなぜこれほど少ないのかということを少しは説明できるかもしれない。電話が情報を配信する手段と目されていたころは，対人コミュニケーションを抑制すると同時に，有料に値する「コンテンツ」や利用法を生み出すためのさまざまな試みが行なわれていた (Fischer, 1992)。たとえばブダペストでは，1893年から1919年まで電話新聞とでもいうべき「テレフォン・ヒルモンド」が毎日配信されていた。アメリカにおいても電話新聞を発行しようとする試み（ニュージャージー州の「テレフォン・ヘラルド」）はあったが，1911年に創刊後ほどなくして廃刊となってしまった (Briggs, 1997)。

■ 社会／情報のメタファーの経済的側面

　オドリツコ（Odlyzko, 2001）によれば，多くの情報産業の経営幹部たちが，インターネットを情報の頒布手段に喩えるという。ソニーの大賀典雄会長（当時）は「コンテンツがなければネットワークなど何の価値もない」と述べたと伝えられている（Schelender, 2000）。ある音楽制作会社社長のブロンフマン（Bronfman）氏は，2000年に「コンテンツこそが命」という立場で次のような思い切った意見を述べている。

　　『コンテンツ』のないインターネットとはいったいどんなものだろうか？灰色の画面をした物言わぬマシンたちがただ並んでいるだけだろう。それはまるで電子的な「海原」のようなものだ。美しいパーツ，きれいな色，だがそこに生命はない。そんなものは無に等しい。(Bronfman, 2000)

　オドリツコ（2001）は，コンテンツ収入とネットワーク・プロバイダの収益を比較した議論で，コンテンツは魅惑的なものかもしれないが，経済的な成功の鍵とはならないと論じている。たとえば，アメリカの電話産業（コンテンツではなく接続サービスを提供する）の1997年の収益は2,561億ドルだった。これと比較すると，アメリカの映画産業全体の収益は631億ドルだった。オドリツコは，接続サービスがアメリカ経済のもっとも大きな部分を占めるものだと主張しているわけではないが，人々はコンテンツよりは接続サービスにお金を使う傾向があることを指摘している。先ほどのブダペストの電話新聞を例に取ると，その年間費用は18フォリントであり，一方，電話の接続回線を提供するサービスの費用は150フォリントであった。にもかかわらず，接続サービスは繁盛し，電話新聞はさっぱりだった。インターネット上のデータの流量（トラフィック）で見ればコンテンツは王者的存在であるが，オドリツコによれば，これは誤解を招きやすい表現であるという。正確には，ウェブデータの流量はたしかに帯域幅の大部分を占めているが（バイト数で電子メールの約20倍），利用法としてはもっとも人気があり，普及しているというわけではないのである（もっともよく使われているのは電子メール）。新しい技術やツールの開発（例：WAP（ワイヤレス・アプリケーション・プロトコル）[2]，第三世代（3G）携帯電話，ウェブテレビなど）は，コンテンツがインターネットへのアクセスや利用の誘因となるという誤った前提に基づいて行なわれているようなふしがある。しかし，携帯電話の利用を推進したのは，実は，2地点間のコミュニケーション，とくに SMS の文字メッセージであったのである。一般的にはWAPは見事な失敗だったと見られており，また第

三世代携帯電話（コンテンツが増えるといわれている）への意気込みが薄れつつあるのは当然のことかもしれない。携帯電話メーカーのノキアは，「マルチメディア・メッセージング・システム（MMS）」と呼ばれるブロードバンド版SMSを開発した。これを使えば，利用者は（携帯電話に組み込まれているデジタルカメラを通じて）写真や音声，それに将来的にはビデオによるメッセージも他のMMS利用者に送信することが可能になる。MMSの狙いのひとつは，携帯電話ネットワークの利用度を大きく伸ばす（そしてそのことでネットワーク・プロバイダの収益を上げる）ことである。ノキアのプレスリリースによれば，それは携帯電話進化の次のステップでもあるという。

2 ▶ 携帯電話機や携帯情報端末から，無線を使ってインターネット情報を入手するためのプロトコル（通信規格）。

　ノキアのアプローチは一連の進化ステップに基づいています。文字メッセージ（文字だけ），写真付きメッセージ（文字と画像），そしてMMS（マルチメディア・メッセージング・システム——第1段階で送れるのは静止画像，グラフィック，音声，オーディオクリップと文字ですが，将来的にはビデオクリップも送信可能になります）。(Nokia.com, 2001年11月15日付)

　接続サービスよりコンテンツ，という先入観が，インターネット関連ツールの設計にも影響していることは，下り（受信）に広い帯域幅を割り当てることに重点を置き，それに比して上り（送信）の帯域幅は狭いブロードバンド接続サービスが開発されていることを見れば明らかである（例：ADSL）。
　また，インターネットの社会的な本質を拡張するツールは，経営的意思決定よりも利用者の要求から出現する傾向があった。たとえば，1990年代半ばに喧伝された電子商取引の「ポータル」モデルは，コンテンツへのアクセスが有望なビジネスモデルであると考えられるようになってから出てきた。しかし，これらのポータルのその後の展開を見ると，接続サービスの重要性が示されている。つまり，Yahoo!は，現在電子メール，チャットルーム，eグループ，インスタント・メッセージ，パーソナルスペースを提供しており，ウェブ・ディレクトリ（サイト一覧）やコンテンツへの直接アクセスサービスはマイナーな役割に追いやられているように見える。またサーチエンジンのGoogleは，ユーズネットのログ保管・投稿システムを提供するデジャニューズ（DejaNews）を買収したが，これもまた接続サービスへのシフトを示すものである。また，マイクロソフトのポータル（MSN）はホットメールによる電子メールやMSNコミュニティ，MSNチャットへのリンクを提供している。このように接続サービスは価値が高いため，

これらのサービスのうちいくつかについてはまもなく課金されるようになるのは間違いない。

　もしドットコム企業が財政的な生き残りを賭けて，インターネット利用者の社会的相互作用に対する要求や欲求に応える必要があったとしても，相互作用ではなくコンテンツや配信サービスに関心が向いていることが嘆かわしいというわけではない。しかし，ナップスターのようなピア・トゥ・ピア・システムや，AOL インスタント・メッセンジャーにピア・トゥ・ピアでの共有機能を付加するもの（エイムスター）の例を見てみると，インターネット企業側はいまなお利用者の行動を不安と懸念を抱きつつ眺めているようである（ナップスターは訴訟後に事実上サービスを停止し，エイムスターは本書執筆時点で AOL から法的な異議申し立てを受けている）。サードウェーブはウェブサイト上でコメントをやりとりしたり上書きしたりすることができるソフトであるが，大企業の反対運動に遭って頒布停止になった。かつて初期の双方向テレビも，双方向性とは人と人ではなく，人と情報の間のものであるという前提に基づいていた。そのため，スポーツの試合中にカメラアングルを変えたり，注目選手を選べたりはできるようになっていたが，一緒に見ている人同士で連絡を取り合うことができるようにはなっていなかった。

　かつて電話の社会性が，それを阻んできた電話会社によってつくられた (Fischer, 1992) のと同じように，ゆくゆくはウェブ企業がコンテンツ配信でなく，人と人との結びつきを強めるツールの開発を始めるのは間違いないだろう。

❷ 帯域幅とインターネット心理学

　私は，どうしてスター・トレック（のオリジナル・シリーズ）が未来技術（転送やワープドライブなど）の最先端を象徴するものだと思われているのだろうと，いつも不思議に思っていた。そもそもカーク船長は，惑星探査をする時，テレビ電話を使わずに，いつも音声による会話をしていたではないか。

　コミュニケーション技術辞典に，ガードナーとショーテル (Gardner and Shortelle, 1997) は次のように書いている。

> テレビ電話を導入することは可能である……しかし，テレビ電話が流行するかどうかは疑問である。人というのは，聞かれることは好むが，見られることは好まないものである。そして，電話をかけることの目的は，ほとんどの場合メッセージを伝えることであって，視覚的なイメージはそのプロセスにとって

本質的なものではない。(pp.284-5)

　電話利用が単に「メッセージを伝える」ことだけだという前提の部分を除けば，テレビ電話の普及を疑問視するガードナーとショーテルの意見は正しい。相互作用中に伝達される手がかりの量が増えれば，実り豊かな相互作用の実現が保証されるというわけではない。ジョインソン（Joinson, 2001a, 研究2）は，チャット・プログラムを用いた参加者ペアのコミュニケーションを比較した。半数のペアは，相互作用のパートナーの姿がリアルタイムで映し出されるウェブカメラでも結ばれていた。ウェブカメラの映像が与える影響は相当大きいもので，相互作用中の自己開示量を減少させ，また会話に費やす時間を短縮させる傾向があった。ある参加者などは「不快だ」という理由でウェブカメラをふさいでしまったので，データを廃棄せざるを得なかったほどである。また，同じウェブカメラ条件の他の参加者に感想を聞いたところ，多くの人が同じような懸念を感じていたことが明らかになった（ありがたいことに彼らはカメラをふさいだりはしなかったが）。
　携帯電話を利用したメッセージ・サービスが豊かなビデオメッセージに向けて明らかな進化を遂げつつあることは，帯域幅や共時性のさまざまな役割に関する，ある興味深い問題を提示している。携帯電話業界が想定しているのは，帯域幅が（MMSのように）広くなれば，コミュニケーションの質も高まるだろうというものである。たとえば，ノキアのプレスリリース（2001年11月19日付）の中で，ドイツ・テレコムのロン・ソマー最高経営責任者（CEO）の発言が引用されている。

　　MMSの登場はすばらしいことです。われわれの顧客，とくに若年層の利用者たちはSMSを使うのが大好きになりました。コミュニケーション手段として好まれているのです。MMSは文字メッセージ・サービスの自然な延長線上にあるので，今や彼らの体験はとても豊かなものになっています。コンテンツが充実するにつれて，モバイル・マルチメディアへの道はどんどんスムーズになっていきます。それが自然な進歩というものです。

　同じプレスリリースに，MMSの発展について語るオレンジ社のグラハム・ハウ最高経営副責任者のコメントも載っている。

　　もはや人々がただ音声だけのコミュニケーションをしているわけではないことはもうおわかりでしょう。私は今人々が何を見ているのか，何を意図しているのかがわかるのです。オレンジ社の顧客は今や創造し，共有し，理解し合う

ことができるのです。つまり，コミュニケーションは完璧になるのです。

電話の開発と同様に，携帯電話技術の開発の多くは，ネットワーク・プロバイダが巨額の投資をしている第三世代の帯域幅における「利用法を見つける」ことを狙っているように思われる。文字メッセージは，企業サイドでは予想しなかった利用法ではあるが，これによって多くのヨーロッパ市場で携帯電話の普及は飽和状態近くにまで達することになった。しかし，狭い帯域幅における比較的安価な文字メッセージ・システムは，概して同じネットワーク上での音声通話の増加を後押ししてはいない。それゆえに，テレビ電話にさらに近づいた，「内容の豊かさ」を秘めたより高価なメッセージ・システムを開発することは，もし過去にあったようにこうした技術への熱狂が冷めてしまえば，あまり賢明なことではなく，むしろテレビ電話（の失敗）に一歩近づくことになるだろう。しかし，もしメッセージ送信に非同期的な側面が残れば，利用者が相互作用やそのチャネル，そして手がかり（そして自分の印象）を操作できる能力も失われることがないので，MMSはいつの日にか携帯電話の人気商品となるだろう。

本書で取り上げた，インターネットが行動と心理過程に及ぼす影響は，あくまで現時点のインターネットに関するものである。たとえば，コミュニケーションに用いられるツールが変化すれば（例：テレビ会議の急激な普及），インターネット行動にも大きな変化が生じるであろう。われわれは，帯域幅が増すことによって，インターネットを現在のように楽しい場にしているものの多くを失う危険を冒している。これは，帯域幅の増加それ自体では，インターネット・コミュニケーションの性質にとくに本質的な変化は生じないであろうということを意味している。テレビ電話が必ずしも成功しなかったように，ユーザーの自己意識を高める一方で，説明責任や集団成員性に対する意識を高めるようなインターネット・ツールは，消費者に拒否される確率が高い。前節で述べたコンテンツ対接続サービスに関する議論のごとく，人は自分が利用したいと思い，対価を支払ってもかまわないと考え，また自分の心理的要求にもっとも合致するサービスやツールを選択するだろう。モラハン゠マーチン (Morahan-Martin, 2001) は，インターネット依存症に関する議論の中で，「高速アクセスは娯楽コンテンツの配信形態を変え，また文字ベースのコミュニケーションを陳腐化させることだろう」と述べている (p.214)。高速アクセスはたしかにMP3ファイルのダウンロード時間を減らすかもしれないが，SMSと比較した場合のWAPや第三世代携帯電話の教訓や，テレビ電話への熱狂がすっかり冷めてしまったことを思えば，次のようなことが強く示唆されるだろう。すなわち，文字ベースのコミュニケーションは，もっと「豊かな」選択肢が提供されるまでの間ということで限定的に選択されたもので，

劣った製品であるという前提は間違っている，ということである。またモラハン=マーチンは，文字ベースのコミュニケーションが終焉を迎えれば「音声的，視覚的な手がかりが加わることで，社会的存在感が増加し，匿名性は低下するだろう」とも予測している (2001, p.215)。

しかしながら，前章で概要を述べたSMEEフレームワークは，モラハン=マーチン (2001) とは逆の予測をしている。SMEEでは，メディア選択は，帯域幅に関連する問題を含めて，動機的でもあり，戦略的でもあるとされる。したがって，携帯電話利用者がSMSを選択するか音声通話を選択するかは，メディア選択の戦略的・動機的次元に関する格好の事例研究の場となる。この場合，より広い帯域幅オプション（音声通話）が利用できるからといって，自動的に狭い帯域幅の選択肢（SMS）が選べなくなるわけではない。つまり，広い帯域幅を用いた相互作用ができるということが，必ずしももっと「豊かな」サービスへの自動的な移行を促進することにはつながらないということである。しかし，相互作用が進展するにつれて，インターネット・サービス内でのさまざまな変動は見られるかもしれない。たとえば，オンライン上の相互作用が，チャットから電子メール，電話，対面へと流れていくことは多数報告されている（たとえば Baker, 2000；Parks and Floyd, 1996；本書第5章）。もっと豊かでもっと没入的なインターネット・サービス（VRを含む）は，このパターンを変えるかもしれない。しかしながら，ある特定の状況では，狭い帯域幅のコミュニケーション（すなわち文字のみ）への欲求は，利用者がそれを利用することができる限りは，今後も残るものと思われる。

❸ インターネット行動の設計

インターネット利用者は社会的な存在ではなく，情報を収集する者であるとの見方が支配的である。その一方で，インターネット・ツールの大部分は，情報供給やウェブサイトの使い勝手，また知識管理の観点から見れば，情報相互の結びつきを強化することを狙っている。それと同時に，本質的には情報本位なウェブサイトを使うことによる人々の相互作用は，社会的真空状態の中で発生するものと見られている。登録フォームやクッキー，それに増えつつあるスパイウェアや追跡ソフトが広く利用されているということは，多くの情報提供者は日常的なシステムの利用状況が外部から丸見えになってしまう危険にさらされていることを示唆している。それと同時に，民間団体の資金が，信頼性が高く，消費者の開示を増大させるようなウェブサイトの構築のための研究に提供されている (Briggs,

2002)。

　しかし，ソフトウェアに社会的相互作用を導入しようとする試みは格別目新しいものではない (Ackerman, 2000)。アッカーマンは，ユーザーの社会的要求とシステムの技術的実用性との間にあるギャップを記述している。この社会－技術ギャップを埋めるために多くの試みがなされてきたが（その成功度はさまざまであるが），アッカーマンによれば，コンピュータ支援による協調作業（CSCW）システムを設計するうえでもっとも重要な問題点はいまなお残されているという。このようなギャップのひとつに，他の利用者がいつウェブサイトにアクセスしているのか (You and Pekkola, 2001)，あるいは，いつ非同期的CSCWシステムを利用しているのか (Ackerman, 2000) を実際に知ることがある。状況を認識できることは協調作業の効率と関連があるとされており (You and Pekkola, 2001)，またそれをインターネット・ソフトウェアに組み込むことは可能である（掲示板ではほとんど不可能であろうが，チャット・サーバーならより正確な状況認識が可能である）。今では，ウェブサイトの利用者を表示して，同じウェブサイト上にいる利用者間のコミュニケーションを許すWWWシステムが多数利用可能である（例：コブロー (http://www.cobrow.com) やグーイ (http://www.gooey.com/)）。ユーとペッコラ (2001) はピープル・アウェアネス・エンジン（Peolple Awareness Engine：http://www.crackatit.com/）の評価を行なっている。ピープル・アウェアネス・エンジンは，ウェブページに状況認識とコミュニケーション機能を提供するソフトウェアである。このソフトをウェブサイトのあらゆるページに埋め込めば，利用者は特別なコミュニケーション専用ページに行かなくても，その場で自分と同じ情報に関心を持つ人々と会話することが可能になる。ユーとペッコラは，ピープル・アウェアネス・エンジンは，WWWの情報供給的側面と，当該ウェブサイトを仕事やコミュニケーションの場として使いたいという利用者の欲求の橋渡しをする手段になりうると結論づけている。とすれば，ラインゴールド (2000) が最初に提案した社会的ウェブという概念は，今まさに結実しつつあるのではないだろうか。

❹ インターネット行動に心理学研究を適用する

　インターネット行動を対象にした心理学研究は，オンライン・カウンセリングやオンライン・セラピー，あるいは教育や電子商取引関連のベンチャーといった，応用的場面に直接適用できることが多い。それぞれについて詳しく考察するスペースはないが，以下でいくつかの重要なポイントを示すことにしよう。

●● オンライン・カウンセリングとサポート

　インターネットは明らかに「顔のない」場であるにもかかわらず，臨床アセスメントから治療まで，さまざまなメンタルヘルス関係のサービスを提供する比類なき貴重な舞台を提供している。電子的に行なわれる臨床アセスメントは，対面で行なわれる場合よりも高レベルの自己開示と率直な反応をもたらすことが示されている (Budman, 2000)。たとえばデヤーリスら (De Jarlais et al., 1999) は，静脈注射薬物濫用者がHIV感染の危険がある行為（例：注射針の使い回し）を報告するのは，対面よりもコンピュータを通じた音声による自己紹介の場合のほうが多いことを見いだしている。コンピュータ化されたアセスメントが，社会的に望ましくない行為の報告やより高レベルの自己開示をもたらすという一般的な結果は，すでに十分な再現性が確かめられているので，状況によらず同じ結果が得られ，用いられる技術による違いもほとんどないと考えてよいだろう（たとえばBarak, 1999；Ferriter, 1993；Greist et al., 1973；Joinson, 1999；Kissinger et al., 1999；Robinson and West, 1992）。セキュリティの問題 (Epstein and Klinkenberg, 2001) と同様に，コンピュータと対面のアセスメントが等価であるかどうかについてもまだ懸念が残るところだが，それでも一般的には利点のほうが潜在的な問題に勝っていると考えられている (Budman, 2000)。

　しかしながら，1対1で行われるアセスメントやカウンセリングのためのインターネット利用法は開発があまり進んでおらず，また研究も不十分である。スラー (Suler, 2000) が述べているように，オンライン・セラピーはさまざまな形を取りうるもので，（少なくとも）5つの次元を考えることができる。同期／非同期，文字／視聴覚，現実的／仮想的，自動的／対人的，顔を見せない／その場に居合わせる，である。スラーによれば，これらの各要素を変化させることで「個々の患者の要求に対応するためのセラピー・エンカウンターを設計する」ことができるという。

　たとえば，第6章で紹介したSAHARサイト (Barak, 2001) は，効果的なカウンセリング環境供給のためにインターネット上の匿名性（と高レベルの自己開示）が利用可能である，という方針に則って構築されている。バラック (2001) は次のように述べている。

　　SAHAR設立にいたった基本的前提は，インターネット上の社会的な「出会いの場所」では，個人であろうと集団であろうと，多くの人々には，個人的情報を開示し，自分の抱える問題を相手と共有しようとする傾向がある，ということにある。SAHARのそもそもの発想は，危機的状況にある人を救い出し，

彼らの匿名性は保証したうえで，仮想的な聞き役を提供するサイバープレースを新たに創り出すことであった。(Barak, 2001, pp.1-2)

したがって，SAHARの場合は，サービスの開発やシステムの設計はオンライン上で機能する心理的プロセスによって決められている。1対1のカウンセリングが不必要だったり利用不可能な場合は，掲示板上でのソーシャル・サポートを利用することができる。

バドマン (Budman, 2000) は，インターネットには（心理面だけではなく）行動面での健康管理を行なう際にも数々の有利な点があると述べている。とくに，利用者のニーズに合わせたプログラムの作成，コスト削減，自己開示の増大，利便性などである。これらの利点をシステムに組み込む必要があることははっきりしている。たとえばある職場のプログラムが，ネットワークが厳しく監視されたオンライン上で運用されているとしたら，高レベルの自己開示や率直さなどありえないだろう。個人への介入をその人に合わせて調整する場合にも，特別な工夫が必要である。機密保持やプライバシーが懸念されるならば，提出されたあらゆるデータを保護するだけではなく，利用者自身のプライバシーも暗号化などによって保護するようにシステム上で手当てする必要がある。同様に，グロホール (Grohol, 1998) は，テレビ会議や音声接続の利用が増えるとともに，「非言語的な手がかりが復活し，テレプレゼンス[3]の程度が増すので，行動面の健康管理を行なう専門家が，オンライン療法の形態を探ることにメリットを感じることが多くなるかもしれない」(p.131) と述べている。しかし，グロホールも言うように，セラピストが利用できる非言語的手がかりが増えること（そしてそのことで彼らがよりセラピーがやりやすい状態になること）は，クライアントにとってのオンライン・セラピーの魅力（例：匿名性や脱抑制）を失わせるかもしれない。

3 ▶ 遠くに存在する物や空間をあたかもここにあるかのように体感し，まるで自分の手で動かしているように遠隔操作ができるシステムまたは状態。

オンライン・セラピーに関しては，他にもたくさんの未解決の問題が残されている。それには，倫理的・法律的な問題 (Manhal-Baugus, 2001) やさまざまなツールの利便性，患者のニーズに合ったツールの選択法 (Castelnuovo et al., 2001 ; Suler, 2000) などが含まれている。私はそこに，SMEEの枠組みから予想されるように，インターネット利用はまったく予期せぬ効果を生むかもしれないし，それがどうなるかは利用者の特性やその結果として生じる相互作用に依存しているということを付言したい。たとえば，ある人々にとって，インターネット・セラピーが有害であるというようなことがあるだろうか？　そこには「真の自己」をさらけ出した

り（McKenna et al., 2002），自己認識を高めたり（Joinson, 2001）することは有益であるとする暗黙の前提がある。たしかに，熟練したセラピストの手にかかればそうかもしれない。しかしインターネット・セラピーによって，その人物に否定的な影響を与える自己暴露（self-revelation）を生じさせたり，反芻を助長したりする可能性もあり，そうすることはうつ病を悪化させかねない。イギリスのサマリタンズ[4]の報告によると，サマリタンズに電子メールで相談してくる人々の50％前後が自殺に言及しているといい，それが電話相談の場合では20％前後であるという（「ザ・スコッツマン」1999年2月24日付）。このように，自己開示が高まることは，カウンセリングには好都合であるかもしれないが，インターネット利用が，より有害な結果をもたらす自己発見の旅への誘い水になる可能性もある。

[4] ▶悩みを抱えた人のカウンセリングを行なっているイギリスのボランティア団体。

教育工学

コンピュータ媒介型コミュニケーション（CMC）は，遠隔教育および地方教育の現場で広く採用されてきた。歴史のある諸大学においても，学内の「仮想学習環境」（VLE）の発展とともに，講座ウェブサイトにリンクした掲示板が大々的に導入されてきた。このような発展は，少なくともイギリスにおいては，学生数の増加もその要因のひとつではあるが，CMCには教育上の利点が多く存在する可能性があるという理論的予測性にも基づいている。これらの利点は，CMCがピア・トゥ・ピア・コミュニケーションのために提供するアフォーダンスと，対面教育に勝るCMCの潜在的な心理的利点の両方に由来するものである。心理面での利点（例：脱抑制，参加の平等性など）を導くために，実用上の利点（例：ファイル保管，仲間同士のコミュニケーション機会の増加など）が利用されることもしばしばである。

教育における CMC の利点

そもそもCMCは，平等な参加を促すことと学生の学習への教師の影響力を減ずることの両方によって，学生の学習討議を「フラットにする」のに役立つだろうと考えられていた。伝統的な学級内相互作用は「手ほどき（initiation）―応答（response）―評価（evaluation）」（IRE）という順序に従うものとされてきた。そこでは，教師が学生に質問し，学生が答え，その答えに教師がコメントする（Beattie, 1982）。この伝統的モデルでは，他の形の相互作用（例：仲間との相互作用）はごく少ない。多くの研究者が，①CMCは高レベルの仲間同士の相互作用を促し，②こういった相互作用が学習にはとくに有益である，と論じている。そ

れぞれの点を同時に考慮すれば，CMC が学生対学生の相互作用を促進するのは当然であると思われる。CMC システムの設計意図そのものが学生対学生の相互作用の促進を許す (Tolmie and Boyle, 2000) だけでなく，CMC システムを導入するほとんどの教師が，仲間同士の相互作用の創造を目指していることも明らかである。対面授業の中でこれと同じような規範（例：学生による小集団活動）が確立していたら，学生同士の相互作用のレベルは同じように高くなっていただろうと想像される（しかし実際にはそんな規範は確立していない）。CMC システムが，明示的には学生対学生の相互作用を促進するような設定になっていない場合もある。この場合は，教師からの投稿が50％に達することも珍しくなく，IRE モデルが CMC 環境の中で対面と同じようにうまく機能することも多い。2つ目のポイントは，ピア・トゥ・ピアの相互作用が学習を促進することである。たとえば，トルミーとボイル (Tolmie and Boyle, 2000) は，仲間同士の中での意見の食い違いは，権威ある情報源が存在しないので，学生たちが「自分の意見の根拠を明らかにする」ことの必要性を意味しているという (p.121)。この種の議論を行なうことは「思考の成長」をもたらすだろう。彼らは「このフレームワークは非同期的な電子メール交換の価値を正確に指摘している。つまり，電子メールの交換が単に学生間の討論を促すだけでなく，そこで生じるあらゆる意見の相違が，理解における成長をもたらすのだ」と述べている (p.121)。また，CMC 中の教室内相互作用に関する観察研究 (Reader and Joinson, 1999) によると，学生たちは教師の見解に自らすすんで挑んでくることが多くなるようである。これがよいことかどうかはまだ検討の余地がある。

学生の討論スキルを向上させるために CMC システムを利用することができるという意見もある (Reader and Joinson, 1999)。リーダーとジョインソンは，学生たちが通常の教室の討論から得るものは結論（重要そうに思える最終結果）だけであるという。おそらくは，教育上もっと重要なことはこれらの結論にいたる実際のプロセスを理解することである (McKenna et al., 1998)。CMC 討論の持つ透明性は，学生たちの議論を精査する能力と相まって，彼ら自身の討論スキルを向上させることだろう。教育に関して考えられる利点として最後にあげられるのは，他者が討論している様子を観察することによって，学生たちが代理学習をすることができるだろうということである (McKenna et al., 1998)。

CMC を利用した教育の問題点

このように CMC の理論的長所を並べたが，教育場面での CMC の利用に際する問題点も，憂慮すべき頻度で数多く報告されている。たとえば，CMC システムにアクセスする学生のうち，経常的に投稿する者の割合は相対的にはごく少な

く，ほとんどの投稿は教師からのものであるという (Light and Light, 1999)。ライトらは，彼らのCMCシステムでは，投稿の50％が教師からのものであったと報告している。ジョインソン (2000b) によれば，CMCシステムの「アクティブ（活発な）」参加者に分類できるのは学生のわずか3分の1であった。モリスとノートン (Morris and Naughton, 1999) によれば，オンラインで結ばれた3,000人の学生を母集団とした分析の結果，CMCによる討論に活発に参加したのはどの1か月をとってもたった100人程度であったという。さまざまなCMC体験に共通して，参加率が低いことが報告されている（トルミーとボイル (2000) のレビューを参照のこと）。学生たちが投稿するメッセージの大半は討論に無関係なもので，ひとえに単位を取得するためのものであることもしばしばである (Reader and Joinson, 1999)。

　教育場面で運用されるCMCの場合，フレーミングの報告例は比較的少ないが（しかしLight et al., 2000 ; Morris and Naughton, 1999なども参照のこと），CMC導入報告には「学生が『勉強と関係ない』ことにばかり時間を使う」との苦情がよく見受けられる (Light et al., 2000, p.265)。モリスとノートン (1999) は，「メディアの学術的利用は期待されたほどのものではなかったが，CMCが学習上のサポートや動機づけ源として大変価値あるものであるということを学生が発見したことは間違いない」と結論づけている (p.151)。

教育用CMCを充実させるための心理的プロセスの利用

　社会的な，あるいは日常のインターネット利用に関する理論を援用して教育用CMCを充実させようとする試みはほとんど行なわれていない。ただひとつの例外は，教育場面で「超個人的」相互作用を促進しようとしたチェスターとグウィン (Chester and Gwynne, 1998) の研究である。チェスターとグウィンは，CMCの相互作用で学生に仮名を使うことを許可することによって匿名性の意識を高めた。その結果，匿名性によって「学生たちは確固たる自信に満ちた発言権を獲得」し，また「学生の3分の2が対面の授業よりもその教科への参加度が高くなったと評定した」という (1998, p.6)。学生たちには概して強いコミュニティ意識があり，反社会的な行動は比較的少なかったが，問題もいくつかあった。たとえば，「ハッシュマン（Hashmann）」という仮名を使う1人の学生が，黒人スラングを使うラッパーを装って，「悪態をついたり，メッセージをわざと大文字で書いたりして，節度を保った思慮深い意見を述べる他の学生に対するフレーミングを行なった」ことなどである (p.8)。

　ウッツとサッセンバーグ (Utz and Sassenberg, 2001) は，社会的同一化とバーチャル講義の関わりを検討している。その結果，学生の動機づけレベルや新しい技術の利用に対する態度，期待充足の程度はすべて，バーチャル講義における社会的同

一化の程度と相関を持つことがわかった。学生の肯定的な期待が満たされればバーチャル講義への同一化は高まるが，学生が失望すれば同一化のレベルは下がる。この研究は，社会的同一化を高めるための設計の問題についてはとくに何も示唆していないものの，社会的同一化のプロセスに学生たちの動機づけが持つ重要性を指摘している。

ジョインソンとブキャナン (Joinson and Buchanan, 2001) は，教育用CMCで見られる特定の行動類型を説明する際に，オンライン上での心理的プロセスに関する理論が利用できるとして，次のように述べている。

> おそらくもっと重要なのは，学生が視覚的匿名な状態にあり，なおかつ社会的アイデンティティを共有している時にこそ，CMCを教育に利用することで親和性の高い集団の発達を促すことができる (Lea and Spears, 1992) ということである。ほとんどの教育者たちは，オンライン講義というよりもむしろオンライン・コミュニティを創りだすことができるというこのCMCの可能性を見過ごしてきた。実際，多くの研究者にはびこる風潮は，授業に基づく討論を促進する意図を持った対人コミュニケーションを阻もうとするものである。われわれは，この2つを切り離して考えることはできないということ，また，本物の社会的相互作用，そしてその結果から必然的にもたらされるはずのオンライン・コミュニティの発達が容認されないならば，CMCのファシリテイター（まとめ役）がCMCの利用をごくごく限られたものにしてしまう危険性があることを主張したい。(p.233)

● 電子商取引

インターネットでは対面の場合よりも自分をさらけ出しやすいという傾向は，商業的に利用できる可能性がある。このことは，電子商取引サイトの設計，とくに顧客情報の収集 (Moon, 2000) や信用の確立（と設計；Briggs et al., 2002）にとっても意味のあることである。しかしながら，特定のオンライン行動を拡大させよう（少なくとも維持させよう）ともくろむ組織があるのと同時に，それと同じ行動を減少させようと試みるシステムを設計することもまた組織にとって一般的なことである。今や数多くのセキュリティ関連会社が，従業員のオンライン上での不正行動を減らすことを狙った監視ソフトを販売している。これらのソフトは，ネットワーク・トラフィックを追跡探知するシステムから，従業員のハードディスクをスキャンするシステム，そしてキー入力動作を記録するシステムまで多岐にわたっている。こういった場合，ソフトウェアは常時「行動について説明責任を果たすことが求められている」のだということを知らせる手がかりを供給して

おり，そのことによって従業員には自分自身の行動を監視しようという強い心理的要請が働くであろう，と仮定するのが妥当である。しかし，こういうやり方が従業員のモラール（志気）やストレス・レベルにどういった影響を与えるかは知られていないものの，非常に厳しい監視（例：キー入力動作の監視やハードディスクのスキャン）は長期的に見れば逆効果を生む可能性があると考えてよいだろう。見たところ，匿名性やプライバシーを高めるソフトウェア（例：暗号化）とプライバシーを制限する政府の政策や商用ソフトウェア（例：クッキー）間で絶えず続いているいたちごっこは，今後も続きそうである。ここで著者が指摘したいことは，利用者情報の収集は，オンライン上で生じるいくつかのタイプの行動―組織内で有益である可能性を持つ行動（例：ブレーンストーミング，知識共有，提案制度）を含む―に与える代償なしではありえないだろうということである。

❺ 将来的な技術発展，過去の行動

　インターネット関連技術の発展は非常に速く，本書に引用した研究の多くはものの数年のうちに不要なものになってしまう危険にさらされている。インターネットの急速な出現と途切れることないその発展は，新しいメディア上の行動を心理学的に研究するうえでまたとないチャンスを与えるものである。心理学的な研究は，うまくすれば社会技術としてのインターネットの発展を導くだろう。また，これと同様に重要なことは，インターネットがさまざまな人々に与える影響に関する研究の増加が，インターネット利用の社会的・心理的メリットをあらゆる人に広げるツールの発展に資するべきだということである。

　いつか将来的には，インターネット技術が，現在の電話がそうであるように，ごく目立たないものになっているだろうことは疑いようがない。インターネットに関する研究の増加に見られる興味深い特徴のうちのひとつは，電信 (Standage, 1999)，電話 (Brown and Perry, 2000) や無線 (Gackenbach and Ellerman, 1998) など，より初期のコミュニケーション技術に対する関心もまた高まってきた点である。古い技術を「現在利用されている」ものとして見る研究 (Brown and Perry, 2000) と，それが「新しかった」時のことを考察する研究 (Gackenbach and Ellerman, 1998 ; Standage, 1999) から明らかなことは，①新しい技術での行動と「古い」技術における行動の間に多くの類似性や関連が見られること，②古い技術が日常的なものになっても，行動上の興味深い特徴は残存すること，である（ショートら (Short et al. 1976) も参照のこと）。

　将来的な方向性を予測するための伝統的な方法は，過去から現在まで線を引き，

その軌跡を未来に向けて伸ばすというものである。これが功を奏する場合もなくはないが，ほとんど場合は失敗に終わっているようである。心理学とインターネットの場合は，軌跡は定まらぬものの，過去と現在の間にはっきりした線が存在し，おそらくはそれが未来にもつながっているだろう，というケースに当てはまると思われる。インターネットの場合に独特なのは，まったく新しく予想のつかない相互作用の方法が発展する可能性があるということである。ひょっとしたらインターネット利用に関連する心理的プロセスが陳腐化する場合もあるかもしれないが，それ以外の多くの場合で，現在のインターネット行動に関する研究から，未来のコミュニケーション技術を利用した行動を特徴づける，あるいは少なくとも予測することくらいはできるだろう。最善のシナリオになれば，インターネット心理学の研究は，これらの未来技術の設計にとって有用な情報を提供するものとなるだろう。

●引用文献●

Ackerman, M. S. (2000). The intellectual challenge of CSCW: the gap between social requirements and technical feasibility. *Human–Computer Interaction*, 15, 179–203.
Aiken, M. and Waller, B. (2000). Flaming among first-time group support system users. *Information and Management*, 37, 95–100.
Allport, G. W. (1937). *Pattern and Growth in Personality*. London: Holt, Rinehart & Winston.
Amateur Radio Newsline (1998, February 13). Available on-line at http://www.arnewsline.org/newsline_archives/cbbs1070.txt
Archer, J. L. (1980). Self-disclosure. In D. Wegner and R. Vallacher (eds), *The Self in Social Psychology*. London: Oxford University Press, 183–204.
Argyle, M. and Dean, J. (1965). Eye-contact, distance and affiliation. *Sociometry*, 28, 289–304.
Arkin, R. M. (1981). Self-presentational styles. In J. T. Tedeschi (ed.), *Impression Management Theory and Social Psychological Research*. New York: Academic Press, 311–33.
Baker, A. (2000). Two by two in cyberspace: getting together and connecting online. *Cyberpsychology and Behavior*, 3, 237–42.
Bandura, A. (1977). Self-efficacy: toward a unifying theory of behavioral change. *Psychological Review*, 84, 191–215.
Barak, A. (1999). Psychological applications on the Internet: a discipline on the threshold of a new millennium. *Applied and Preventive Psychology*, 8, 231–46.
Barak, A. (2001). SAHAR: an Internet-based emotional support service for suicidal people. Paper presented at the British Psychological Society 'Psychology and the Internet: A European Perspective' conference, November 2001, Farnborough, UK. Available on-line at http://construct.haifa.ac.il/~azy/sahar02.htm
Bargh, J. A., Fitzsimons, G. M. and McKenna, K. Y. A. (2002). The self, online: free to be the 'real me' on the Internet. In S. J. Spencer, S. Fein, M. P. Zanna and J. M. Olson (eds), *Motivated Social Perception: The Ontario Symposium*, vol. 9. Nahwah, NJ: Erlbaum.
Bargh, J. A., McKenna, K. Y. A. and Fitzsimons, G. M. (2002). Can you see the real me? Activation and expression of the 'true self' on the Internet. *Journal of Social Issues*, 58(1), 33–48.

Baumeister, R. F. (1991). *Meanings of Life*. New York: Guilford Press.
Baumeister, R. F., Tice, D. M. and Hutton, D. G. (1989). Self-presentational motivations and personality differences in self-esteem. *Journal of Personality*, 57, 547–79.
Beattie, G. W. (1982). The dynamics of university tutorial groups. *Bulletin of the British Psychological Society*, 35 (April), 147–50.
Bechar-Israeli, H. (1998). From <Bonehead> to <cLoNehEAd>: nicknames, play, and identity on Internet relay chat. *Journal of Computer-mediated Communication*, 1(2) (on-line journal). Available at: http://www.ascusc.org/jcmc/vol1/issue2/bechar.html
Bell, P., Greene, T. C., Fisher, J. and Baum, A. (1996). *Environmental Psychology*. London: Harcourt Brace.
Beniger, J. (1987). Personalization of mass media and the growth of pseudo-community. *Communication Research*, 14, 352–71.
Berger, P. (1979). *The Heretical Imperative*. Garden City, NY: Doubleday.
Biggs, S. (2000). 'Charlotte's Web': how one woman weaves positive relationships on the Net. *Cyberpsychology and Behavior*, 3, 655–63.
Birnbaum, M. H. (ed.) (2000). *Psychological Experiments on the Internet*. San Diego: Academic Press.
Boneva, B., Kraut, R. and Frohlich, D. (2001). Using e-mail for personal relationships: the difference gender makes. *American Behavioral Scientist*, 45(3), 530–49.
Briggs, A. (1977). The pleasure telephone: a chapter in the prehistory of the media. In I. de Sola (ed.), *The Social Impact of the Telephone*. Cambridge, MA: MIT Press, 40–65.
Briggs, P., Burford, B. and De Angeli, A. (2002). Trust in online advice. *Social Science Computer Review*, 20, 321–32.
Bronfman, E. (2000). Remarks as prepared for delivery at the Real Conference 2000, San Jose. Retrieved 31 July 2001 from the WWW: http://www.mpaa.org/copyright/EBronfman.htm
Brown, B. A. T. and Perry, M. (2000). Why don't telephones have off switches? Understanding the use of everyday technologies. A research note. *Interacting with Computers*, 12, 623–34.
Bruckman, A. (1993). Gender swapping on the Internet. Available from ftp://media.mit.edu/pub/asb/papers/gender-swapping.txt
Brunswik, E. (1956). *Perception and the Representative Design of Psychological Experiments*. Berkeley: University of California Press.
Buchanan, T. (2001). Online personality assessment. In U. Reips and M. Bosnjak (eds), *Dimensions of Internet Science*. Lengerich, Germany: Pabst Science Publishers, 57–74.
Buchanan, T., Ali, T., Hefferman, T. M., Ling, J., Parrott, A., Rodgers, J. and Scholey, A. B. (2001). Online research on 'difficult' topics: MDMA, memory and methodology. Paper presented at the British Psychological Society

'Psychology and the Internet: A European Perspective' conference, November 2001, Farnborough, UK.

Buchanan, T. and Smith, J. L. (1999). Using the Internet for psychological research: personality testing on the World-Wide Web. *British Journal of Psychology*, 90, 125–44.

Budman, S. (2000). Behavioral health care dot-com and beyond: computer-mediated communications in mental health and substance abuse treatments. *American Psychologist*, 55, 1290–300.

Burke, J. (1991). Communication in the Middle Ages. In D. Crowley and P. Heyer (eds), *Communication in History*. White Plains, NY: Longman, 67–76.

Buss, D. M. (1988). The evolution of human intrasexual competition: tactics of male attraction. *Journal of Personality and Social Psychology*, 54, 616–28.

Canary, D. J. and Spitzberg, B. H. (1993). Loneliness and media gratification. *Communication Research*, 20, 800–21.

Carver, C. S. and Scheier, M. F. (1981). *Attention and self-regulation: a control theory approach to human behavior*. New York: Springer-Verlag.

Carver, C. S. and Scheier, M. F. (1987). The blind men and the elephant: selective examination of the public–private literature gives rise to faulty perception. *Journal of Personality*, 55, 525–41.

Castellá, V. O., Abad, A. M. Z., Alonso, F. P. and Silla, J. M. P. (2000). The influence of familiarity among group members, group atmosphere and assertiveness on uninhibited behavior through three different communication media. *Computers in Human Behavior*, 16, 141–59.

Castelnuovo, G., Gaggioli, A. and Riva, G. (2001). Cyberpsychology meets clinical psychology: the emergence of e-therapy in mental health care. In G. Riva and C. Galimberti (eds), *Towards Cyberpsychology: Mind, Cognitions and Society in the Internet Age*. Amsterdam: IOS Press, 229–52.

Chester, A. and Gwynne, G. (1998). On-line teaching: encouraging collaboration through anonymity. *Journal of Computer Mediated Communication*, 4, 2. Available on-line at: http://jcmc.huji.ac.il/vol4/issue2/chester.html

Chilcoat, Y. and DeWine, S. (1985). Teleconferencing and interpersonal communication perception. *Journal of Applied Communication Research*, 18, 14–32.

Cohen, J. (1977). *Statistical power analysis for the behavioral sciences*, rev. edn. New York: Academic Press.

Coleman, L. H., Paternite, C. E. and Sherman, R. C. (1999). A reexamination of deindividuation in synchronous computer-mediated communication. *Computers in Human Behavior*, 15, 51–65.

Collot, M. and Belmore, N. (1996). Electronic language: a new variety of English. In S. Herring (ed.), *Computer-mediated Communication: Linguistic, Social and Cross-Cultural Perspectives*. Amsterdam: John Benjamins, 13–28.

Constant, D., Sproull, L. and Kiesler, S. (1997). The kindness of strangers: on the usefulness of electronic weak ties for technical advice. In S. Kiesler (ed.), *Culture of the Internet*. Nahwah, NJ: Lawrence Erlbaum, 303–22.

Cooper, A. (1998). Sexuality and the Internet: surfing into the new millennium. *Cyberpsychology and Behavior*, 1, 181–7.
Cornwell, B. and Lundgren, D. C. (2001). Love on the Internet: involvement and misrepresentation in romantic relationships in cyberspace vs. realspace. *Computers in Human Behavior*, 17, 197–211.
Cronin, B. and Davenport, E. (2001). E-rogenous zones: positioning pornography in the digital economy. *The Information Society*, 17, 33–48.
Culwin, F. and Faulkner, X. (2001). SMS: users and usage. Presentation at UPA/Design Council seminar, 25 October 2001.
Cummings, J., Sproull, L. and Kiesler, S. (1998). On-line help: using electronic support groups on the Internet. Unpublished manuscript, University of Boston.
Curtis, P. (1997). Mudding: social phenomena in text-based virtual realities. In S. Kiesler (ed.), *Culture of the Internet*. Nahwah, NJ: Lawrence Erlbaum, 121–42.
Daft, R. L. and Lengel, R. H. (1984). Information richness: a new approach to managerial behavior and organization design. *Research in Organizational Behavior*, 6, 191–233.
Daily Telegraph (14 September 2001). Available on-line at: http://www.dailytelegraph.co.uk/dt?ac=006026230637643&rtmo=k7CAx7ep&atmo=rrrrrrrq&pg=/01/9/14/do01.html
Danet, B. (1998). Text as mask: gender, play, and performance on the Internet. In S. Jones (ed.), *Cybersociety 2.0: Revisiting Computer-mediated Communication and Community*. London: Sage, 129–58.
Davidson, K. P., Pennebacker, J. W. and Dickerson, S. S. (2000). Who talks? The social psychology of illness support groups. *American Psychologist*, 55, 205–17.
Davis, R. A. (2001). A cognitive-behavioral model of pathological Internet use. *Computers in Human Behavior*, 17, 187–95.
De Jarlais, D. C., Paone, D., Milliken, J., Turner, C. F., Miller, H., Gribble, J., Shi, Q., Hagan, H. and Friedman, S. (1999). Audio-computer interviewing to measure risk behaviour for HIV among injecting drug users: a quasi-randomised trial. *Lancet*, 353, 1657–61.
Deiner, E. (1980). Deindividuation: the absence of self-awareness and self-regulation in group members. In P. B. Paulus (ed.), *Psychology of Group Influence*. Hillsdale, NJ: Lawrence Erlbaum, 209–42.
Derlega, V. J., Metts, S., Petronio, S. and Margulis, S. T. (1993). *Self-disclosure*. Newbury Park, CA: Sage.
Deuel, N. R. (1996). Our passionate response to virtual reality. In S. Herring (ed.), *Computer-mediated Communication: Linguistic, Social and Cross-cultural Perspectives*. Amsterdam: John Benjamins, 129–46.
Dibbell, J. (1993). A rape in cyberspace. *The Village Voice*, 21 December.
Dietz-Uhler, B. and Bishop-Clark, C. (2001). The use of computer-mediated communication to enhance subsequent face-to-face discussions. *Computers in Human Behavior*, 17, 269–83.

Donath, J. (1999). Identity and deception in the virtual community. In M. A. Smith and P. Kollock (eds), *Communities in Cyberspace*. London: Routledge, 29–59.

Doring, N. (2000). Feminist views of cybersex: victimization, liberation and empowerment. *Cyberpsychology and Behavior*, 3, 863–84.

Douglas, K. and McGarty, C. (2001). Identifiability and self-presentation: computer-mediated communication and intergroup interaction. *British Journal of Social Psychology*, 40, 399–416.

Douglas, K. and McGarty, C. (2002). Internet identifiability and beyond: a model of the effects of identifiability on communicative behaviour. *Group Dynamics: Theory, Research and Practice*, 6(1), 17–26.

Drees, D. (2001). E-mail use in personal relationship development. Paper presented at the British Psychological Society 'Psychology and the Internet: A European Perspective' conference, November 2001, Farnborough, UK.

Duval, S. and Wicklund, R. A. (1972). *A Theory of Objective Self-awareness*. New York: Academic Press.

Eichhorn, K. (2001). Re-in/citing linguistic injuries: speech acts, cyberhate and the spatial and temporal character of networked environments. *Computers and Composition*, 18, 293–304.

Electronics Museum Amateur Radio Club's Newsletter (1996, Feb.). Available on-line at http://www.fars.k6ya.org/relay/9602.html

End, C. (2001). An examination of NFL fans' computer mediated BIRGing. *Journal of Sport Behavior*, 24(2), 162–81.

Epstein, J. and Klinkenberg, W. D. (2001). From Eliza to Internet: a brief history of computerized assessment. *Computers in Human Behavior*, 17, 295–314.

Exline, R. V., Gray, D. and Winter, L. C. (1965). Affective relations and mutual glances in dyads. In S. S. Tomkins and C. E. Izard (eds), *Affect, Cognition and Personality*. New York: Springer.

Feldman, M. D. (2000). Munchausen by Internet: detecting factitious illness and crisis on the Internet. *Southern Medical Journal*, 93, 669–72.

Ferriter, M. (1993). Computer aided interviewing and the psychiatric social history. *Social Work and Social Sciences Review*, 4, 255–63.

Finn, J. and Banach, M. (2000). Victimization online: the downside of seeking human services for women on the Internet. *Cyberpsychology and Behavior*, 3, 243–54.

Fischer, C. S. (1992). *America Calling: A Social History of the Telephone to 1940*. Berkeley, CA: University of California Press.

Fox, S., Horrigan, J., Spooner, T. and Carter, C. (2001). Teenage life online: the rise of the instant message generation and the Internet's impact on friendships and family relationships. Retrieved from the WWW 21 June 2001 from http://www.pewinternet.org/

Fox, S. and Rainie, L. (2000). The online health care revolution: how the Web helps Americans take better care of themselves. Available on-line at http://www.pewinternet.org/

Furnham, A. (2000). The brainstorming myth. *Business Strategy Review*, 11, 21–8.
Gackenbach, J. (1998). *Psychology and the Internet*. New York: Academic Press.
Gackenbach, J. and Ellerman, E. (1998). Introduction to psychological aspects of Internet use. In J. Gackenbach (ed.), *Psychology and the Internet*. New York: Academic Press, 1–28.
Galegher, J., Sproull, L. and Kiesler, S. (1998). Legitimacy, authority, and community in electronic support groups. *Written Communication*, 15, 493–530.
Garcia, L. T. and Milano, L. (1990). A content analysis of erotic videos. *Journal of Psychology and Human Sexuality*, 3, 95–103.
Gardner, R. and Shortelle, D. (1997). *An Encyclopaedia of Communications Technology*. Santa Barbara, CA: ABC-Clio Inc.
Gecas, V. and Schwalbe, M. L. (1983). Beyond the looking glass self: social structure and efficacy-based self-esteem. *Social Psychology Quarterly*, 46, 77–88.
Gergen, K. (1992). *The Saturated Self: Dilemmas of Identity in Contemporary Life*. New York: Basic Books.
Gibbons, F. X. (1986). Social comparison and depression: company's effect on misery. *Journal of Personality and Social Psychology*, 51, 140–8.
Gibson, J. J. (1979). *The Ecological Approach to Visual Perception*. Boston: Houghton Mifflin.
Goldberg, J. (1995). Why web usage statistics are (worse than) meaningless. Retrieved on 16 Feb. 2000 from the WWW: www.cranfield.ac.uk/docs/stats/
Granovetter, M. (1982). The strength of weak ties: a network theory revisited. In P. Marsden and N. Lin (eds), *Social Structure and Network Analysis*. New York: Wiley, 105–30.
Greist, J. H., Klein, M. H. and VanCura, L. J. (1973). A computer interview by psychiatric patient target symptoms. *Archives of General Psychiatry*, 29, 247–53.
Griffiths, M. D. (1998). Internet addiction: does it really exist? In J. Gackenbach (ed.), *Psychology and the Internet*. New York: Academic Press, 61–75.
Griffiths, M. D. (2000a). Does Internet and computer addiction exist? Some case study evidence. *Cyberpsychology and Behavior*, 3, 211–18.
Griffiths, M. D. (2000b). Excessive Internet use: implications for sexual behavior. *Cyberpsychology and Behavior*, 3, 537–52.
Grohol, J. (1998). Future clinical directions: professional development, pathology and psychotherapy on-line. In J. Gackenbach (ed.), *Psychology and the Internet*. New York: Academic Press, 111–40.
Grohol, J. (1999). Too much time on-line: Internet addiction or healthy social interactions. *Cyberpsychology and Behavior*, 2, 395–402.
Hamburger, Y. A. and Ben-Artzi, E. (2000). The relationship between extraversion and neuroticism and the different uses of the Internet. *Computers in Human Behavior*, 16, 441–9.
Hancock, J. T. and Dunham, P. J. (2001). Impression formation in computer-mediated communication revisited: an analysis of the breadth and intensity of impressions. *Communication Research*, 28, 325–47.

Harmon, A. (1998, 30 August). Sad, lonely world discovered in cyberspace. *New York Times*, A1.
Haythornthwaite, C., Wellman, B. and Garton, L. (1998). Work and community via computer-mediated communication. In J. Gackenbach (ed.), *Psychology and the Internet*. New York: Academic Press, 199–226.
Herring, S. C. (1999). Interactional coherence in CMC. *Journal of Computer-Mediated Communication (4)*, 4. Available on-line at htpp://jcmc.huji.ac.il/vol4/issues4/herring.html
Herring, S. C. (1993). Gender and democracy in computer-mediated communication. Electronic Journal of Communication (on-line). Available at http://www.cios.org/getfile/Herring_v3n293
Hilgers, T. L., Hussey, E. L. and Stitt-Berg, M. (1999). 'As you're writing, you have these epiphanies': what college students say about writing and learning in their majors. *Written Communication*, 16, 317–53.
Hiltz, S. R. and Turoff, M. (1978). *The Network Nation: Human Communication via Computer*. Reading, MA: Addison-Wesley.
Hirt, E. R., Zillmann, D., Erickson, G. A. and Kennedy, C. (1992). Costs and benefits of allegiance: changes in fans' self-ascribed competencies after victory versus defeat. *Journal of Personality and Social Psychology*, 63, 724–38.
Hogg, M. A. and Abrams, D. (1993). Towards a single-process uncertainty-reduction model of social motivation in groups. In M. A. Hogg and D. Abrams (eds), *Group Motivation: Social Psychological Perspectives*. London: Harvester Wheatsheaf.
Hogg, M. A. and Mullin, B. (1999). Joining groups to reduce uncertainty: subjective uncertainty reduction and group identification. In D. Abrams and M. A. Hogg (eds), *Social Identity and Social Cognition*. Oxford: Blackwell, 249–79.
Horrigan, J. B., Rainie, L. and Fox, S. (2001). Online communities: networks that nurture long-distance relationships and local ties. Available on-line from http://www.pewinternet.org/
Howard, P. E. N., Rainie, L. and Jones, S. (2001). Days and nights on the Internet: the impact of a diffusing technology. *American Behavioral Scientist*, 45, 383–404.
Johnson, S. (1997). *Interface Culture*. New York: Basic Books.
Joinson, A. N. (1998). Causes and implications of disinhibition on the Internet. In J. Gackenbach (ed.), *Psychology and the Internet*. New York: Academic Press 43–60.
Joinson, A. N. (1999). Social desirability, anonymity, and Internet-based questionnaires. *Behaviour Research Methods, Instruments and Computers*, 31, 433–8.
Joinson, A. N. (2000a). Information seeking on the Internet: a study of soccer fans on the WWW. *Cyberpsychology and Behavior*, 3(2), 185–91.
Joinson, A. N. (2000b). Computer-conferencing to the converted: an evaluation of E211. Unpublished manuscript, The Open University.

Joinson, A. N. (2001a). Self-disclosure in computer-mediated communication: the role of self-awareness and visual anonymity. *European Journal of Social Psychology*, 31(2), 177–92.

Joinson, A. N. (2001b). Knowing me, knowing you: reciprocal self-disclosure in Internet-based surveys. *Cyberpsychology and Behavior*, 4, 587–91.

Joinson, A. N. (2002). Self-esteem, interpersonal risk and preference for e-mail over face-to-face communication. Paper presented at *German Online Research*, Hohenheim, October 2002.

Joinson, A. N. and Banyard, P. (1998). Disinhibition and health information seeking on the Internet. Paper presented at The World Congress of the Society for the Internet in Medicine, St Thomas' Hospital, London.

Joinson, A. N. and Banyard, P. (2002). Psychological aspects of information seeking on the Internet. ASLIB Proceedings, *New Information Perspectives*, 54(2), 95–102.

Joinson, A. N. and Buchanan, T. B. (2001). Doing educational research on the Internet. In C. Wolfe (ed.), *Learning and Teaching on the World-Wide Web*. New York: Academic Press, 221–42.

Joinson, A. N. and Dietz-Uhler, B. (2002). Explanations for the perpetration of and reactions to deception in a virtual community. *Social Science Computer Review Special Issue on Psychology and the Internet*, 20(3), 275–89.

Jones, S. (1995). Community in the information age. In S. Jones (ed.), *Cybersociety: Computer-mediated Communication and Community*. London: Sage.

Kaplan, H. B. (1975). Prevalence of the self-esteem motive. In H. B. Kaplan (ed.), *Self-attitudes and Deviant Behaviour*. Pacific Palisades, CA: Goodyear Publishing.

Kiesler, S. (1997). Preface. In S. Kiesler (ed.), *Culture of the Internet*. Nahwah, NJ: Lawrence Erlbaum, ix–xvi.

Kiesler, S. and Kraut, R. (1999). Internet use and the ties that bind. *American Psychologist*, 54, 783–4.

Kiesler, S., Siegal, J. and McGuire, T. W. (1984). Social psychological aspects of computer mediated communication. *American Psychologist*, 39, 1123–34.

Kiesler, S. and Sproull, L. S. (1986). Response effects in the electronic survey. *Public Opinion Quarterly*, 50, 402–13.

Kiesler, S., Zubrow, D., Moses, A. and Geller, V. (1985). Affect in computer-mediated communication: an experiment in synchronous terminal-to-terminal discussion. *Human–Computer Interaction*, 1, 77–104.

Kipnis, D. (1997). Ghosts, taxonomies, and social psychology. *American Psychologist*, 52, 205–11.

Kissinger, P., Rice, J., Farley, T., Trim, S., Jewitt, K., Margavio, V. and Martin, D. H. (1999). Application of computer-assisted interviews to sexual behavior research. *American Journal of Epidemiology*, 149, 950–4.

Kling, R. (1980). Social analyses of computing: theoretical perspectives in recent empirical research. *ACM Computing Surveys*, 12, 61–110.

Kraut, R., Kiesler, S., Boneva, B., Cummings, J., Helgeson, V. and Crawford, A. (2002). Internet paradox revisited. *Journal of Social Issues*, 58(1), 49–74.
Kraut, R., Patterson, M., Lundmark, V., Kiesler, S., Tridas, M. and Scherlis, W. (1998). Internet paradox: a social technology that reduces social involvement and psychological well-being? *American Psychologist*, 53, 1017–31.
La Fanco, R. (1999). The playboy philosophy. *Forbes*, 14 June, 200.
LaRose, R., Eastin, M. S. and Gregg, J. (2001). Reformulating the Internet paradox: social cognitive explanations of Internet use and depression. *Journal of Online Behavior*, 1(2). Retrieved 3 October 2001 from the WWW: http://www.behavior.net/JOB/v1n2/paradox.html
Laurenceau, J. P., Barrett, L. F. and Pietromonaco, P. R. (1998). Intimacy as an interpersonal process: the importance of self-disclosure, partner disclosure, and perceived partner responsiveness in interpersonal exchanges. *Journal of Personality and Social Psychology*, 74, 1238–51.
Lawrence, S. and Giles, C. L. (1999). Accessibility of information on the web. *Nature*, 8 July, 107–9.
Le Bon, G. (1890, trans. 1947). *The Crowd: A Study of the Popular Mind*. London: Ernest Benn.
Lea, M., O'Shea, T., Fung, P. and Spears, R. (1992). 'Flaming' in computer-mediated communication. In M. Lea (ed.), *Contexts in Computer-mediated Communication*. London: Harvester Wheatsheaf, 89–112.
Lea, M., Spears, R. and de Groot, D. (2001). Knowing me, knowing you: anonymity effects on social identity processes within groups. *Personality and Social Psychology Bulletin*, 27, 526–37.
Lenhart, A., Rainie, L. and Lewis, O. (2001). Teenage life online: the rise of the instant-message generation and the Internet's impact on friendships and family relationships. Available online from http://www.pewinternet.org
Levine, D. (1998). *The Joy of Cybersex: A Guide for Creative Lovers*. New York: Ballantine Books.
Lewis, R. and Spanier, G. B. (1979). Theorizing about the quality and stability of marriage. In W. Burr, R. Hill, F. Nye and I. Reiss (eds), *Contemporary Theories about the Family*, vol. 1. New York: The Free Press, 286–93.
Licklider, J. C. R. and Taylor, R. W. (1968). The computer as a communication device. *Science and Technology*, 76, 21–31.
Light, P. and Light, V. (1999). Analysing asynchronous learning interactions: computer-mediated communication in a conventional undergraduate setting. In K. Littleton and P. Light (eds), *Learning with Computers: Analysing Productive Interaction*. London: Routledge, 162–78.
Light, P., Nesbitt, E., Light, V. and White, S. (2000). Variety is the spice of life: student use of CMC in the context of campus based study. *Computers and Education*, 34, 257–67.
Mabry, E. A. (1997). Frames and flames: the structure of argumentative messages on the Net. In F. Sudweeks, M. McLaughlin and S. Rafaeli (eds),

Networks and Netplay: Virtual Groups on the Internet. Cambridge, MA: MIT Press, 13–26.

MacKinnon, R. C. (1995). Searching for the Leviathan in Usenet. In S. Jones (ed.), *Cybersociety: Computer-mediated Communication and Community.* London: Sage, 112–37.

MacKinnon, R. C. (1997). Punishing the persona: correctional strategies for the virtual offender. In S. Jones (ed.), *Virtual Culture: Identity and Communication in Cybersociety.* London: Sage, 206–35.

Maheu, M. M. (2001). *Cyber-affairs survey answers.* Retrieved from the WWW 31 October 2001 from http://www.self-helpmagazine.com/cgibin/cyber-survey.cgi?results=go

Manhal-Baugus, M. (2001). E-therapy: practical, ethical, and legal issues. *Cyberpsychology and Behavior,* 4, 551–63.

Manning, J., Scherlis, W., Kiesler, S., Kraut, R. and Mukhopadhyay, T. (1997). Erotica on the Internet: early evidence from the HomeNet trial. In S. Kiesler (ed.), *Culture of the Internet.* Nahwah, NJ: Lawrence Erlbaum, 68–9.

Mantovani, G. (1996). Social context in HCI: a new framework for mental models, cooperation and communication. *Cognitive Science,* 20, 237–96.

Markus, H. and Nurius, P. (1986). Possible selves. *American Psychologist,* 41, 954–69.

Markus, M. L. (1994). Finding a happy medium: explaining the negative effects of electronic communication on social life at work. *ACM Transactions on Information Systems,* 12, 119–49.

Marrs, R. W. (1995). A meta-analysis of bibliotherapy studies. *American Journal of Community Psychology,* 23, 843–70.

Matheson, K. (1992). Women and computer technology. In M. Lea (ed.), *Contexts in Computer-mediated Communication.* London: Harvester Wheatsheaf, 66–88.

Matheson, K. and Zanna, M. P. (1988). The impact of computer-mediated communication on self-awareness. *Computers in Human Behavior,* 4, 221–33.

McDougall, W. (1933). *The Energies of Man: A Study of the Fundamentals of Dynamic Psychology.* New York: Scribner's.

McKendree, J., Stenning, K., Mayes, T., Lee, J. and Cox, R. (1998). Why observing a dialogue may benefit learning. *Journal of Computer Assisted Learning,* 14, 110–19.

McKenna, K. Y. A. and Bargh, J. (1998). Coming out in the age of the Internet: identity 'demarginalization' through virtual group participation. *Journal of Personality and Social Psychology,* 75, 681–94.

McKenna, K. Y. A. and Bargh, J. (2000). Plan 9 from Cyberspace: the implications of the Internet for personality and social psychology. *Personality and Social Psychology Review,* 4, 57–75.

McKenna, K. Y. A., Green, A. S. and Gleason, M. E. J. (2002). Relationship formation on the Internet: what's the big attraction. *Journal of Social Issues,* 58(1), 9–31.

McLennan, M. L., Schneider, M. F. and Perney, J. (1998). Rating (life task action) change in journal excerpts and narratives using Prochaska, DiClementa, and Norcross' five stages of change. *Journal of Individual Psychology*, 54, 546–59.
McLuhan, M. (1964). *Understanding Media*. New York: McGraw–Hill.
McLaughlin, M. L., Osborne, K. K. and Smith, C. B. (1995). Standards of conduct in Usenet. In S. Jones (ed.), *Cybersociety: Computer-mediated Communication and Community*. London: Sage, 90–111.
Mehta, M. D. and Plaza, D. E. (1997). Pornography in cyberspace: an exploration of what's in USENET. In S. Kiesler (ed.), *Culture of the Internet*. Nahwah, NJ: Lawrence Erlbaum, 53–67.
Metts, S. (1989). An exploratory investigation of deception in close relationships. *Journal of Social and Personal Relationships*, 6, 159–79.
Mickelson, K. D. (1997). Seeking social support: parents in electronic support groups. In S. Kiesler (ed.), *Culture of the Internet*. Nahwah, NJ: Lawrence Erlbaum, 157–78.
Moody, E. (2001). Internet use and its relationship to loneliness. *Cyberpsychology and Behavior*, 4, 393–401.
Moon, Y. (2000). Intimate exchanges: using computers to elicit self-disclosure from consumers. *Journal of Consumer Research*, 27, 323–39.
Moore, P. (2001). Dangerous liasons? A technique for thematic mapping applied to pro-anorexia Internet groups. Paper presented at the British Psychological Society 'Psychology and the Internet: A European Perspective' conference, November 2001, Farnborough, UK.
Morahan-Martin, J. (2001). Caught in the Web: research and criticism of internet abuse with application to college students. In C. Wolfe (ed.), *Learning and Teaching on the World-Wide Web*. New York: Academic Press, 191–219.
Morahan-Martin, J. and Schumacher, P. (2000). Incidence and correlates of pathological Internet use among college students. *Computers in Human Behavior*, 16, 13–29.
Morais, R. C. (1999). Porn goes public. *Forbes*, 14 June, 214–20.
Morris, D. and Naughton, J. (1999). The future's digital, isn't it? Some experience and forecasts based on the Open University's technology foundation course. *Systems Research and Behavioural Science*, 16(2), 147–55.
Nie, N. H. and Erbring, L. (2000). *Internet and Society: A Preliminary Report*. Stanford, CA: Stanford Institute for the Quantitative Study of Society. Available on-line at http://www.stanford.edu/group/siqss
Niederhoffer, K. G. and Pennebaker, J. W. (2001). Linguistic synchrony in social interaction. Manuscript submitted for publication.
Norman, D. A. (1988). *The Psychology of Everyday Things*. New York: Basic Books.
O'Brien, J. (1999). Writing in the body: gender (re)production in online interaction. In M. A. Smith and P. Kollock (eds.), *Communities in Cyberspace*. London: Routledge, 76–106.

Odlyzko, A. (2001). Content is not king. *First Monday*, Issue 6 (on-line). Available at http://firstmonday.org/issues/issue6_2/odlyzko/
Olivero, N. and Lunt, P. (2001). Self-disclosure in e-commerce exchanges: relationships among trust, reward and awareness. Paper presented at the British Psychological Society 'Psychology and the Internet: A European Perspective' conference, November 2001, Farnborough, UK.
Ong, W. J. (1982). *Orality and Literacy*. London: Methuen.
Ong, W. J. (1986). Writing is a technology that restructures thought. In G. Baumann (ed.), *The Written Word: Literacy in Transition*. Oxford: Clarendon Press, 23–50.
O'Sullivan, P. (2000). What you don't know won't hurt me: impression management functions of communication channels in relationships. *Human Communication Research*, 26, 403–31.
Parks, M. R. and Floyd, K. (1996). Making friends in Cyberspace. *Journal of Computer-mediated Communication*, 1(4). Retrieved 10 December from the WWW: http://jmc.huji.ac.il/vol1/issue4/parks.html
Pennebaker, J. W., Kiecolt-Glaser, J. K. and Glaser, R. (1988). Disclosure of traumas and immune function: health implications for psychotherapy. *Journal of Consulting and Clinical Psychology*, 56, 239–45.
Pennebaker, J. W., Zech, E. and Rimé, B. (2001). Disclosing and sharing emotion: psychological, social, and health consequences. In M. S. Stroebe, R. O. Hansson, W. Stroebe and H. Schut (eds), *Handbook of Bereavement Research: Consequences, Coping, and Care*. Washington, DC: American Psychological Association, pp. 517–44.
Petrie, H. (1999). Report of the MSN Hotmail Study. Available from http://www.netinvestigations.net
Pew Internet and American Life Project (2000a). Tracking on-line life: how women use the Internet to cultivate relationships with family and friends. Available on-line from http://www.pewinternet.org
Pew Internet and American Life Project (2000b). The online health care revolution: how the web helps Americans take better care of themselves. Available on-line from http://www.pewinternet.org
Pfeffer, J. (1982). *Organizations and Organization Theory*. Marshfield, MA: Pitman.
Postmes, T. and Brunsting, S. (2002). Collective action in the age of the Internet: mass communication and online mobilization. *Social Science Computer Review*, 20(3), 290–301.
Postmes, T., Spears, R. and Lea, M. (2000). The formation of group norms in computer-mediated communication. *Human Communication Research*, 26, 341–71.
Preece, J. (1999). Empathic communities: balancing emotional and factual communication. *Interacting with Computers*, 12, 63–77.
Prentice-Dunn, S. and Rogers, R. W. (1982). Effects of public and private self-awareness on deindividuation and aggression. *Journal of Personality and Social Psychology*, 43, 503–13.

Putnam, R. D. (2000). *Bowling Alone*. New York: Simon & Schuster.
Quittner, J. (1997). Divorce Internet style. *Time Magazine*, 14 April, 72.
Rainie, L. and Kohut, A. (2000). Tracking online life: how women use the Internet to cultivate relationships with family and friends. Available on-line at http://www.pewinternet.org
Reader, W. and Joinson, A. N. (1999). Promoting student discussion using simulated seminars on the Internet. In D. Saunders and J. Severn (eds), *The Simulation and Gaming Yearbook: Games and Simulations to Enhance Quality Learning*, vol. 7. London: Kogan Page, 139–49.
Reicher, S. D. (1984). Social influence in the crowd: attitudinal and behavioural effects of de-individuation in conditions of high and low group salience. *British Journal of Social Psychology*, 23, 341–50.
Reicher, S. D. and Levine, M. (1994). Deindividuation, power relations between groups and the expression of social identity: the effects of visibility to the out-group. *British Journal of Social Psychology*, 33, 145–63.
Reicher, S. D., Spears, R. and Postmes, T. (1995). A social identity model of deindividuation phenomena. In W. Stroebe and M. Hewstone (eds), *European Review of Social Psychology*, vol. 6. Chichester: Wiley, 161–98.
Reid, A. A. L. (1981). Comparing telephone with face-to-face contact. In Ithiel de Sola Pool (ed.), *The Social Impact of the Telephone*. Cambridge, MA: MIT Press, 386–414.
Reid, E. (1991). Electropolis: communication and community on the Internet. Unpublished thesis, Department of History, University of Melbourne.
Reid, E. (1998). The self and the Internet: variations on the illusion of one self. In J. Gackenbach (ed.), *The Psychology of the Internet*. New York: Academic Press, 29–42.
Reips, U. and Bosnjak, M. (2001). *Dimensions of Internet Science*. Lengerich, Germany: Pabst Science Publishers.
Rheingold, H. (1993). *The Virtual Community: Homesteading on the Electronic Frontier*. Reading, MA: Addison-Wesley.
Rheingold, H. (2000). *The Virtual Community*, rev. edn., London: MIT Press.
Rice, R. E. and Love, G. (1987). Electronic emotion: socioemotional content in a computer-mediated network. *Communication Research*, 14, 85–108.
Rierdan, J. (1999). Internet–depression link? *American Psychologist*, 54, 782–3.
Rimm, M. (1995). Marketing pornography on the information superhighway. *Georgetown Law Review*, 83, 1839–934.
Robinson, R. and West, R. (1992). A comparison of computer and questionnaire methods of history-taking in a genito-urinary clinic. *Psychology and Health*, 6, 77–84.
Rogers, C. (1951). *Client-centered Therapy*. Boston, MA: Houghton Mifflin.
Rosson, M. B. (1999). I get by with a little help from my cyber-friends: sharing stories of good and bad times on the Web. *Journal of Computer-Mediated Communication*, 4(4). Retrieved 10 October 2001 from the WWW: http://jcmc.huji.ac.il/vol4/issue4/rosson.html

Salmon, G. (2000). *E-moderating: The Key to Teaching and Learning Online.* London: Kogan Page.

Savicki, V., Kelley, M. and Oesterreich, E. (1999). Judgements of gender in computer-mediated communication. *Computers in Human Behavior*, 15, 185–94.

Savicki, V., Lingenfelter, D. and Kelley, M. (1996). Gender language style and group composition in Internet discussion lists. *Journal of Computer Mediated Communication*, 2(3). Available on-line at: http://jcmc.mscc.huji.ac.il/vol2/issue3/savicki.htm

Scharlott, B. W. and Christ, W. G. (1995). Overcoming relationship-initiation barriers: the impact of a computer-dating system on sex role, shyness and appearance inhibitions. *Computers in Human Behavior*, 11, 191–204.

Scherer, K. and Bost, J. (1997). Internet use patterns: is there Internet dependency on campus? Paper presented at the 105th Annual Convention of the American Psychological Association, Chicago, IL.

Schlender, B. (2000). Sony plays to win. *Fortune*, 141(9) (1 May 2000), 142.

Schlenker, B. R. (1980). *Impression Management: The Self-concept, Social Identity, and Interpersonal Relations.* Monterey, CA: Brooks Cole.

Schlenker, B. R., Weigold, M. E. and Hallam, J. R. (1990). Self-serving attributions in social context: effects of self-esteem and social pressure. *Journal of Personality and Social Psychology*, 58, 855–63.

Selfe, C. L. and Meyer, P. R. (1991). Testing claims for on-line conferences. *Written Communication*, 8, 163–92.

Shapiro, J. S. (1999). Loneliness: paradox or artefact. *American Psychologist*, 54, 782–3.

Shepherd, R.-M. and Edelmann, R. J. (2001). Caught in the Web. *The Psychologist*, 14, 520–1.

Sherman, R. C. (2001). The mind's eye in cyberspace: online perceptions of self and others. In Riva and Galiberti (eds), *Towards CyberPsychology: Mind, Cognitions and Society in the Internet Age.* Amsterdam: IOS Press, 53–72.

Short, J., Williams, E. and Christie, B. (1976). *The Social Psychology of Telecommunications.* London: Wiley.

Siegal, J., Dubrovsky, S., Kiesler, T. and McGuire, W. (1983). Cited in Kiesler *et al.* (1984).

Sitkin, S. B., Sutcliffe, K. M. and Barrios-Choplin, J. R. (1992). A dual-capacity model of communication media choice in organizations. *Human Communication Research*, 18, 563–98.

Smith, C. B., McLaughlin, M. and Osborne, K. K. (1998). From terminal ineptitude to virtual sociopathy: how conduct is regulated on Usenet. In F. Sudweeks, M. McLaughlin and S. Rafaeli (eds), *Networks and Netplay: Virtual Groups on the Internet.* Cambridge, MA: MIT Press, 95–112.

Smolensky, M. W., Carmody, M. A. and Halcomb, C. G. (1990). The influence of task type, group structure and extraversion on uninhibited speech in computer-mediated communication. *Computers in Human Behavior*, 6, 261–72.

Smyth, J. M. (1998). Written emotional expression: effect sizes, outcome, types, and moderating variables. *Journal of Consulting and Clinical Psychology*, 66, 174–84.

Spears, R. (1995). Isolating the collective self: the content and context of identity, rationality and behaviour. Unpublished Pioner grant proposal, University of Amsterdam.

Spears, R. and Lea, M. (1992). Social influence and the influence of the 'social' in computer-mediated communication. In M. Lea (ed.), *Contexts in Computer-mediated Communication*. London: Harvester Wheatsheaf, 30–64.

Spears, R. and Lea, M. (1994). Panacea or panopticon? The hidden power in computer-mediated communication. *Communication Research*, 21, 427–59.

Spears, R., Lea, M. and Lee, S. (1990). De-individuation and group polarization in computer-mediated communication. *British Journal of Social Psychology*, 29, 121–34.

Spears, R., Lea, M. and Postmes, T. (2001). On SIDE: purview, problems, prospects. In T. Postmes, R. Spears, M. Lea and S. D. Reicher (eds), *SIDE Issues Centre Stage: Recent Developments of De-individuation in Groups*. Amsterdam: North-Holland.

Sproull, L. and Faraj, S. (1997). Atheism, sex, and databases: the Net as a social technology. In S. Kiesler (ed.), *Culture of the Internet*. Nahwah, NJ: Lawrence Erlbaum, 35–51.

Sproull, L. and Kiesler, S. (1986). Reducing social context cues: electronic mail in organizational communication. *Management Science*, 32, 1492–512.

Stafford, L. and Reske, J. R. (1990). Idealization and communication in long-distance pre-marital relationships. *Family Relations*, 39, 274–9.

Standage, T. (1999). *The Victorian Internet*. London: Phoenix Books.

Stevens, R. J. (1996). A humanistic approach to relationships. In D. Miell and R. Dallos (eds), *Social Interaction and Personal Relationships*. London: Sage, 357–66.

Stone, A. R. (1991). Will the real body please stand up? Boundary stories about virtual cultures. In M. Benedilt (ed.), *Cyberspace*. Cambridge, MA: MIT Press, 81–118.

Stone, A. R. (1993). What vampires know: transsubjection and transgender in cyberspace. Paper given at 'In control', Mensch–Interface–Machine Symposium, Graz, Austria.

Stone, L. D. and Pennebaker, J. W. (2002). Trauma in real time: talking and avoiding online conversations about the death of Princess Diana. *Basic and Applied Social Psychology*, 24, 173–83.

Stone, M. (1998). Journaling with clients. *Journal of Individual Psychology*, 54, 535–45.

Suler, J. (2000). Psychotherapy in cyberspace: a 5-dimensional model of online and computer-mediated psychotherapy. *Cyberpsychology and Behavior*, 3, 151–9.

Sunday Times (2001). Office workers told to take an e-mail holiday (News Section, 4 March, 8).

Swann, W. B. Jr (1983). Self-verification: bringing social reality into harmony with the self. In J. Solsa and A. G. Greenwald (eds), *Social Psychological Perspectives on the Self*, vol. 2. Hillsdale, NJ: Erlbaum, 33–66.
Swickert, R. J., Hittner, J. B., Harris, J. L. and Herring, J. A. (2002). Relationships among Internet use, personality and social support. *Computers in Human Behavior*, 18(4), 437–51.
Tajfel, H. and Turner, J. C. (1979). An integrative theory of intergroup conflict. In W. G. Austin and S. Worchel (eds), *The Social Psychology of Intergroup Relations*. Monterey, CA: Brooks Cole.
Thompsen, P. A. and Foulger, D. A. (1996). Effects of pictographs and quoting on flaming in electronic mail. *Computers in Human Behavior*, 12, 225–43.
Thomson, R. and Murachver, T. (2001). Predicting gender from electronic discourse. *British Journal of Social Psychology*, 40, 193–208.
Tice, D. M., Butler, J. L., Muraven, M. B. and Stillwell, A. M. (1995). When modesty prevails: differential favorability of self-presentation to friends and strangers. *Journal of Personality and Social Psychology*, 69, 1120–38.
Tolmie, A. and Boyle, J. (2000). Factors influencing the success of computer mediated communication (CMC) environments in university teaching: a review and case study. *Computers and Education*, 34, 119–40.
Trope, Y. (1979). Uncertainty reducing properties of achievement tasks. *Journal of Personality and Social Psychology*, 37, 1505–18.
Turkle, S. (1995). *Life on the Screen: Identity in the Age of the Internet*. New York: Simon & Schuster.
Utz, S. (2000). Social information processing in MUDs. *Journal of Online Behavior*, 1(1). Retrieved from the WWW, 3 October 2001, from http://www.behavior.net/JOB/v1n1/utz.html
Utz, S. and Sassenberg, K. (2001). Attachment to a virtual seminar: the role of experience, motives and fulfilment of expectations. In U. Reips and M. Bosnjak (eds), *Dimensions of Internet Science*. Lengerich, Germany: Pabst Science Publishers, 323–36.
Van Gelder, L. (1991). The strange case of the electronic lover. In C. Dunlop and R. Kling (eds), *Computerization and Controversy: Value Conflicts and Social Choice*. Boston, MA: Academic Press.
Vygotsky, L. S. (1978). *Mind in society* (M. Cole, V. John-Steiner, S. Scribner and E. Souberman, ed. & trans). Cambridge, MA: Harvard University Press.
Wallace, P. (1999). *The Psychology of the Internet*. Cambridge: Cambridge University Press.
Walther, J. B. (1992). Interpersonal effects in computer-mediated communication: a relational perspective. *Communication Research*, 19, 52–90.
Walther, J. B. (1994). Anticipated ongoing interaction versus channel effects on relational communication in computer-mediated interaction. *Human Communication Research*, 20, 473–501.
Walther, J. B. (1995). Relational aspects of computer-mediated communication: experimental observations over time. *Organization Science*, 6, 186–203.

Walther, J. B. (1996). Computer-mediated communication: impersonal, interpersonal, and hyperpersonal interaction. *Communication Research*, 23, 3–43.
Walther, J. B. (1999a). Visual cues and computer-mediated communication: don't look before you leap. Paper presented at the annual meeting of the International Communication Association, San Francisco, May 1999.
Walther, J. B. (1999b). Communication addiction disorder: concern over media, behavior and effects. Paper presented at the annual meeting of the American Psychological Association, Boston, August 1999.
Walther, J. B., Anderson, J. K. and Park, D. W. (1994). Interpersonal effects in computer-mediated interaction: a meta-analysis of social and antisocial communication. *Communication Research*, 21, 460–87.
Walther, J. B. and Burgoon, J. K. (1992). Relational communication in computer-mediated interaction. *Human Communication Research*, 19, 50–88.
Walther, J. B., Slovacek, C. and Tidwell, L. (1999). Is a picture worth a thousand words? Photographic image in long term and short term virtual teams. Paper presented at the annual meeting of the International Communication Association, San Francisco, May 1999.
Warkentin, M. and Beranek, P. M. (1999). Training to improve virtual team communication. *Information Systems Journal*, 9(4), 271–89.
Wastlund, E., Norlander, T. and Archer, T. (2001). Internet blues revisited: replication and extension of an Internet paradox study. *CyberPsychology and Behavior*, 4, 385–91.
Webb, W. M., Marsh, K. L., Schneiderman, W. and Davis, B. (1989). Interaction between self-monitoring and manipulated states of self-awareness. *Journal of Personality and Social Psychology*, 56, 70–80.
Weisband, S. and Atwater, L. (1999). Evaluating self and others in electronic and face-to-face groups. *Journal of Applied Psychology*, 84, 632–9.
Weisband, S. and Kiesler, S. (1996). Self-disclosure on computer forms: meta-analysis and implications. Proceedings of CHI96. Available on the WWW at: http://www.acm.org/sigchi/chi96/papers/Weisband/sw_txt.htm
Wicklund, R. A. and Gollwitzer, P. M. (1987). The fallacy of the public–private self-focus distinction. *Journal of Personality*, 55, 491–523.
Williams, E. (1972). Factors influencing the effect of medium of communication upon preferences for media, conversations and persons. Communications Studies Group paper number E/72227/WL.
Williams, E. (1975). Coalition formation over telecommunications media. *European Journal of Social Psychology*, 5, 503–7.
Wills, T. A. (1987). Downward comparison as a coping mechanism. In C. R. Snyder and C. E. Ford (eds), *Coping with Negative Life Events: Clinical and Social Psychological Perspectives*. New York: Plenum Press.
Wills, T. A. (1992). Social comparison and self change. In Y. Klar, J. D. Fisher, J. M. Chinsky and A. Nadler (eds), *Self Change: Social Psychological and Clinical Perspectives*. New York: Springer-Verlag.

Winzelberg, A. (1997). The analysis of an electronic support group for individuals with eating disorders. *Computers in Human Behavior*, 13, 393–407.
Woll, S. and Cozby, C. (1987). Videodating and other alternatives to traditional methods of relationship initiation. In W. Jones and D. Periman (eds), *Advances in Personal Relationships vol. 1*. Greenwich, CT: JAI Press.
Wood, J. V. (1989). Theory and research concerning social comparisons of personal attributes. *Psychological Bulletin*, 106, 231–48.
Wood, J. V., Giordano-Beech, M., Taylor, K. M., Michela, J. L. and Gaus, V. (1994). Strategies of social comparison among people with low self-esteem: self-protection and self-enhancement. *Journal of Personality and Social Psychology*, 67, 713–31.
Worotynec, Z. S. (2000). The good, the bad and the ugly: Listserv as support. *Cyberpsychology and Behavior*, 3, 797–810.
Yates, S. (1996). Oral and written linguistic features of computer conferencing. In S. Herring (ed.), *Computer-mediated Communication: Linguistic, Social and Cross-Cultural Perspectives*. Amsterdam: John Benjamins, 29–46.
You, Y. and Pekkola, S. (2001). Meeting others – supporting situation awareness on the WWW. *Decision Support Systems*, 32, 71–82.
Young, K. (1996). Internet addiction: the emergence of a new clinical disorder. Paper presented at the 104th Annual Convention of the American Psychological Association, Toronto, Canada.
Young, K. (1997). What makes online usage stimulating: potential explanations for pathological Internet use. Paper presented at the 105th Annual Convention of the American Psychological Association, Chicago.
Young, K., O'Mara, J. and Buchanan, J. (1999). Cybersex and infidelity online: implications for evaluation and treatment. Poster presented at the 107th annual meeting of the American Psychological Association Division 43, 21 August 1999. Retrieved from the WWW on 3 October 2001 from http://www.netaddiction.com/articles/cyberaffairs.htm
Zimbardo, P. G. (1969). The human choice: individuation, reason, and order vs. deindividuation, impulse and chaos. In W. J. Arnold and D. Levine (eds), *Nebraska Symposium on Motivation*. Lincoln: University of Nebraska Press, 237–307.

▶References 追加

Joinson, A. N. and Littleton, K. (2002). Computer-mediated communication: Living, learning and working with computers. In N. Brace and H. Wescott (Eds.). *Applied Psychology*. Buckingham: Open University Press.

●邦訳文献●

※文献著者ABC順だが,その中の著作が引用されている場合もあるので引用文献における並びと必ずしも同一でないことに注意

Allport, G. W.（1937）.*Pattern and Growth in Personality*.
人格心理学,今田恵監訳・星野命ほか訳,誠信書房,1968

Berger, P.（1979）.*The heretical imperative*.
異端の時代:現代における宗教の可能性,薗田稔・金井新二訳,新曜社,1987

Derlega, V. J., et al.（1993）.*Self-Disclosure*.
人が心を開くとき・閉ざすとき:自己開示の心理学,豊田ゆかり訳,金子書房,1999

Fischer, C.S.（1992）.*America Calling : A Social History of the Telephone to 1940*.
電話するアメリカ:テレフォンネットワークの社会史,吉見俊哉・松田美佐・片岡みい子訳,NTT出版,2000

Gibson, J.J.（1979）.*The Ecological Approach to Visual Perception*.
生態学的視覚論―ヒトの知覚世界を探る,古崎敬訳,サイエンス社,1986

Le Bon, G.（1890, trans. 1947）.*The Crowd : A Study of the Popular Mind*.
群集心理,桜井成夫訳,講談社,1993

McLuhan, M.（1964）.*Understanding Media*.
メディア論―人間拡張の諸相,栗原裕・河本仲聖訳,みすず書房,1987

Norman, D.A.（1988）.*The Psychology of Everyday Things*.
誰のためのデザイン?―認知科学者のデザイン原論,野島久雄訳,新曜社,1990

Ong, W.J.（1982）.*Orality and Literacy*.
声の文化と文字の文化,桜井直文・林正寛・糟谷啓介訳,藤原書店,1991

Rheingold, H.（1993）.*The Virtual Community : Homesteading on the Electronic Frontier*.
バーチャル・コミュニティ―コンピューター・ネットワークが創る新しい社会,会津泉訳,三田出版会,1995

Rogers, C.（1951）.*Client-centered Therapy*.
ロージアズ選書,友田不二男訳,岩崎書店,1956

Turkle, S.（1995）*Life on the Screen : Identity in the Age of the Internet*.
接続された心,日暮雅通訳,早川書房,1998

Wallace, P.（1999）.*The psychology of the Internet*.
川浦康至・貝塚泉訳,インターネットの心理学,NTT出版,2001

●人名索引●

A

アッカーマン (Ackerman, M. S.) 207
エイケン (Aiken, M.) 70
オルポート (Allport, G. W.) 183
アーガイル (Argyle, M.) 31
アットウォーター (Atwater, L.) 42

B

ベーカー (Baker, A.) 148, 188
バナック (Banach, M.) 105
バンヤード (Banyard) 172
バラック (Barak, A.) 166, 208
バージ (Bargh, J.) 37, 87, 96, 129, 198
バウマイスター (Baumeister, R. F.) 184
ベシャー＝イスラエル (Bechar-Israeli, H.) 137
ベン＝アーチ (Ben-Artzi, E.) 181
バーガー (Berger, P.) 17
ビッグス (Biggs, S.) 169
バーンバウム (Birnbaum, M. H.) 117
ビショップ＝クラーク (Bishop-Clark, C.) 153
ボネヴァ (Boneva, B.) 180
ボスニャック (Bosnjak, M.) 117
ボスト (Bost, J.) 61
ボイル (Boyle, J.) 211
ブロンフマン (Bronfman, E.) 201
ブラウン (Brown, B. A. T.) 178
ブルックマン (Bruckman, A.) 105
ブルーンスティング (Brunsting, S.) 134
ブルンスウィック (Brunswik, E.) 185
ブキャナン (Buchanan, T.) 144, 213
バドマン (Budman, S.) 209
バーク (Burke, J.) 10
バス (Buss, D. M.) 147

C

カーヴァー (Carver, C. S.) 42, 81

キャステラ (Castella', V. O.) 69
チェスター (Chester, A.) 212
チルコート (Chilcoat, Y.) 140
クリスト (Christ, W. G.) 182
コーエン (Cohen, J.) 95
コールマン (Coleman, L. H.) 37, 53, 70
コンスタント (Constant, D.) 158
コーネリューセン (Corneliussen, R. A.) 77
コーンウェル (Cornwell, B.) 83
クローニン (Cronin, B.) 121
カルウィン (Culwin, F.) 177
カミングス (Cummings, J.) 165
カーティス (Curtis, P.) 107, 135

D

ダヴェンポート (Davenport, E.) 121
ダヴィットソン (Davidson, K. P.) 159
デーヴィス (Davis, R. A.) 63
デヤーリス (De Jarlais, D. C.) 208
ディーン (Dean, J.) 31
デュエル (Deuel, N. R.) 107
ディワン (DeWine, S.) 140
ディベル (Dibbel, J.) 109
ディエッツ＝ウーラー (Dietz-Uhler, B.) 110, 153
ドリング (Doring, N.) 149
ダグラス (Douglas, K.) 51
ドリーズ (Drees, D.) 153
ダンハム (Dunham, P. J.) 136
デュバル (Duval, S.) 41

E

エデルマン (Edelmann, R. J.) 182
エイクホーン (Eichhorn, K.) 133
エレーマン (Ellerman, E.) 8
エンド (End, C.) 174
アーブリング (Erbring, L.) 98

F

ファラジ (Faraj, S.) 200

フォークナー (Faulkner, X.)　177
フェルドマン (Feldman, M. D.)　108
フェスティンガー (Festinger, L.)　36
フィン (Finn, J.)　105
フィッシャー (Fischer, C. S.)　15, 177
フロイド (Floyd, K.)　142
フォールガー (Foulger, D. A.)　72
フォックス (Fox, S.)　171

G

ガッケンバック (Gackenbach, J.)　8
ガレガー (Galegher, J.)　161
ガードナー (Gardner, R.)　203
ギブソン (Gibson, J. J.)　23, 191
ゴールドバーグ (Goldberg, I.)　58
グラノヴェター (Granovetter, M.)　158
グリフィス (Griffiths, M. D.)　61
グロホール (Grohol, J.)　126, 209
グウィン (Gwynne, G.)　212

H

ハンバーガー (Hamburger, Y. A.)　181
ハンコック (Hancock, J. T.)　136
ヘイソーンワイト (Haythornwaite, C.)　91
ヘリング (Herring, S. C.)　106
ヒルツ (Hiltz, S. R.)　138
ホッグ (Hogg, M. A.)　183
ハワード (Howard, P. E. N.)　100

J

ジョンソン (Johnson, S.)　11, 200
ジョインソン (Joinson, A. N.)　39, 110, 131, 172, 183, 204
ジョーンズ (Jones, S.)　91

K

カプラン (Kaplan, H. B.)　183
キースラー (Kiesler, S.)　22, 32, 68, 92, 143
キプニス (Kipnis)　186
コウト (Kohut, A.)　168
クラウト (Kraut, R.)　92, 127, 157, 182

L

ラローズ (LaRose, R.)　97
ルボン (Le Bon, G.)　36
リー (Lea, M.)　40, 77
レンハート (Lenhart, A.)　168
ライト (Light, P.)　212
リトルトン (Littleton, K.)　39
ラヴ (Love, G.)　138
ランドグレン (Lundgren, D. C.)　83
ルント (Lunt, P.)　144

M

マブリー (Mabry, E. A.)　72
マッキノン (MacKinnon, R. C.)　110
マヒュー (Maheu, M. M.)　153
マニング (Manning, J.)　122
マーカス (Markus, H.)　134
マセソン (Matheson, K.)　42
マクドゥーガル (McDugall, W.)　183
マクガーティ (McGarty, C.)　51
マッケナ (McKenna, K. Y. A.)　37, 84, 96, 131
マクローリン (McLaughlin, M. L.)　48
マクルーハン (McLuhan, M.)　17
メッツ (Metts, S.)　83
メイヤー (Meyer, P. R.)　69
メータ (Mheta, M. D.)　121
マイケルソン (Mickelson, K. D.)　164
ムーディ (Moody, E.)　95
ムーン (Moon, Y.)　144
モラハン=マーティン (Morahan-Martin, J.)　59, 205
モリス (Morris, D.)　212
マリーン (Mullin, B.)　183
ムラクヴァー (Murachver, T.)　106

N

ノートン (Naughton, J.)　212
ニー (Nie, N. H.)　98
ニーダーホッファー (Niederhoffer, K. G.)　71
ノーマン (Norman, D. A.)　23
ナリウス (Nurius, P.)　134

O

オサリバン (O'Sullivan, P.)　135, 177

オドリツコ（Odlyzko, A.） 201
オリヴェロ（Olivero, N.） 144
オング（Ong, W. J.） 10

P

パークス（Parks, M. R.） 142
ペッコラ（Pekkola, S.） 207
ペネベーカー（Pennebaker, J. W.） 71, 165
ペリー（Perry, M.） 178
ペトリー（Petrie, H.） 139
プラザ（Plaza, D. E.） 121
ポストメス（Postmes, T.） 50, 134
プリース（Preece, J.） 160
プレンティス＝ダン（Prentice-Dunn, S.） 43

R

レイニー（Rainie, L.） 168, 171
リーダー（Reader, W.） 211
ライヒャー（Reicher, S. D.） 44
リード（Reid, A. A. L.） 29
リード（Reid, E.） 109
ライプス（Reips, U.） 117
レスケ（Reske, J. R.） 85
ラインゴールド（Rheingold, H.） 91, 142, 156, 200
ライス（Rice, R. E.） 138
リーダン（Rierdan, J.） 94
リム（Rimm, M.） 120
ロビンソン（Robinson, R.） 142
ロジャーズ（Rogers, C.） 129
ロジャーズ（Rogers, R. W.） 43
ロッソン（Rosson, M. B.） 143

S

サーモン（Salmon, G.） 175
サッセンバーグ（Sassenberg, K.） 212
サヴィッキ（Savicki, V.） 106
シャーロット（Scharlott, B. W.） 182
シャイアー（Scheier, M. F.） 42, 81
シェーラー（Scherer, K.） 61
セルフェ（Selfe, C. L.） 69
シャピロ（Shapiro, J. S.） 96
シェファード（Shepherd, R. M.） 182
シャーマン（Sherman, R. C.） 22
ショート（Short, J.） 29

ショーテル（Shortelle, D.） 203
シューマッハ（Shumacher, P.） 59
シーガル（Siegal, J.） 69
スミス（Smith, C. B.） 48
スモレンスキー（Smolensky, M. W.） 70
スピアーズ（Spears, R.） 40, 78, 194
スプロール（Sproull, L.） 32, 70, 200
スタッフォード（Stafford, L.） 85
スタンデージ（Standage, T.） 14, 56, 106
スティーヴンス（Stevens, R. J.） 154
ストーン（Stone, A. R.） 91, 106
ストーン（Stone, L. D.） 165
スラー（Suler, J.） 208
スヴィッカート（Swickert, R. J.） 181

T

トンプソン（Thompsen, P. A.） 72
トムソン（Thomson, R.） 106
トルミー（Tolmie, A.） 211
トローペ（Trope, Y.） 183
タークル（Turkle, S.） 82, 128
テュロフ（Turoff, M.） 138

U

ウッツ（Utz, S.） 39, 146, 212

W

ウォレス（Wallace, P.） 142
ウォーラー（Waller, B.） 70
ワルサー（Walther, J. B.） 37, 78, 139, 194
ワストランド（Wastlund, E.） 95
ワイスバンド（Weisband, S.） 42, 143
ウェスト（West, R.） 142
ウィックランド（Wicklund, R. A.） 41
ウィリアムズ（Williams, E.） 30
ウィンツェルバーグ（Winzelberg, A.） 160
ウォロティネック（Worotynec, Z. S.） 104

Y

ユー（You, Y.） 207
ヤング（Young, K.） 59, 118, 195

Z

ザンナ(Zanna, M.) 42
ジンバルドー(Zimbardo, P. G.) 36

●事項索引●

あ

アイコンタクト　31
アップル・コンピュータ　4
アナンダテック・フォーラム　110
アバター　7
アフォーダンス　21, 23, 27, 138, 191, 210
アマチュア無線　9, 18
印象形成　136
印象操作　138, 177
インスタント・メッセンジャー　102
インターネット依存症　58, 63, 125, 195
インターネット・ストレス　97
インターネットの戦略的利用　176
インターネット・パラドックス　94, 96, 102
インターネット・ポルノ　120
インターネット恋愛　153, 188
引用　72
ウェブカム　7
ウェブキャスト　7
ウェブ行動　118, 123
ウェブ・ブラウジング　156, 171
ウェブログ　108, 165
腕木通信システム　13
栄光浴（BIRGing）　173
エチケット　16, 79
オンライン・アイデンティティ　128, 170
オンライン・カウンセリング　175, 207, 208
オンラインゲーム　65
オンライン・コミュニティ　13, 92, 105, 108, 139
オンライン・サポート　159, 163, 181
オンライン・サポート・グループ　160, 163, 165
オンライン上のウソ　110
オンライン・セラピー　174, 207
オンライン不倫　87, 153
オンライン恋愛　3, 14

か

外向性　81, 181
外集団　51
外集団のステレオタイプ化　76
顔文字　39, 72, 192
書き言葉　9, 154
可能自己　134, 135
カミングアウト　133, 142, 154
疑似コミュニティ　91, 156
技術決定論　2, 28, 190, 193, 195
規範　32, 154
教育工学　210
教科を横断した作文指導運動（WAC）　10
共感　160
共存在　77
虚言　83
黒い羊効果　116
グローバル・コミュニティ　125
携帯電話　1, 17, 20, 26, 204
権威　161
顕現性　44
現実空間　83
現実自己　84, 129
現実生活　84, 107, 126, 128, 132, 135, 145, 148, 153, 164, 165, 169
光学的電信　13
公的自己意識　41, 80, 196
行動的確証　141
合理的行為者　54
合理的行為者アプローチ　54, 135
効力感　185
コールサイン　18
個人的アイデンティティ　44
コスト　13, 24, 25, 130
孤独感　61, 84, 92, 95, 101, 131
コミュニケーション・メディア　139
コンテンツ　1, 199
コンピュータ支援による協調作業（CSCW）　207

コンピュータ媒介型コミュニケーション
  （CMC） 9，210

さ

再話　72
サイバー心理学　5，117，120，176，193
サイバースペース　83，142，156，189
サイバーセックス　65，82，126，146，149，153
サイバー不倫　146
サイバー恋愛　82
詐称　61
サブカルチャー　79
シーユー・シーミー（CuSeeMe）　7
視覚的手がかり　29
視覚的匿名性　41，45，53，77，130，141，143，188，193，213
識別可能性　1，44，53，193
識別性の欠如　26，130
自己意識　37，41，187，188，189，193
自己開示　31，37，42，85，117，142，147，189，192，194，196，204，208
自己高揚　83，173，183
自己効力感　97
自己査定　183
自己実現　184
自己充足的サイクル　90
自己受容　133
自己成就的予言　141
自己注目アプローチ　28
自己呈示　51，135，137，141，147，174，177，182，193，196
自己統制　37
自己防衛　173，183
自尊心　183
実存的不安　184
失敗の投影の拒絶（CORFing）　173
私的自己意識　41，54，80，196
シャイネス　129，182
社会技術　199，214
社会性　37，139
社会的アイデンティティ　44，54，77，116，147，183，187，188，213
社会的ウェブ　200
社会的規範　45

社会的孤立　63，92，133，182，196
社会的情報　32，37，138
社会的接触　94，100，127，167
社会的相互作用　99，118，125，137，139，169，174，213
社会的存在感　28，206
社会的存在感理論　30
社会的手がかり　28，35，38，78
社会的手がかり減少アプローチ　46
社会的手抜き　175
社会的同一化　212
社会的望ましさ　42
社会的比較　165
社会的文脈　25，32，41
周縁　105，131
周縁的なアイデンティティ　131
集団意思決定　35，78
集団規範　44
集団顕現性　193
集団成極化　34，35，47
情報探索　171，174
ショート・メッセージング・システム
  （SMS） 20，27
神経症傾向　181
真の自己（true self）　129，209
親密性　31
親密性均衡理論　31
信頼　178
親和　184，213
親和動機　134
スタンフォード社会計量研究所（SIQSS）　97
スティグマ　106
ステレオタイプ　51
スマイリー　39
脆弱性ストレス・アプローチ　67
精神的健康　95，101，188，189，198
正当化　104
正当性　161
性別偽装　105，108
責任　1
接近可能性　167
接続サービス　202
説明責任　51，145，175，196
説明責任の減少　130
セラピー　126
戦略的で動機的な利用者による予測効果と

創発効果アプローチ（SMEE）　190
戦略的メディア選択　178, 194
創発　55, 188
創発効果　188, 189, 192, 197
相補性　147
ソーシャル・サポート　68, 77, 97, 104, 125, 159, 164, 167, 171, 189, 209
ソープ・オペラ　20

た

帯域幅　13, 24, 25, 201, 203
第三世代（3G）携帯電話　17, 201
対人不安　84, 125, 167, 182, 183, 196
対人相互作用　137
対面コミュニケーション（FtF）　25, 32, 126
代理学習　211
脱抑制　116, 122, 144, 209, 210
脱抑制的コミュニケーション　35, 69, 181, 196
チャット　6, 27, 139, 145
中心化　104
超個人的コミュニケーション　140
超個人的相互作用　138, 145, 188, 194, 212
作り上げられた自己呈示　84
強い紐帯　93
ディストピア　9
手がかり　25
手がかり濾過（CFO）　28, 54, 78
手紙　27
テレビ会議　27
テレビ電話　25, 30
電子商取引（eコマース）　1, 144, 197, 202, 207, 213
電子的サポート・グループ（ESG）　161
電子メール　6, 27, 98, 145, 176, 180
電信　12, 26, 27, 106, 214
電話　14, 27, 214
同期性　24
同期的　7
同期的コミュニケーション　24
統制感　32

匿名性　26, 66, 122, 130, 133, 166, 171, 189, 193, 196, 206, 208, 212, 214
「富める者はさらに富む」仮説　101
トリプルAモデル　66

な

内集団　51
二重自己意識　80
ニュースグループ　48, 131
ネチケット　47
ネット・サーフィン　118
ネット恋愛　145

は

バーチャル・コミュニティ　91, 156, 159
バーチャル・リアリティ（VR）　7, 139, 149
バーチャルワールド　7
媒介　1, 5, 41
排他性　26
発信者電話番号表示サービス　17
発話チャネル　29
ハム　18
パラ言語　39, 136, 192
反社会的行動　56
ピア・トゥ・ピア　7, 8, 203, 210
非言語的行動　141
非言語的コミュニケーション　29, 32
非言語的手がかり　24
非同期型ディスカッション・グループ　7
非同期的コミュニケーション　24, 141
人とコンピュータの相互作用（HCI）　117
ピュー財団「インターネットとアメリカ人の生活」プロジェクト　99, 100, 157, 167
評価懸念　42, 52, 80
病的なインターネット利用（PIU）　59, 63
ファイル共有　6
フィードバック　32, 79
フィードバック・サイクル　195
フィードバック・ループ　192
不確実性の低下　183

ブラウジング　117
ブリティッシュ・テレコム　17，199
プリペイド携帯電話　20
フレーミング　34，53，68，69，78，105，212
フレーミング合戦　68，71，81
ブレーンストーミング　175，214
フロー経験　188
プロバイダ　53
平均への回帰　94，96
ペルソナ　108，128
ホームネット研究　94，96，97，100，103，127，157，169，198
没個性化　28，35，36，41，44，53
没個性化効果の社会的アイデンティティ的解釈（SIDE）　44，53，80，193
没入　44，65，189
ポルノグラフィ　119

ま

マルチメディア・メッセージング・システム（MMS）　202，204
ミュンヒハウゼン症候群　108
無線　8，18，27，214
メタ分析　38，143
メディアコミュニケーション　8，9，14，21，23，25，28，58，177
メディア選択　192，206
モールス信号　13，106
文字メッセージ　1，3，26，176，205

や

ユーズネット　7，27，47，139，146
抑うつ　66，94，97，100
予測効果　188，189，190，192
弱い紐帯　93，103，157，158，165
弱い紐帯の強さ　158

ら

理想化　84，137，148
理想自己　131
リーダーシップ　35
類似性　147

わ

ワールド・ワイド・ウェブ（WWW）　6，116，118，173，200，207

A～Z

ACE　66，89
AOL　199
FAQ　48
HTML　8
IRC　6，47
ISP　57，136
MP3　65
MUDs　7，27，47，82，105，128，139，146
QOL　167，169
SAHAR　166，208
SMEE　193，195，206
XML　8

■ 訳者あとがき

　本書は，アダム・N・ジョインソン（Adam, N. Joinson）が執筆し，パルグレイヴ・マクミラン（Palgrave Macmillan）社から2002年に出版された，"Understanding the Psychology of Internet Behaviour : Virtual Worlds, Real Lives" の翻訳である。インターネット上で，そこに参加する人間たちによって展開されているあらゆる現象について，心理学的な立場からの分析・検証を試みた意欲的な書である。

　第1章では，インターネットの技術的な発展の歴史を概観しながら，このコンピュータに「媒介」されたコミュニケーションが持つ心理学的な意味について，伝統的なコミュニケーション形態（手紙，電信，電話など）との比較を交えながら検討している。第2章では，インターネット上のコミュニケーション行動に影響を及ぼす要因について，最新の関連論文を豊富に盛り込みながら網羅的に検討を加え，①同調性，②手がかりの少なさ，③回線容量とコストによる制限，④匿名性，⑤送信者–受信者の関係に存在する排他性，などを紹介している。第3章～第7章では，前章までで概括されたような特徴が，利用者の心理にもたらす影響について検討している。その際，影響の否定的な側面と肯定的な側面の両方をバランスよく取り上げ，影響の両側面について，個人内・個人間といった比較的小さなコミュニケーション単位から社会的現象にいたるまで，幅広い関連研究がレビューされる。否定的な影響としては，インターネット依存症・フレーミング等の非社会的行動・ネット上に溢れるウソ，わいせつ情報の影響・抑うつなどが議論されている。一方，肯定的な影響としては，オンライン上での自己開示やソーシャル・サポート，そしてバーチャル社会に存在する弱い紐帯の効果などが議論されている。第8章では，将来的な技術発展の見込みをふまえながら，今後インターネットが人間行動をどのように変えていくのかを展望している。とくに具体例として，オンラインカウンセリング・教育への応用・電子商取引の現場で行なわれているさまざまな取り組みを紹介している。

　インターネットの商業利用が開始され，その存在がごく身近なものとなってから経過した時間はごく短い。にもかかわらず，インターネットにおける人間行動に関する学術的研究は，世界中いたるところで，多様なパースペクティブによるものが，非常に濃い密度で（主として欧米が中心だが）公刊されている。しかし，訳者の考えるところ，残念ながら日本ではそれらの研究成果が十分に知られてい

るとはいえない。そのことが日本におけるインターネットと人間行動に関する研究の歩みを遅くさせているとも考えられる。原書は，これまで蓄積された当該領域に関する研究を，技術的なパースペクティブによるものと心理学的なそれによるものの双方に関して，非常に丹念に収集・精読したうえで構成されている。さらに，大変緻密で明解な論旨の展開がなされており，この分野の初学者にとっても，さらにこの領域を専門とする研究者にとっても，有用な内容となっている。訳者らは，原書を邦訳したことを，インターネットにおける人間行動に関心を持つあらゆる人々にとって大変意義深いものであると自負している。本書を通読することにより，インターネットにおける人間行動と，その根底にある心理メカニズムに関して，最新の社会心理学的な研究動向の統合的な理解と把握が可能となるだろう。

なお，本書の翻訳は，次のような手続きで進められた。まず第1章〜第4章を畦地が，前書きおよび第5章〜第8章を三浦が担当して初稿を作成した。その後，互いの原稿を交換して原著と対照させながら読み合わせをし，全体的な表現の統一を行なった。最後に，全章に関して田中による翻訳原稿を参考にしながら，日本語表現のブラッシュアップを行なった。とくにインターネット技術や社会心理学に関するテクニカル・タームが頻出するが，これらについては，なるべく平易かつ一般的な日本語に置き換えるよう努力した。しかし，すでに日本語として一般的になっているカタカナ用語については，読者の理解のしやすさを考えて，あえて無理に日本語として訳出しなかった部分もあることを注記しておきたい。

そもそも訳者のうち三浦・畦地が原書を知ったのは，社会心理学・情報工学を専門とする友人知己たちと行なっていた論文輪読会で，畦地がジョインソン氏の論文[1]を紹介したことがきっかけであった。もちろんジョインソン氏の豊富な著作群については以前から注目してはいたが，よりインターディシプリナリーな環境でその内容について議論できたことが，訳者らを原書の翻訳に動機づけたことは間違いない。同会のメンバーである勝谷紀子氏（東京都立大学大学院博士後期課程）・松尾豊氏（産業技術総合研究所サイバーアシスト研究センター研究員）・松村真宏氏（東京大学大学院情報理工学研究科PD研究員）・森尾博昭氏（東京大学大学院人文社会系研究科助手）に深く感謝したい。

    1▶ Joinson, A. N. (2001) Self-disclosure in computer-mediated communication : The role of self-awareness and visual anonymity. *European Journal of Social Psychology*, 31, 177–192.

著者であるジョインソン氏は，大変なご多忙中にもかかわらず，訳者らの突然

の依頼に快く応じて「日本語版への序」をご執筆くださった。ご厚意に深謝するとともに，本書が著者の意図を明確に伝えられるものになっていることを願うばかりである。

　最後に，本書の出版をご快諾いただいた北大路書房，そして企画段階から翻訳手続きに関わるあらゆる場面において，翻訳・出版という作業そのものに不慣れなわれわれに適切なアドバイスと暖かい励ましをくださった編集部の奥野浩之氏と原田康信氏に，記して心からの感謝を表する。

　　訳者を代表して

2004年1月

三　浦　麻　子

●著者・訳者紹介●

[著者紹介]
アダム・N・ジョインソン（PhD）
　英国ランカーシャー生まれ。現在，英国バース大学経営学部教員（Reader in Information Systems）。心理学とインターネットに関する多岐にわたる話題（たとえば，コンピュータ媒介型コミュニケーション，ウェブブラウジング，心理学研究のためのインターネット利用，など）に関して研究・執筆活動を行なっている。
　個人ウェブサイト▶http://www.joinson.com/

[訳者紹介]
三浦麻子（みうら・あさこ）
　1969年　大阪府（北摂）に生まれる
　現在　関西学院大学文学部　教授，博士（人間科学）
　専門　社会心理学，対人行動学
　インターネットにおける集団活動やコミュニケーションに関する研究に従事。
　E-mail▶asarin@kwansei.ac.jp 個人ウェブサイト▶http://www.team1mile.com/asarin/
畦地真太郎（あぜち・しんたろう）
　1970年　大阪府（北河内）に生まれる
　現在　朝日大学経営学部　教授
　専門　社会心理学，教育工学
　インターネットを使った新メディア開発と匿名コミュニケーションの分析に従事。
　E-mail▶az@pvq.jp 個人ウェブサイト▶http://pvq.jp/
田中敦（たなか・あつし）
　1951年　長野県に生まれる
　現在　コンピュータメーカー勤務
　専門　情報処理技術
　システム開発，ネットワーク運用関連の技術指導，管理に従事。
　E-mail▶simasiro@s00.itscom.net

インターネットにおける行動と心理
―バーチャルと現実のはざまで―

2004年2月20日　初版第1刷発行	定価はカバーに表示
2010年7月20日　初版第3刷発行	してあります。

著　者　　アダム・N・ジョインソン
訳　者　　三　浦　麻　子
　　　　　畦　地　真太郎
　　　　　田　中　　　敦
発行所　　㈱北大路書房
　　　　　〒603-8303　京都市北区紫野十二坊町12-8
　　　　　電　話　(075) 431-0361㈹
　　　　　F A X　(075) 431-9393
　　　　　振　替　01050-4-2083

Ⓒ2004　　　　　　　印刷・製本／シナノ書籍印刷㈱
検印省略　落丁・乱丁本はお取り替えいたします。
　　　　　ISBN 978-4-7628-2350-3　　Printed in Japan